深部煤层开采承压水害致灾机理及防治技术

胡彦博　著

中国石化出版社

图书在版编目（CIP）数据

深部煤层开采承压水害致灾机理及防治技术/胡彦博著．—北京：中国石化出版社，2022.11

ISBN 978-7-5114-6864-2

Ⅰ．①深…　Ⅱ．①胡…　Ⅲ．①煤矿开采-深层开采-承压水-综合治理　Ⅳ．①TD745

中国版本图书馆 CIP 数据核字（2022）第 195156 号

中国石化出版社出版发行

地址：北京市东城区安定门外大街 58 号

邮编：100011　电话：（010）57512500

发行部电话：（010）57512575

http://www.sinopec-press.com

E-mail：press@sinopec.com

北京力信诚印刷有限公司印刷

全国各地新华书店经销

*

787×1092 毫米 16 开本 11.75 印张 254 千字

2022 年 12 月第 1 版　2022 年 12 月第 1 次印刷

定价：79.00 元

前　言

在全国煤炭资源开发布局调整阶段，为保证国家煤炭供给安全，东部矿区仍需保持20年左右的稳产期，许多矿井进入深部开采已不可避免。华北地区约有160×10^8t煤炭资源受到底板承压水的威胁，导致40%以上的煤炭不能正常开采。煤矿水害伤亡损失严重，抢险救援困难，矿井恢复时间长；煤矿水害给国家和人民的生命和财产安全造成的损失一直处于煤矿事故的首位。近年来，我国煤矿水害发生事故数量以及死亡人数均呈现逐渐下降趋势，水害事故数量从2005年的最高102起降到2017年的5起，死亡人数从2005年的最高593人降到2017年的6人(据国家统计局)。数据表明，近年来，我国的矿井水害防治工作取得了较大进展和较多的研究成果，同时落实到生产矿井后也见到了很好的效果；但由于我国水文地质类型以及地质构造的复杂多变，特别是我国东部矿区华北型煤田随着改革开放40年的高速开采，煤炭资源枯竭，多数矿井均已进入深部开采，其开采深度以每年8~12m的速度增加。煤矿进入深部开采后，矿压增大、矿井涌水增加，严重威胁煤矿的生产安全，尤其是我国东部地区华北型煤田在深部煤层底板承压水害防治工作中仍然存在很多难题，因此，本书以华北型煤田东缘矿区为对象，开展对矿井深部开采煤层底板破坏的演化规律及底板水害防治技术的研究，以指导煤矿防治水工作、保障煤矿安全生产。

本书主要围绕深部煤层开采底板突水通道动态形成机理、水害评价防治的问题，以华北型煤田东缘代表矿井为例，采用野外调研、理论分析、原位测试、室内实验、数值模拟等方法，按照华北煤田东缘矿区的赋煤地质结构特征→深部煤层开采底板变形－破坏的动态监测方法→深部煤层开采底板岩层变形－破坏的时空演化特征和突水模式→深部煤层开采底板破坏深度预测方法和开采底板突水危险性评价方法→深部煤层开采底板水害治理模式和治理效果序列验证评价方法的思路开展研究，主要成果如下。

(1)提出利用布里渊光时域反射技术(BOTDR)对深部煤层开采底板变形－破坏的动态监测方法。研究结果表明，利用BOTDR系统监测的动态变形量及应变分布状态与煤层底板岩层应力－应变特征具有一致性，该技术是有效监测煤层底板岩层变形－破坏的新方法。BOTDR系统对煤层底板岩层监测显示，在采动过程中煤层底板岩层从上向下呈压缩－拉伸－压缩的应变趋势；同时获得了有效的煤层底板岩层的最大破坏深度，为深部煤层开采底板破坏深度的精准预测研究提供了有效的原位测试数据。

(2)揭示深部煤层开采完整底板破坏的时空演化特征：①采前高应力区超前影响范围在煤壁前方约38m。②开采底板岩层第一破断点的位置在采煤工作面煤壁前方29.07m，煤层下方垂距9.24m处，煤层底板破坏从脆性岩层开始破断。③开采底板破断发展趋势从第一破断点先向上发展－破断，再同步向下破断。④煤层开采底板破断的最大深度处于采前高应力区，且最大破断深度在采前高应力区内的峰值应力传播线附近（一般情况下）。根据煤层开采底板破坏的时空演化特征，对比分析完整底板和含断层底板两种条件下煤层开采底板岩层破坏特点；同时对煤层开采底板进行横向分区，区域名称依次为原岩应力平衡区、采前高应力区、采后应力释放区、采后应力再平衡区。

（3）利用 BP 神经网络、煤层开采底板应力螺旋线解析法、气囊－溶液测漏法、经验公式法、多因素回归及分布式光纤实测等方法进行研究，得到对深部煤层开采底板破坏深度进行有效预测的模型及方法。研究结果表明，多因素回归中模型Ⅲ预测值更接近分布式光纤监测和气囊－溶液测漏法等实测数据，预测误差较小的预测方法分别为新的数学理论模型解析法和 BP 神经网络预测模型。

（4）利用层次分析法、熵权法、地理信息系统等手段结合深部煤层开采破坏后有效隔水层厚度和其他多种影响底板突水的因素，对深度煤层开采底板突水危险性进行综合评价，得到层次分析－熵权法（AHP－EWM）综合算法评价模型和基于改进型层次分析脆弱性指数（IAHP－VI）法两种深部煤层开采底板突水危险性评价模型，两者均具有一定的实用价值。在运用过程中，可以根据现场的实际情况择优选其一，也可以根据两种模型的预测结果取并集，这样能够进一步提高评价的安全程度。

（5）基于华北型煤田东缘矿区深部煤层开采底板突水通道的形成机理和突水模式，提出了充水含水层和导水构造协同超前块段治理模式并进行定义。在现有的深部煤层开采水害的治理技术基础上，根据注浆改造目的层的构造、区域地应力、原岩水动力场等因素对地面受控定向钻进顺层钻孔方位和钻孔展布间距的设定进行科学有效的优化研究。

（6）提出深部煤层开采底板水害治理效果序列验证评价方法，利用对改造目的层的渗透系数和透水率、煤层底板阻水能力、矿井电法检测、检查钻孔数据等结合 GIS 进行综合研究，建立科学系统化的评价方法。

（7）利用充水含水层和导水构造协同超前块段治理模式对华北型煤田东缘矿区深部煤层底板水害进行治理，结果显示治理效果良好，使该矿区深部煤层工作面实现安全回采。

本书研究成果可为华北型煤田东缘矿区下组煤层开采底板水害防治提供参考。

目 录

1 绪 论

1.1 研究背景及意义

1.1.1 研究背景

煤炭被誉为工业的粮食，关系我国能源安全和国民经济命脉的重要基础，我国能源资源禀赋具有多煤、少油、缺气的特点。新中国成立70年来，煤炭作为主体能源，滚滚"乌金"为我国经济发展提供源源动力，在一次性能源生产和消费结构中占比长期超过70%。习近平总书记在党的十八届五中全会上提出的创新、协调、绿色、开放、共享五大发展理念，引领煤炭工业走进绿色发展的新时代。煤炭占我国能源消费总量的比重才开始由1953年的94.40%下降到2018年最低的59.00%，整体呈下降趋势，但受国内产业经济结构的调整转好及"一带一路"国际经济战略的影响，煤炭产量将仍有小幅增长趋势。根据中国煤炭资源高效回收及节能战略研究显示，到2050年我国的煤炭产量将稳定在30亿吨标准煤，因此，随着经济增长和国民经济发展的需要，我国经济和社会发展对煤炭形成了深度依赖，未来30年煤炭作为中国主体能源的地位原则上不可能改变，煤炭能源在中国能源消费总量的占比在短期内不会发生大的变化。

我国已查明在1000m以下的煤炭资源储量约为2.95×10^{12}t，占我国煤炭资源总量的1/2以上，近些年平均煤层采深约为600m，在1000m以上的深井有50多处，最大采深已达1500m。现阶段中东部矿区几乎已进入深部开采阶段；深部开采的工程地质条件也随之变化，出现高地应力、高瓦斯、高工作面环境温度、高冲击矿压趋向、高渗透压等特点，同时还伴随强烈的开采应力扰动，因此，在深部开采滋生的诸多条件下，煤层底板岩层受下部灰岩水害威胁程度逐渐增加。据统计，华北地区约有160×10^{8}t煤炭资源受到底板高承压水的威胁，导致40%以上的煤炭不能正常开采。煤矿水害伤亡损失严重，抢险救援困难，矿井恢复时间长；煤矿水害给国家和人民的生命和财产安全造成的损失一直处于煤矿事故的首位。如图1-1所示，近年来，我国煤矿水害发生事故数量以及死亡人数均呈逐渐下降趋势，水害事故数量从2005年的最高102起降到2017年的最低5起，死亡人数从2005年的最高593人降到2017年的最低6人(据国家统计局)。数据表明，近年来，我国的矿井水害防治工作取得了较大进展和研究成果，同时落实到生产矿井后也见到了很好的效果；但由于我国水文地质类型以及地质构造的复杂多变，特别是我国东部矿区华北型煤田随着改革开放40年的高速开采，煤炭资源枯竭，多数矿井均已经进入了深部开采，其开采深度以每年8~12m的速度增加，煤矿进入深部开采后，矿压增大、矿井涌水增加，严重威胁煤矿的安全生产，尤其是我国东部地区华北型煤田在深部煤层底板高承压水害防治工作中仍然存在很多难题，因此，本书以华北型煤田东缘矿区为对象，开展对矿井深部开采煤层底板破坏的演化规律及底板水害防治技术的研究，以指导煤矿防治水害工作、保障煤矿安全生产。

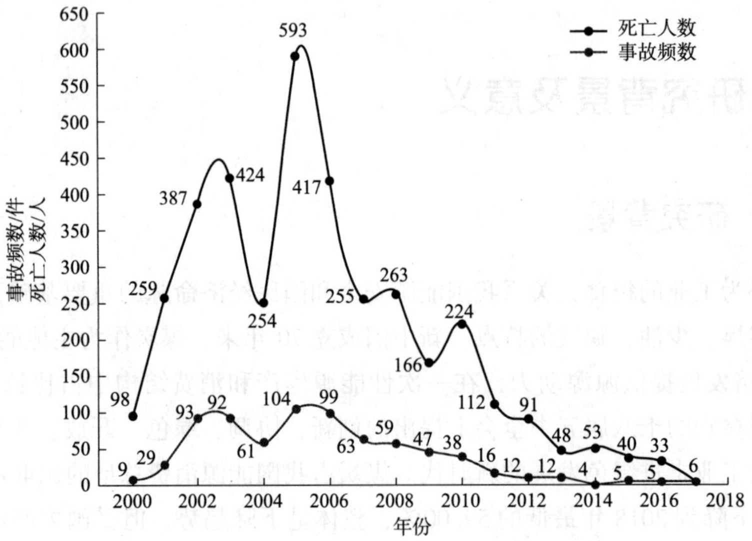

图1-1　2000年以来煤矿水害事故统计

1.1.2　研究意义

目前，我国东部地区浅部煤层日益枯竭，西部地区煤田资源虽然丰富，但生态资源环境比较脆弱，一些工业基础条件不完备，现阶段煤炭工业大规模西迁面临的困难较大，因此，开发西部资源的同时也应加强对东部矿井深部资源进一步开发利用，提高东部地区能源的自给率，降低对外部能源的依赖程度；在全国能源结构调整阶段，为保障国家能源供应，中东部矿区仍需保持20年左右的煤炭稳产期。

深部煤层开采受到底板承压水的威胁程度逐年增大，现有的煤层底板破坏监测手段、承压水害评价预测及治理方法已无法满足深部煤层开采的需要。早期矿井开采煤层深度(简称采深)较小，煤层底板含水层水压较小。采动矿压对采掘工作面底板破坏深度相对较小。随着开采煤层的深度逐年增加，深部煤层底板隔水层承受水压越来越大，开采底板岩层处于“一扰三高”的复杂地应力环境下，深部开采煤层增大了煤层底板采动破坏深度，消减了底板隔水层的阻水能力，使开采底板突水危险性增大。据2018年5月2日国家煤矿安监局审议通过的《煤矿防治水细则》的规定：“底板受构造破坏的地段突水系数一般不得大于0.06MPa/m，隔水层完整无断裂构造破坏的地段不得大于0.10MPa/m。”我国东部矿区许多矿井煤层底板的突水系数远超过了《煤矿防治水细则》规定的临界突水系数，部分煤炭企业面临着拥有大量储藏资源却不能开采的局面。因此，目前迫切要解决在深部高承压含水层实现安全开采的问题。

目前，我国东部矿区随着开采深度的逐年增加，深部煤层开采的基础研究已滞后于部分矿区的工程实践，导致在复杂条件下的深部开采矿区工程实践存在一定的盲目性，开采效率较低，生产活动安全性较差，深部煤层开采成本较高等问题。为此，针对深部煤层开采在高地应力、高地温、高水压及剧烈的开采扰动条件下导致的深部煤层开采难题，系统地研究深部煤层开采底板岩层的破坏机理，准确分析深部煤层开采底板破环的时空演化规律，提出华北型煤田东缘矿区深部煤层开采底板主要的突水模式及开采底板突水危险性的评价方法。根据我国中东部地区的下组煤底板含水层的水文地质条件，给出科学有效的深部煤层开采底板突水的防治方法。这是解放我国华北型煤田东缘矿区深部赋存的大量煤炭资源，实现安全开采的重要研究成果。

1.2 国内外研究现状

1.2.1 煤层开采底板破坏机理研究

随着我国煤炭资源的高速开采，特别是华北型煤田是支撑我国改革开放 40 年经济高速发展的主产煤田，我国中东部地区华北型煤田浅部资源逐渐枯竭，现阶段已全部进入深部开采模式；深部煤层开采底板突水的影响因素和形成机理非常复杂，其中在深部煤层开采过程中的底板破坏深度是影响底板突水的重要因素之一。国内外学者对采动煤层底板破坏机理也做了大量的研究，取得了重要的进展和成果，宏观上已基本揭示了煤层底板岩体在采动过程中的破坏机理。

1.2.1.1 国外研究现状

深部煤层开采底板岩体破坏是由于在高矿压和强烈的开采扰动作用下，原岩应力发生变化，导致底板变形破断。具体破坏过程包括：开采前，煤层底板岩层处于原岩应力平衡态；在煤层开采过程中，煤层底板原岩应力失衡，导致变形 - 破断；开采后，采空区底板发生堆叠 - 隆起；最后煤层顶板直接顶和基本顶垮落，采空区底板应力趋于二次平衡态。整个过程煤层底板岩层应力平衡状态重组，导致底板不同程度的破坏，形成潜在的涌水通道。国外对采动底板破坏机理的研究开始较早，在 20 世纪初期，欧洲一些主要采煤国家的学者已对煤层开采底板岩层的性质、组合结构及采动底板的破坏机理进行研究；20 世纪 50 年代，许多学者通过实测及室内实验等方法对岩体强度和其抗破坏能力的关系进行深入的研究；20 世纪 60 年代，匈牙利、苏联及南斯拉夫学者以静力学理论为基础从煤系地质条件出发研究煤层底板厚度和强度对煤层开采底板突水的影响，提出了等效隔水层的概念；20 世纪 80 年代后期，随着地球物理科学探测技术的发展，国外学者对煤层底板含水层岩溶发育特点、富水性及开采底板破坏深度等方向有了更多的了解，波兰学者 M Boreek 和 M Chudek 对煤层开采底板变形 - 破坏提出开采煤层底板开裂、底鼓、底板岩层断裂等概念；苏联学者 N A 多尔恰尼诺夫认为，在深部煤层开采过程中，高应力作用下，裂隙逐渐扩张，导致底板岩层在支撑压力区产生渐进脆性破断，形成涌水通道。1989 年 C F Santos 和 Z T Bieniawski 改进了 Hoek - Brown 岩体强度准则，引入临界能量释放点的概念，研究煤层开采底板岩层的承载能力；20 世纪 80 年代末期，C Faria Santos 和 Z T Bieniawski 从岩石力学的视角研究开采底板的破坏机理；20 世纪 90 年代初期，苏联学者 V Mironenko 和 F Strelsky 对采动突水的煤层底板岩层性质进行研究，提出减少开采煤层底板岩体破坏的方法；20 世纪 90 年代末期，苏联学者 A A Ворисоб 最早采用相似材料立体模型模拟研究了采空区底板岩层的变形 - 破坏情况。

1.2.1.2　国内研究现状

国内对煤层开采底板破坏机理的研究起步较晚，始于 20 世纪 50 年代，随着开采煤层逐渐向深部发展，底板突水日趋严峻，国内学者意识到研究煤层开采底板岩体变形 - 破坏规律的重要性，加之国内的煤系地质和水文地质条件复杂，随着国民经济的高速发展，国内学者对煤层开采灾害防治的研究也已形成体系，整体已达到国际先进水平。具体表现在以下几方面。

1)煤层开采底板破坏深度

通常采用以下几种方法。

(1)现场实测方法。

煤层开采底板破坏受到多种因素的影响，要确定开采底板的破坏深度最有效可靠的办法就是现场测试，但不同的测试方法其准确度也各有差异。目前，现场测试开采底板破坏深度最常用的测试方法有钻孔注水测试法、声波探测法、CT 成像测试法及电阻率探测法等。

①钻孔注水法。在地面或井下对实测工作面底板施工钻孔，采前和采后在测试钻孔内分段注水，通过记录注水压力及流量确定煤层底板岩体在采动作用下的破坏程度。Zhang 通过对煤层开采前后的底板进行注水试验对开采煤层底板破坏规律进行研究，利用数值模拟、室内相似材料模拟实验及解析解等方法对实测数据进行验证。

②对称四级电剖面法。该方法利用采煤工作面开采前、开采后煤层底板岩层视电阻率的变化情况来判断采动作用下的煤层底板岩层破坏情况。王家臣等利用四极对称电剖面法对某矿煤层开采底板破坏深度进行了实测，数据显示煤层底板存在断层或原生构造裂隙的煤层底板破坏深度为 26. 70m，与经验公式及解析计算对比显示，存在构造的煤层底板岩层，开采破坏深度远大于经验公式和解析的计算结果。徐志敏等利用实测岩层电阻率的方法，对深部煤层开采底板破坏深度进行研究。

③钻孔电视法。利用钻孔电视测井影像，在采前和采后直接观察孔壁煤层底板岩层采动裂隙的演化情况，对比分析开采底板最大破坏深度。目前应用于煤矿井下围岩结构的窥视仪器主要有光导纤维和电子窥视器等。

④应力应变测试法。在采前对煤层工作面底板进行预埋应力 - 应变传感器，监测采动过程中的煤层底板岩层应力 - 应变情况，从而分析开采底板岩层的破坏情况。段宏飞等利用煤层底板采前预埋应力 - 应变传感器，采后预埋传感器失效为破坏位置确定的依据，由

此得到开采底板最大破坏深度；同时利用实测钻孔轴向和径向应变的数据分析煤层开采底板破坏深度，得到采煤工作面底板受采动作用煤层底板应力变化规律存在超前和滞后的特点。中国矿业大学的朱术云等通过对超化煤矿“三软”煤层底板在采动过程中的底板岩层应力变化进行实测，得到在采动影响的60m的范围之内水平应力变化幅度小于垂直应力的变化幅度；同时利用超声成像技术和应力－应变监测等手段对裴沟煤矿、兴隆庄煤层及鲍店煤矿煤层开采底板破坏深度进行实测，分析不同岩性的煤层底板在采动作用下的破坏特征。

关英斌等根据显德汪煤矿地应力的实测数据，利用$3D-\sigma$有限元方案对深部和浅部煤层开采时的煤层围岩位移数据、最大主应力及最小主应力进行分析，运用某矿井煤层开采底板破坏深度的实测数据进行对比分析验证。

⑤电磁波CT探测法及雷达探测法。利用电磁波在煤层底板岩层中传播，低阻率岩体吸收电磁波的能力较强，在同一介质中破断岩层对电磁波吸收较大等原理，分析开采底板破坏深度及破坏范围。程久龙运用岩体波速测试其状态，得到煤层开采底板岩层破断裂隙的发育情况，运用单孔声波和阶段注水进行动态声波CT测量，得到煤层开采底板岩层的最大破坏深度。张平松等利用CT探测技术现场实测某矿煤层开采后的底板破坏深度，并得到了该区采煤工作面的底板破坏深度值为10~16m。

⑥声波层析法。该方法利用声波传播速度在不同介质中传播时存在一定的差异性，通过定点声波传输的数据采集后进行迭代反演处理得到不同介质速度的二维图像，对比分析采前与采后的图像，确定煤层底板岩层的破坏情况。

目前，以上几种煤层开采底板破坏深度实测方法虽然基本能够满足生产的需要，不同程度上均能够反映开采底板岩层的破坏情况，但要进一步精确揭示深部开采煤层底板破坏的时空演化规律，须寻求更为精准的现场实测方法。为此，利用分布式感测光纤对煤层底板岩层注入神经纤维网络，组建布里渊光时域反射系统对工作面在开采过程中煤层底板岩层应变的实时动态演化情况进行监测；该系统可以探测岩体的微应变实时演化过程，为进一步研究深部煤层开采底板破坏机理提供了精准的数据基础。

(2)理论解析及经验公式。

王作宇利用塑性滑移线场理论分析采煤工作面底板破坏准则和主要影响因素的参数选择，得到了煤层开采底板最大破坏深度的计算公式，其表达式为：

$$D=\frac{LB\cos\varphi}{2\cos\left(\frac{\pi}{4}+\frac{\varphi}{2}\right)}\mathrm{e}^{\left(\frac{\varphi}{2}+\frac{\pi}{4}\right)\tan\varphi} \tag{1-1}$$

$$L=a\left(\frac{1}{\sqrt{1-\left(\frac{\frac{1}{2}n_{\max}r_{\mathrm{c}}H_{\mathrm{db}}}{\sigma_{\mathrm{zc}}+\frac{1}{2}n_{\max}r_{\mathrm{c}}H_{\mathrm{db}}}\right)^{2}}}-1\right) \tag{1-2}$$

式中，D为煤层开采底板最大破坏深度，m；L为塑性区的宽度，m；δ_{zs}为工作面煤壁边缘附近达到的应力极限值，με；n_{max}为最大应力集中系数；γ_c为顶板加权平均容重，N/m³；H_{db}为煤层顶板垂深，m；B为煤层底板岩石力学强度系数（一般取2.50～3.00）；φ为煤层底板岩层平均内摩擦角，(°)。

张金才等研究采煤工作面采动围岩应力的分布特征，得到高围岩应力和低围岩应力状态下的开采底板破坏深度的计算公式；通过分析开采底板应力的传播规律，得到运用极限破坏理论计算开采底板破坏深度的方法。

根据半无限理论的解析公式：

$$h=\frac{n+1}{2\pi}H\left(c\tan\varphi-\frac{\pi}{2}+\varphi\right)-\frac{c}{\gamma_R\tan\varphi}-mH \tag{1-3}$$

式中，h为煤层开采底板最大破坏深度，m；n为最大支撑压力系数；m为采空区的降压系数；c为煤层底板平均内聚力，MPa；φ为煤层底板平均内摩擦角，(°)。

根据滑移线场理论解析的煤层开采底板最大破坏深度计算公式为：

$$h=\frac{0.015H\cos\varphi}{2\cos\left(\frac{\pi}{4}+\frac{\varphi}{2}\right)}e^{\left(\frac{\pi}{4}+\frac{\varphi}{2}\right)\tan\varphi} \tag{1-4}$$

高延法和施龙青结合煤层的埋深(H)、倾角(α)、底板岩层坚硬系数(f)、采煤工作面的斜面长度(L)等因素运用非线性回归的方法分析拟合了煤层开采底板破坏深度(h)的预测公式：

$$h=0.0091H+0.048\alpha-0.3113f+7.929\ln\frac{L}{24} \tag{1-5}$$

由中国国家煤炭工业局颁布的《建筑物、水体、铁路及主要井巷煤柱留设与压煤开采规程》中给出煤层底板破坏深度预测公式：

$$h=0.0085H+0.1665\alpha+0.1079L-4.3579 \tag{1-6}$$

许延春等利用众多的实测数据，增加煤层开采厚度(M)的影响因素后回归分析深部煤层（大于400m）开采底板破坏深度的计算公式：

$$h=0.042H-0.416\alpha+0.013L-3.276M+7.255 \tag{1-7}$$

施龙青等经调查统计了全国典型煤矿煤层开采底板破坏的实测数据，利用MATLAB非线性拟合给出了煤层开采底板破坏深度预计公式：

$$h=-2.0234+1.48\times10^{-26}H^9+0.1913\alpha+1.0637M+0.1016L-5.5536D+7.5070I \tag{1-8}$$

式中，D为底板抗破断能力；M为煤层开采厚度，m；I为底板是否存在切穿型断层或破碎带。

彭苏萍和王金安运用Westergaard应力复变函数计算开采底板应力，同时利用岩石破坏准则计算得到开采底板最大破坏深度。朱术云等利用半无限体理论创建力学模型结合采煤工作面的实际地质情况，分析在推采过程中煤层底板应力变化规律。孟祥瑞等利用弹性力学的半无限体理论创建开采底板岩层破坏深度的力学模型，同时运用岩体破坏准则得到开采底板最大破坏深度值。孙建对倾斜煤层开采底板破坏深度进行研究，增加煤层倾角对开采底板破坏的影响，创建倾斜煤层开采底板的力学模型。王连国等根据煤层开采过程中顶板岩体对煤层底板走向和倾向上的应力传递规律，得到煤层开采底板破坏深度预测公式。

(3)相似模拟和数值模拟。

姜耀东等利用自制的底板承压水模拟设备对煤层采动过程中顶底板失稳特征进行相似材料模拟，分析底板岩层承压水导升带发育高度，计算得到开采底板岩层的最大破坏深度。王吉松和关英斌等采用相似材料模拟方法，得到采后煤层底板应力呈"W"形分布，提出华北型煤田邯郸矿区浅部煤层开采底板破坏深度的预测公式。中国矿业大学乔伟等自制采动断层活化装置，在开采底板突水的相似材料模型底部加入冰块，利用冰块的融化模拟断层错动活化，研究断层活化过程的涌水方式，提出断层导水经历从孔隙流、裂隙流及管道流的变化过程。鲁海峰等利用 FLAC 数值模拟软件和半无限体横观各向同性理论对开采底板应力进行分析，得到横观各向同性底板上的水平、垂直及剪切应力的变化量均小于各向同性底板。申宝宏等通过相似材料模拟得到在采煤工作面煤壁边缘处于卸荷状态，顶底板岩层破坏最为剧烈；同时在采后 14 ~ 44m 为采动应力最小区域，采空区底板底鼓量达到最大值。王金安等通过相似材料模拟了杨庄煤矿某采煤工作面，研究并分析煤层开采底板破坏机理。姜耀东等运用相似材料模拟建立平面应力模型，对九龙煤矿煤层开采底板破坏情况进行模拟实验，同时将实测结果与实验结果进行对比分析。许延春等运用相似材料模拟实验和薄板理论，分析得到了采空区底板存在底板隆起量突然增大的现象，特别是存在断层的煤层底板采空区底鼓量会大于完整底板岩层的底鼓量。赵毅鑫等依据九龙煤矿某工作面底板地质构造情况，利用相似材料模拟建立煤层底板含有水平构造的双向加载模型，认为水平构造应力影响加剧开采底板向采空区的收敛变形程度。王方田等利用离散元法模拟分析深部煤层开采底板破坏规律。白峰青等利用 ANSYS 对某深部煤层开采工作面底板应力和煤层底板塑性区的分布进行模拟，得到该工作面开采底板的最大破坏深度。于小鸽利用 RFPA 模拟软件对完整型、损伤型及渗流状态下的损伤型的煤层开采底板破坏深度进行研究，提出渗流状态下的损伤型煤层底板更容易形成突水通道，同时提出煤层开采底板最大破坏深度位置一般在采空区中部。胡魏等利用 $FLAC^{3D}$ 数值模拟软件，增加煤层底板岩层的强度折减系数的因素，模拟分析了煤层底板破坏深度，得到煤层底板安全系数与采煤工作面斜长和工作面推进长度成反比。冯梅梅采用压力水袋对开采底板隔水层的承压作用进行模拟，得到开采底板裂隙发育的最大深度。

2)煤层开采底板破坏规律研究

刘天泉提出煤层采空区底板岩层破坏存在拉张断裂带、变形移动带和微变化带，形成煤层开采底板破坏的"下三带"理论。弓培林等基于三维流－固耦合模拟实验平台，对开采煤层底板岩层应力－应变规律进行研究，得到三维状态下的采动特征。20 世纪 80 年代末期，原山东矿业学院的李白英等基于室内相似材料模拟实验对煤层开采顶底板位移规律和采动应力分布的二次平衡特征进行研究，对断层带附近岩体在开采过程中的应力变化进行分析，提出了合理设置煤柱的宽度，可以避免采动引起的附近断层活化。黎良杰等对煤层开采底板突水进行相似材料模拟实验，提出在煤层底板不含断层构造的完整岩体区域，煤层开采底板岩层主要是“O－X”形破断；在含断层的煤层底板岩层区域，煤层开采底板断层的上、下盘关键层是沿断层面发生相对位移。王经明利用橡皮囊对煤层开采底板承压水导升带进行相似材料模拟实验，提出递进导升突水机理的判定依据。王金安利用平面相似材料模拟，对深部煤层开采底板破断的机理进行了研究。李利平等运用应力与损伤耦合理论，采用有限元数值模拟分析了不同类型的断层在采动过程中的应力场和底板承压水共同作用下的开采底板破坏的演化规律。张文彬等研究发现综放工作面底板破坏深度的实测数据小于经验公式计算结果，原因在于煤层底板存在软岩可以有效抑制应力集中，对煤层底板的硬岩层起缓冲作用。2019 年，Meng 等利用现场实测和 $FLAC^{3D}$ 数值模拟对倾斜煤层开采底板破坏深度进行研究。2019 年，Feng 等通过分析监测单元的破坏形态、位移分布和释放应变能，研究断面形状、孔洞卸荷率和地应力对典型硬脆性岩石破坏特征和力学响应的影响。2019 年，Jiang 等利用煤层倾角、工作面长度、煤层埋深及含水层水压等进行多因素耦合正交数值实验研究，根据底板破坏深度与影响因素之间的关系，建立煤层底板岩层破坏深度的多因素耦合预测模型，对开采底板破坏深度进行预测。

1.2.2　煤层开采底板突水机理及危险性评价预警研究

研究煤层开采底板突水机理能够进一步揭示开采底板突水通道的形成过程及底板突水水源特征，是煤矿防治水过程中的最重要的环节；同时为煤层开采底板突水危险性评价预警提供科学依据。突水危险性评价及预警体系的有效程度是煤矿防治水研究技术成熟与否的重要标志，因此，国内外学者通过大量的调研、实验、模拟、监测等手段不断完善基础理论，为做好矿井防治水工作而继续努力奋斗。

1.2.2.1　国外研究概述

对矿井开采底板突水机理和危险性评价预警的研究，国外在 20 世纪初就已经开始了，具有代表性的几个国家有匈牙利、波兰、前苏联、前南斯拉夫、西班牙及意大利等，诸多学者对煤层开采底板隔水层的作用及开采底板岩层的破坏特征进行了大量的研究，由此揭开了对煤层开采底板突水机理的研究序幕。

匈牙利学者利韦格弗伦斯在 1944 年第一次提出“底板相对隔水层”概念，他提出煤层开采底板突水主要的影响因素为隔水层厚度和所承受的水压大小，其中相对隔水层厚度为发生底板突水的首要影响因素。

1948 年，苏联学者 B Slesarev 首次提出计算巷道顶板稳定性的极限跨度公式，之后又利用梁和强度理论对煤层开采底板突水进行研究，首次利用解析解的方式得到了底板岩层抗静水压力的理论最小安全厚度。

匈牙利国家矿山技术鉴定委员会在 1974 年将煤层底板相对隔水层厚度纳入《矿业安全规程》中，并针对不同的煤系地质条件做了相应的规定。

法国数学家 Renne－Thom 在 1972 年提出突变理论，主要用于研究一些各种不连续的现象，此后该理论被应用到地学断层运动等非稳定性问题的研究。

J Motyka 和 A P Bosch 在 1985 年利用现场地质钻孔取心分析对岩溶矿区的岩溶发育特征与矿井突水的关系进行了研究，提出了在开采的影响下，采动裂隙发育路径穿过岩溶含水层，是矿井突水发生的根本原因。

O Sammarco 在 1988 年提出可以通过监测突水前兆的诸多信息对矿井突水进行预报，如利用监测水位的异常变化等。

桑托斯和宾尼威斯在 1989 年基利用改进新型的 Hoek – Brown 岩体强度准则分析煤层开采底板承载力的时候，提出了临界能量释放点的概念。

南斯拉夫学者 D Kuscer 在 1991 年研究揭示了突水过程的水文地质动态变化过程，为开采底板突水预报及治理提供了重要的依据。

Miran Veseic 和 Dusan Kuscer 在 1991 年对不同条件下的煤层开采底板突水的力学机理进行研究。一种是对煤层底板受到覆岩重力、承压水的支撑力和岩层摩擦力之间相互作用的平衡稳定性研究，另一种为对底板隔水层的阻水性进行研究。

S V Kuznetsov 和 V A Trofimov 在 1993 年利用相似模拟材料建立的水 – 岩耦合地质力学模型研究了在采动作用下的水岩相互作用及底板突水机制，提出了矿井突水与地下岩体结构有关。

苏联学者 V Mironenk 和 F Strelsky 在 1993 年通过研究矿井突水的机理，提出矿井突水是由采动影响下的地下岩体结构与地下水之间的复杂作用过程。

T Sato 和 T Kikuchi 等在 1998 年现场试验证明了通过调整施工工艺和方法，可以减小对围岩的破坏程度。1999 年，EP Nelson 等对受到断层影响的断裂带填充物质流体特征进行研究。2003 年，V F Bens 等对断层带围岩变形机制和导水空间分布情况，利用数字图像进行分析。2007 年，A V Mokhov 对矿井突水致灾过程中的围岩断裂现象进行分析，提出在矿井突水的过程中改变了围岩的渗透性，最终导致对附近工作面或相邻矿井突水。2009 年，J S Caine 建立构造单元模型进行研究，其中模型包括了断层核心、破坏带及原岩等。

随着探测技术的发展，国际上先后出现了多种类型的探测仪器，能够准确地探查采前煤层底板岩溶发育情况和构造的导水情况。如德国的 SEAMEX – 85 槽波地震仪、美国 GI 公司的 Petro – sonde 地电探测仪、GD 公司的 Es – 1225/2401 多道信息增强型地震仪及美国军工的地雷达等，均向无损探测技术发展，为矿井水害的评价预警提供了科学基础；国外的大量相关研究对我国解决底板承压水害问题提供了理论基础。

1.2.2.2 国内研究现状

进入 21 世纪以后，国外主要产煤国家(特别是欧洲)逐渐减少了对煤炭的开采，目前国外煤炭开采过程中受到高承压水威胁的情况较少，因此，国外对煤矿水害的研究重点转移到矿井水对地下水的污染方面，对煤层开采底板突水的研究基本处于停滞状态。而中国是一个人口多及煤炭资源丰富的大国，在最近 40 年的高速发展的过程中对煤炭依赖程度非常高，因此，矿井突水研究领域在中国得到了较快的发展，诸多学者在深部煤层开采底板突水防治方面的贡献显著，在开采底板突水机理和危险性评价预警方面积累了大量的研究成果，这为我国乃至全球的矿井防治水工作起指导作用，主要包括以下几方面的内容。

1)突水系数理论

1964 年在煤炭部焦作矿区水文地质会战，提出突水系数作为煤层底板突水危险性评价及预警的标准。完整底板正常块段突水系数设定为不大于 0.10MPa/m，煤层底板含构造破坏段突水系数一般不大于 0.06MPa/m。

$$T_s = \frac{P}{M} \tag{1-9}$$

式中，T_s为突水系数，MPa/m；P 为煤层底板含水层水压，MPa；M 为隔水层厚度，m。

20 世纪 70 年代以煤炭科学研究总院西安分院为主导，考虑到在煤层采动过程中对煤层底板存在一定程度的破坏深度，因此，计算突水系数时，煤层底板有效的隔水层厚度应为含水层到煤层底板的距离减去采动底板破坏的深度；基于此，对突水系数计算公式进行修正，并于 1984 年纳入了《煤矿防治水规定》，其表达式为：

$$T = \frac{P}{M - C_p} \tag{1-10}$$

式中，C_p为采动底板破坏深度，m。

20 世界 80 年代以煤炭科学研究总院西安分院为主导，考虑了隔水层分层及力学性质等因素，对突水系数进行修正，其表达式为：

$$T_s = \frac{P}{\sum_{i=1}^{n} M_i m_i - C_p} \tag{1-11}$$

式中，M_i为隔水层第 i 分层厚度，m；m_i为隔水层第 i 分层等效厚度的换算系数。

2005 年在“下三带”理论出现后，考虑到开采底板破坏深度、承压水导升带高度及隔水层分层组合等因素，对煤层开采底板突水系数计算公式进行进一步修正，其表达式为：

$$T_s = \frac{P_C}{M\sum_{i=1}^{n} \xi_i M_i - M_I - M_m} \tag{1-12}$$

式中，P_c为含水层上导升带顶部水压，MPa；ξ_i为隔水层各分层的等效抗压强度因子；M_I为开采底板破坏深度，m；M_m为含水层导升带高度，m。

在 2009 年修订的《煤矿防治水规定》及 2018 年颁布的《煤矿防治水细则》中将突水系数计算公式更改为 1964 年的计算方法，但其比值的判定依据没有更改。

2)“下三带”理论

20 世纪 80 年代由前井陉矿务局王良等以及原山东矿业学院李白英等对煤层开采底板破坏进行研究，首次提出煤层底板自上而下可分为 3 个部分，分别为上部破坏带与中部未破坏带和下部“导高”发育带；1988 年，李白英等对煤层开采底板破坏上升到理论高度，提出煤层开采底板存在“下三带”，即采动底板破坏带、完整岩层带及承压水导升带。

3)“原位张裂”和“零位破坏”理论

1988 年，王作宇通过对煤层开采底板进行现场实测，首次提出煤层底板岩层在采场前方超前压力压缩段内自下而上形成岩体“原位张裂”，进而形成了煤层开采底板破坏的“原位张裂”理论。同年，王作宇在对煤层开采底板破坏机理研究时发现，底板破坏位置与岩体原始张裂的关系决定底板突水的条件，首次提出煤层开采底板岩层移动的“零位破坏”理论，并对采煤工作面底板分为 3 段，分别是超前压力压缩段、卸压膨胀段及采后压力压缩－稳定段。

4）薄板模型理论

1997 年，刘天泉等利用采动导水裂隙带和底板隔水带的“两带”模型，结合 Coulomb－Mohr 强度理论、半无限体理论、Griffith 强度理论等，煤层开采底板的最大破坏深度；同时将隔水层简化为四周固支受均布荷载的薄板采用弹塑性理论得到开采底板能承受的极限水压预测公式。张金才和刘天泉综合多种力学理论及相似材料模拟实验，对煤层开采底板破坏裂隙的形成和空间分布进行研究，提出“板壳”模型理论。

5）“强渗通道”学说

20 世纪 90 年代，中科院地质研究所许学汉研究发现开采底板突水的关键在于是否有突水通道，提出了“强渗通道”理论，说明“原生裂隙通道突水”和“再生通道突水”的过程及条件。

6）“岩－水－应力关系”学说

20 世纪 90 年代，煤炭科学研究总院西安分院王成绪等考虑了岩石、地应力及水压的影响，认为在煤层开采过程中，底板隔水层出现采动裂隙，导致渗流场的变化，底板含水层进一步对采动裂隙进行影响，使采动裂隙围岩软化，致使裂隙扩展，最终导致突水的发生，基于此提出了“岩－水－应力关系”学说。

7）“关键层”理论

1995 年，钱鸣高等提出开采底板突水机理的“关键层”理论，强化了坚硬岩层抑制突水的作用，指出底板含水层上方具有承载能力最强的岩层为开采底板是否突水的“关键层”。缪协兴等在钱鸣高提出的“关键层”理论基础上继续深化研究，提出“隔水关键层”理论，该理论认为煤层底板的隔水能力不仅仅取决于承载能力最强的岩层上，同时还应考虑与关键层交接的上、下岩层的组合作用。

8）“下四带”理论

21 世纪初期，施龙青对开采底板突水的机理进行研究，提出开采底板下存在“四带”，分别为矿压破坏带、增损伤带、原始损伤带及原始导高带。并通过损伤力学和断裂力学计算各带的厚度。

9）“递进导升”学说

煤炭科学研究总院西安分院王经明认为煤层底板含水层在采动矿压和水压的共同作用下，底板水沿采动裂隙进行扩散导升，若承压水扩散导升高度与开采底板破坏带进行导通，开采底板会发生突水灾害，因此，提出“递进导升”学说。

10）“突水优势面”学说

高延法、施龙青、倪宏革、罗国煜等提出煤层开采底板“突水优势面”学说，认为突水控制的关键是地质构造，采煤工作面在承压水带压开采时，底板往往是最易突水的危险断面，该学说主要强调在开采面上查找最易发生突水的薄弱面。

11）“渗流转换”理论

李文平等为了揭示煤矿构造破碎带发生滞后大型突水的内在机理，设计高水压模式下构造破碎带突水相似材料模拟实验模型，得到在高水压作用下构造破碎带突水伴随导水通道的结构变化，经历孔隙流－裂隙流－管道流3个阶段进行渗流转化，导致滞后大型底板突水。

12）底板突水机理的其他相关研究

1992年，李文平等对煤矿软岩的组成、水理性、强度与变形、流变性和岩体变形等主要工程地质特征进行研究。1994年，隋旺华利用Unbsco和Iboa推荐的ET、LT、LC及LS将煤系岩石划分为风化岩、黏土岩、砂岩、碳酸盐岩、砂岩与黏土岩互层及特殊性岩石等。1997年，黎良杰等利用相似材料模拟的方法对煤层开采底板突水机理进行研究。1999年，王连国等提出煤层开采底板突水过程存在突变和缓慢等路径，并且突水点附近具有4模态软化和发散等特点。2000年，刘伟韬等利用AHP－模糊评判的准则，建立了开采底板突水因素之间的层次分析结构模型。2001年，刘红元等利用自行研发的$RFPA^{2D}$数值模拟软件对承压水底板在开采过程中失稳过程进行模拟，并分析开采底板失稳突水机理；同年，张文志等利用断裂力学和非线性科学突变理论，建立爆发型和滞缓型突水的力学模型。2001年，武强等利用现场地应力实测、断裂带填充物的单轴和三轴实验、$FLAC^{3D}$仿真模拟等技术得到断裂带物质弱化效应的力学参数，提出煤层底板断裂构造突水时间弱化效应。2002年，邱秀梅等采用重整化群方法对断层单元体破裂的随机性和关联性进行分析，并对采动断层导水裂隙的变化特征进行研究。2003年，李文平等对深部砂土采用三轴高压卸载实验研究其内部结构变化，利用CT装置进行探测，分析深部砂土在高压卸载条件下变形和破坏结构性变化的本质特点。2004年，刘志军等采用三维流固耦合相似材料模型和三维数值模拟等手段，对煤层开采底板破坏规律进行研究。2005年，弓培林等依据东山煤矿某工作面进行流－固耦合相似材料模拟，得到工作面煤壁边缘附近存在应力降低区，底板突水危险性较高。2006年，冯启言等对薄煤层开采底板突水的机理进行研究，采用$RFPA^{2D}$数值模拟软件建立薄煤层底板采动破坏的数值模型。2005年，李小琴等对煤层开采引起的围岩卸除围压过程中砂岩渗透性的变化规律进行研究，得到砂岩峰后卸压过程中渗透系数与有效围压的拟合方程；为煤层开采引起的围岩应力场与渗流场耦合问题提供参考。2008年，胡耀青等对煤层底板存在多层承压含水层进行三维相似材料模拟，得到煤层开采底板突水具有突变现象；同年，孙如华等利用分形理论研究鲁西南地区深部黏土的微孔隙发育规律。2010年，徐智敏对深部煤层开采底板隔水层破坏及突水特征进行研究，并建立了高压三维煤层底板突水实验平台；同年，左宇军等应用突变理论建立承压水底板关键层在采动扰动下失稳的双尖点突变模型，揭示关键层采动失稳的机理。2017年，孙文斌等对采动和承压水作用引起的底板破坏特征进行研究，分析煤层开采底板特大水害的形成和演变过程，提出开采底板突水通道的演变可分为底板裂缝发育阶段、导水通道显现阶段和通道演化3个阶段。2019年，李海龙等对深部煤层开采底板动静应力叠加扰动模式下的底板突水机理进行研究；采用$FLAC^{3D}$将非线性动态模块和渗流模块进行耦合，模拟顶板崩落动荷载作用下底板裂缝的激活和再发展过程。

13)煤层开采底板突水危险性评价及预警研究

(1)信息复合处理技术。

1989年，孙亚军等利用信息复合技术进行综合处理多元地学信息，并与地理信息系统(GIS)结合，对煤层开采底板突水的各影响因素进行多因素拟合分析，建立了矿区的底板突水模式，对未开采区域进行突水危险性预测，取得显著效果。底板突水模型如下：

$$UNV = \frac{(DF + KT + WP)WP}{TH^2} \qquad (1-13)$$

式中，UNV 为突水指数；DF 为断层密度，条/m^2；KT 为岩心采取率的倒数－岩溶发育程度；WP 为水压，MPa；TH 为底板隔水层厚度，m。

基于对评价区域已有的突水资料进行拟合，确定突水区域突水指数阈值；以焦作某矿区为例：$UNV \leqslant 2$ 为安全区；$2 < UNV \leqslant 10$ 为可能突水区；$UNV > 10$ 为突水危险区。

(2)"脆弱性指数"法。

2007年，武强采用确定底板突水因素的权重方法与地理信息系统结合，提出煤层开采底板突水预测预警的"脆弱性指数"法。2016年，武强等利用聚类分析法对影响底板突水的各主控因素变权区间阈值进行了确定。

(3)尖点突变模型预测法。

突变理论由法国数学家 Renne－Thom 提出，用于研究各种不连续现象；我国学者王连国等采用尖点突变模型对煤层开采底板突水进行预警。煤层开采底板达到突水临界时，尖点突变预测模型如下：

$$K(H-h)^2 S_t + VH - P = 0 \qquad (1-14)$$

式中，K 为现场有关系数；H 为隔水层厚度，m；h 为开采底板破坏深度，m；S_t 为底板岩层平均抗拉强度，kN/m^2；V 为底板岩层容重，N/m^3；P 为含水层水压，MPa。

(4)突水概率指数法。

施龙青等采用案例数据统计分析方法，得到底板突水各影响因素的权重，然后再运用专家经验评分法和概率统计法，建立煤层开采底板突水概率指数模型，对开采底板突水进行预警。

$$E = P_W W + P_S S + P_R R + P_P P + P_G G \qquad (1-15)$$

式中，W 为含水层富水性指数；S 为底板构造指数；R 为隔水层厚度指数；P 为底板含水层水压指数；G 为开采底板矿压指数；P_w、P_s、P_R、P_p、P_G 分别为富水性指数、底板构造指数、隔水层厚度指数、底板含水层水压指数及开采底板矿压指数的专家经验评分权重。

(5)突水系数－单位涌水量法。

2009年，乔伟和李文平等在突水系数的基础上，考虑充水含水层富水性的指标，提出了突水系数－单位涌水量法对煤层开采底板突水危险性进行评价的新方法。

(6)人工神经网络算法。

人工神经网络算法利用大量的样本进行训练，模拟人类的思维和推理方式，具有自学习和自适应等特点。然而煤层开采底板突水研究的是复杂条件下的非确定性的因果关系，因此，利用人工神经网络系统计算非线性特征的突水问题，为煤层开采底板突水预警做出了贡献。

1996 年，黄国明等利用人工神经网络算法建立了煤层开采底板突水预警模型。2017 年，余小鸽等选取 30 组破坏底板深度的煤矿开采资料进行研究，综合分析了影响煤层底板破坏深度的因素，运用 BP 神经网络处理动态非线性信息，将一组测试样本组装起来，并使用 BP 神经网络构建预测模型。

(7)模糊数学、灰色理论、统计分析及地理信息系统等信息化决策研究。

1985 年，李金凯等针对华北型煤田岩溶水害进行研究，提出煤层开采底板突水量的预计方法。1989 年，王树元结合突水案例利用模糊预测方法进行突水预测。1990 年，陈秦生等利用模式识别方法对突水进行预测。1996 年，许延春基于矿井突水案例数据分析，利用灰色拓扑理论对矿井水害进行预测。1997 年，李京红等对煤层底板岩层组合性质和阻水系数等进行研究，从以上两个视角提出了底板水害预测方法；同年，靳德武等提出煤层开采底板突水的形成存在快和慢两种过程，并利用塞子模拟突水通道岩体建立动力学方程式，得到了煤层开采底板突水的物理判断依据。1999 年，谭志祥采用岩体极限平衡理论结合数学及力学方法，对完整底板和含断层底板条件下的突水力学机理进行研究，得到了承压水上采煤危险性的判断计算公式。2000 年，魏久传等根据“下三带”理论，对高承压水采煤危险性评价预警的方法进行研究。2007 年，刘启蒙等利用室内小尺寸水力压裂实验测得煤层底板的阻水系数，对某矿下组煤开采底板奥陶系灰岩(简称奥灰)突水危险性进行评价；结果显示该方法对下组煤开采底板奥灰突水评价效果显著，值得推广应用。2016 年，曾一凡等选取煤层开采底板突水的 8 个影响因素，利用 AHP 确定各影响因素的权重，再采用 GIS 系统进行脆弱性评价开采底板的突水危险性。2017 年，Li Fenglian 等基于自适应鲁棒性证据理论对煤层开采底板突水危险性进行评价和预警。2018 年，Li Bo 等通过建立评价指标体系和集对分析相结合，提出一种新的煤层开采底板突水风险评价模型。2019 年，胡彦博等采用AHP－EW组合确定深部煤层开采底板突水的各影响因素的权重值，建立深部煤层开采底板突水危险性评价模型；利用 GIS 进行脆弱性评价预警深部煤层开采底板突水危险性；同年，施龙青等利用改进的突水系数模型和突水指数模型对下伏含水层突水危险性进行评价预警。2019 年，乔伟等利用煤层底板岩层构造分析及脆弱性指数法对深部煤层开采底板突水危险性进行评价预警。

国内外学者对煤层开采底板突水机理研究做了大量的基础工作，为煤层开采底板突水危险性评价和预警提供重要的理论依据，随着信息系统及传感系统的快速发展，诸多学者已经认识到煤层开采底板突水事故是煤系地质条件与人类活动之间的多因素综合作用的结果。截至目前，对煤层开采底板突水的机理已在宏观上有了较大的突破，但是在开采底板突水通道形成的微应变动态演化过程仍未涉及，加之我国煤炭开采深度逐渐增加，怎样在高地应力、高温度、高水压及强烈开采扰动条件下的对底板突水机理进行研究，应是下一步研究的一个方向。

1.2.3 煤层开采底板突水治理方法研究

我国的赋煤地质条件复杂，在对煤层开采底板突水机理和安全性评价预警研究的基础上，我国工程地质界学者和工程师们对不同类型的矿井水害治理方法也进行探索，截至目前，我国对煤层开采底板水害治理主要有疏水降压 - 带压开采、帷幕截流、注浆改造等；近年来，随着开采深度的逐渐增加，大部分矿井对煤层开采底板水害的治理逐步从疏水降压 - 带压开采向注浆改造方向过渡。

疏水降压 - 带压开采是对底板含水层进行疏放(特殊条件下或可对局部进行疏干)，当含水层水压稍低于临界水压时进行带压开采；疏水降压是通过矿井排水系统进行强排，以保证安全开采，但是若强排含水层存在强大的地下水补给源时，该方案将难以有效；同时该方案成本高，对地面环境会造成破坏；若煤层开采水文地质条件适合疏水降压 - 带压开采的方案，也可以进行疏供协同，将疏放的水资源进行处理加以利用，实现水煤共采。帷幕截流是通过局部导水通道处理或含水层区域截流等，可对开采区域内的底板含水层进行帷幕截流，切断开采区域底板含水层的补给，实现安全开采。

注浆工程已经有两个多世纪的发展史，广泛应用于交通、水利、堤坝、土工、矿建等工程领域，浆液可在岩体内扩散和固化，降低岩体的渗透性，从而提高岩体的强度，起到防渗和加固的目的；注浆改造是利用浆液加固煤层底板隔水层和改造底板含水层的技术；目的是降低隔水层的渗透性，从而增强底板隔水层的强度，将含水层改造成隔水层，以增加煤层底板隔水层的有效厚度(或将含水层的强富水性改造成弱富水性)，从而防止煤层开采底板突水事故的发生。

国内很多矿区综合运用以上 3 种方法来解放受承压水威胁的煤炭资源，如阳泉煤业堡子煤矿 9#煤层受奥灰的威胁采用了疏水降压 - 带压开采和煤层底板注浆加固 2 种方案实现 9#煤层的安全开采；寺家庄煤矿 Y485 里采煤工作面采用物探技术确定煤层底板富水危险区域，利用区域疏水降压和底板注浆改造等方法，取得了良好的底板水害治理效果；刘圣洁等对断层导水致灾进行了研究，综合分析了断层导水性及承压含水层的区域富水性，采用对断层破碎带注浆加固、断层上下盘含水层注浆改造及含水层疏水降压等方法，消除了底板水害的发生。齐延海等针对全风化花岗岩富水地层注浆治理进行研究，在不同水压条件下的疏水降压对全风化花岗岩富水地层注浆模拟加固，结果显示土体压密区试样的抗压强度和水稳定性均随着疏水降压的增大而增高，当疏水降压为 30% 时，分支网络浆脉对土体起到压实和支撑骨架的作用，提高了压实区实样的矿压强度和水稳特性。赵家寨煤矿 12201 采煤工作面突水治理采用了地面高压钻孔注浆、井下补充注浆及疏水降压等综合方案快速的遏制了水害事故的扩大，有效地控制了突水点。西坡矿 5111 采煤工作面采用疏放底板薄层灰岩含水层，经 10d 的疏水降压，含水层水位下降 36m，有效地降低了含水层水压，实现安全带压开采。淮南矿区 A 组煤受底板灰岩含水层水害威胁，采用“疏水降压 - 限压开采”方法治理，实现安全开采。潘西煤矿 19#煤层受底板奥灰承压含水层威胁，经勘察井田内的奥灰属于半封闭型有限补给的含水层，井田东南部 F6 断层与北部梁坡断层都具有良好的阻水性，西南部颜家断层存在两处导水通道，西部付家村断层和秦家洼断层在交汇处为导水通道；上述几处导水通道受边界外奥灰或煤系上覆地层含水层补给，但该矿井涌水资料表明，其补给水量有限，因此，采取疏水降压防治奥灰突水方案可行。

综上所述，目前煤层开采底板岩溶水害治理采用“疏水降压－带压开采”“帷幕截流”及“注浆改造”等方法，成功率高，治理效果显著。

1.2.4　存在的问题

在对深部煤层开采底板突水机理研究过程中，其内部底板岩层性质及采动运移破坏的时空演变特征是研究底板突水通道形成的重要方向。虽然国内外学者在煤层开采底板突水宏观机理及底板岩溶水害防治方面已有很大的突破，但是深部煤层开采底板岩溶水害防治的失败案例也不胜枚举。截至目前，笔者认为针对深部煤层开采底板水害的研究还存在以下几个方面的问题。

1）深部煤层开采底板岩层运移破坏的时空演变特征方面

随着科技的进步，对煤层开采底板岩层演化破坏监测有待应用更为精细化的手段和方法，查找不同煤系地层背景条件下的采动破坏规律。

2）深部煤层开采底板突水模式研究方面

煤层开采底板突水模式研究已较为深入，但随着我国煤层开采得逐年加深，针对深部煤层开采高地应力、高温度、高水压及强烈地开采扰动条件下突水模式研究有待更精细化和系统化。

3）深部煤层开采底板水害评价预警方面

截至目前，针对深部煤层开采底板突水的评价及预警方面已有较大突破，但是主要问题在于突水的判据确定，具体突水点、突水时间等尚待明确，因此，针对开采底板突水位置及时间方面的研究还需细化和标准化。

4）深部煤层底板灰岩岩溶水害治理方面

该方面主要问题在于治理方案制定存在盲目性：由于受导水通道的隐伏性、煤系地层水文地质的复杂性，等因素制约，同时由于深部煤层开采底板岩溶含水层普遍水压较高，含水层富水性强或受其他含水层补给充沛，含水层与煤层底板有效隔水层厚度小等特点，导致深部煤层底板灰岩岩溶水害的治理费用高、周期长等，目前尚未形成底板灰岩含水层注浆改造的具体工艺和注浆改造效果系统科学的评价标准。例如，在深部煤层底板灰岩含水层注浆改造时注浆钻孔的位置、分支治理钻孔的间距和方向的确定、注浆压力的控制、改造效果的评价等方面还待进一步基于科学的判据进行研究，并加以明确。

1.3　研究内容

本文从区域水文地质和工程地质方面出发，以华北型煤田东部矿区为研究背景，围绕深部煤层开采底板突水通道动态形成的过程机理和水害评价防治的科学技术问题，以华北型煤田东缘代表矿井为例，采用野外调研、理论分析、原位测试、室内实验、数值模拟等多种方法开展研究。华北型煤田东缘矿区深部煤层底板突水与奥灰具体块段的富水性、断层构造及节理裂隙、底板隔水层厚度、煤层底板岩层组合、奥灰水头高度、采动对底板的破坏深度等多种因素综合作用下，呈现一定的规律性。为了防止深部煤层底板水害，首先，对深部煤层开采底板破坏进行研究，利用布里渊光时域反射技术组建底板岩层采动破坏的监测系统，分析深部煤层开采底板破坏的时空演化过程，为底板突水机理研究奠定基础；其次，通过现场调查和资料收集归纳总结深部煤层开采底板突水的模式，利用数值模拟、相似材料模拟及现场调研分析等手段，剖析深部煤层开采底板突水模式，确定深部煤层开采底板突水的主要控制因素；最后，通过深部煤层开采底板的突水机理和影响因素，利用解析解、反向传播的神经网络算法、改进新型层次分析法、熵权法、多因素回归分析、地理信息系统拟合及现场实测等方法，得到深部煤层开采底板突水危险性评价和预警方法，同时提出了充水含水层和导水构造协同超前块段治理模式和具体的技术流程对深部煤层开采底板水害进行治理。研究内容主要分为以下 5 部分。

(1)华北型煤田东缘矿区赋煤条件。

①区域赋煤构造、煤系地层概况及主要含水层。

②深部煤层开采底板突水水源区域水文地质特征。

(2)深部煤层开采底板岩层破坏原位动态监测。

① 分布式光纤传感动态监测煤层底板采动变形破坏。

② 深部煤层开采完整底板和含断层底板破坏深度研究。

(3)深部煤层开采底板破坏机理及突水模式。

① 深部煤层开采底板裂化—隆起时空演变特征。

② 深部煤层开采底板突水模式。

(4)深部煤层开采底板突水危险性非线性预测评价研究及应用。

①深部煤层开采底板破坏深度预测方法。

②深部煤层开采底板突水危险性评价方法及应用。

(5)深部煤层开采底板灰岩岩溶水害治理模式及治理效果评价方法与应用。

① 深部煤层开采底板水害充水含水层和导水构造协同超前块段治理模式。

②该治理模式的技术流程包括：地面受控定向钻进技术优化注浆改造；采区巷道施工与井下补充注浆协同；采前底板水害治理效果评价。

③治理效果序列验证(Sequence verification)评价方法。

④充水含水层和导水构造协同超前块段治理模式及治理效果序列验证评价方法的应用。

针对上述主要研究内容和方法，其技术路线按照华北型煤田东缘矿区的赋煤地质结构特征→深部煤层开采底板变形－破坏的动态监测方法→深部煤层开采底板岩层变形－破坏的时空演化特征和突水模式→深部煤层开采底板破坏深度预测方法和开采底板突水危险性评价方法→深部煤层开采底板水害治理模式和治理效果序列验证评价方法的思路开展研究，其技术路线如图 1－2 所示。

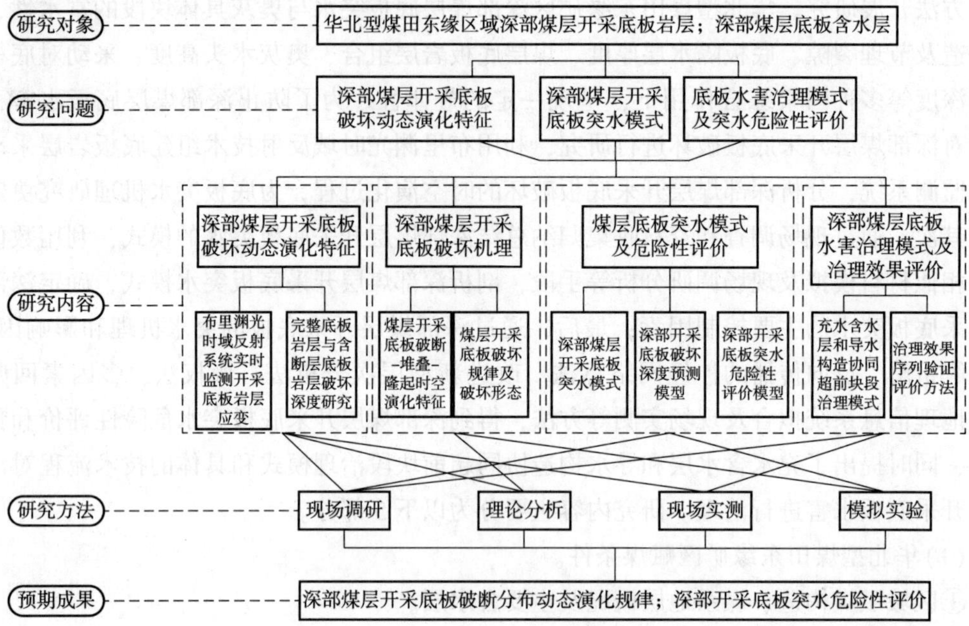

图 1－2　研究技术路线图

2 华北型煤田东缘区域地质及水文地质条件

本章介绍了华北型煤田东缘地区赋煤构造、煤层赋存规律及区域含水层的水文地质特征，揭示现阶段该区矿井深部煤层开采底板突水的共同特点，为研究工作的开展奠定基础。

2.1 区域赋煤构造、煤系地层概况及主要含水层

我国华北型煤田东缘矿区包括自安徽淮南到河北开滦等煤田，涵盖河北南部、山东、江苏和安徽北部等地区。华北型煤田东缘矿区主要含煤地层是石炭—二叠系，以河北的开滦煤田，山东的兖州煤田、济宁煤田，安徽的淮南煤田、淮北煤田，江苏的徐州煤田等为主要研究对象，如图 2－1 所示。

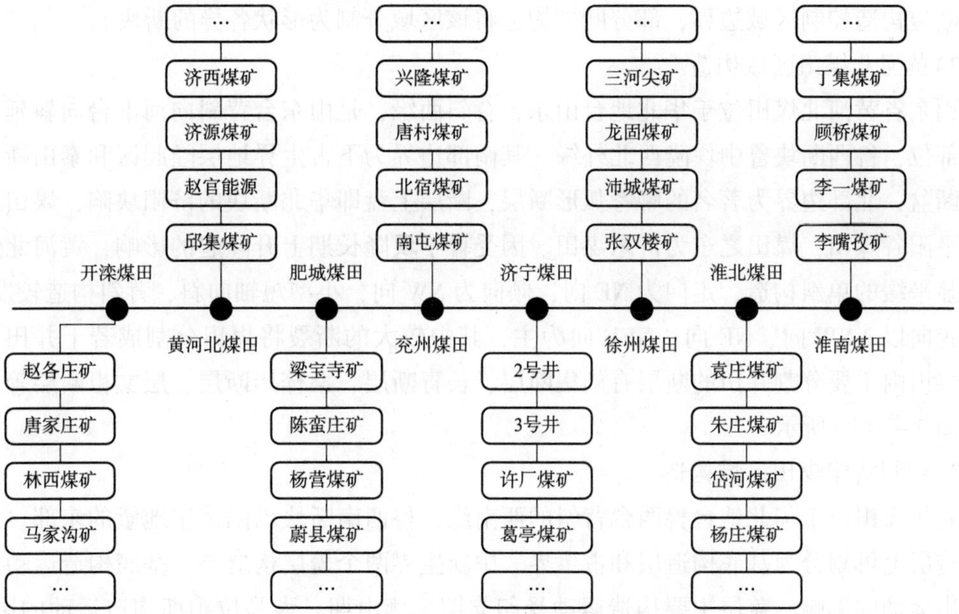

图 2－1　华北型煤田东缘区域位置示意图

华北型煤田东缘属华北地台，是一个稳定而古老的克拉通区域，为古生代含煤盆地，经历了印支期、燕山期及喜马拉雅等不同时期，结合不同性质的构造和深部地应力等耦合作用，盆地受不同程度地抬升、翘倾、深埋、构造形变、肢解残留和复合改造作用，构造的样式呈明显的环带变形分区特征。华北型煤田东缘大部分地区晚古生代经历了陆表海环境及过渡环境向大陆环境的演变过程，整体形成于一个辽阔的海进和海退的旋回。该区域

在沉积演化的过程中经历4个比较重要的聚煤期，发育多层具有重要价值的煤层。受到华夏系与新华夏系构造的控制和改造产生一系列NE—NNE向构造，在平面上彼此平行或斜列式排列。其中，华夏系是一种巨型"多"字型构造体系，主要由NE走向的褶皱带和挤压破碎带构成，在中国东部较发育，形成时期为古生代晚期至三叠系中期；新华夏系形成于东部中生代"多"字型构造，由一系列NNE向大型隆起带和沉降带构成。

2.1.1 区域赋煤构造概况

1)京、津、冀南地区控煤构造

河北省南部地区构造断裂多为隐伏活动断层，其中太行山山前断裂带、邢台—唐山断裂带及沧东断裂为3条较大断裂形成构造骨架，如图2-2(a)所示。该区域属于华北板块东部，地层发育相对较全，区内断裂构造发育充分，按照断裂走向可划分为NNE向、NWW向、NE向、NW向及近EW向，重要的断裂包括磁县—大名断裂、无极—衡水断裂、深县断裂、东垒子—涞水断裂、南口—孙河断裂、海河断裂、滦县—乐亭断裂、滦县西断裂、沧西断裂、馆陶断裂、武城断裂、羊二庄断裂、新河断裂、柏乡—晋县断裂、陡河断裂、桃园断裂、冷口断裂、紫荆关断裂、廊坊盆地西缘断裂、紫山西断裂、宁河—昌黎断裂、丰台—野鸡坨断裂、栾城断裂、牛东断裂、香河断裂及南王庄断裂等，其中部分区域断裂构造控制区域边界，部分断裂构造将该区域分割为形状各异的断块。

2)黄河北煤田区域构造

山东省黄河北煤田位于华北地台山东台背斜西缘，是山东台背斜向河淮台向斜延伸的转折部位，鲁西断块鲁中块隆西北外缘。其南部边界为下古生界地层隆起区和泰山断凸与肥城断盆，北部边界为著名的聊考弧形断层，断层上盘即华北断块的济阳块陷，煤田之西为茌平阳谷煤田，煤田之东为济东煤田。因受鲁中块隆长期上升隆起的影响，黄河北煤田呈明显平缓的单斜构造，走向为NE向，倾向为NW向，小型短轴向斜、背斜构造较发育。断层走向以NNW向、NE向、NEE向为主，其中较大的断裂将煤田分割成若干井田。黄河北煤田内主要分割井田的断层有刘集断层、长青断层、桑梓店断层、层文祖断层等，具体如图2-2(b)所示。

3)兖州济宁煤田区域构造

兖州煤田位于华北地台鲁西台背斜的西南缘，鲁西南断块坳陷济宁地堑的东部。从纵向构造层上可划分为基底构造层和古生界、中新生界两个盖层构造层。基底构造运动主要受泰山运动的影响，盖层主要构造运动受印支期、燕山期、喜马拉雅期构造运动的影响，其中以燕山期构造运动最强烈，为盖层的定型构造期。

如图2-2(c)所示，兖州煤田北部和南部分别为两个近EW向的地堑。北部为汶泗断层与郓城断层控制的汶上—宁阳地堑；南部为菏泽断层、凫山断层与单县断层所控制的成武—鱼台地堑。煤田西部为NE向的济宁向斜和NNE向的巨野向斜，其区域构造特征以断块为主，与所处的大地构造位置、区域构造单元的组合及其变化等存在明显的规律性。区域内断裂明显受纬向构造带和新华夏系复合构造带影响，区内发育EW走向和近SN走向两组断裂。其中一组 EW 向阶梯状伸展断层组为正断层，由北而南依次为汶泗断层、郓城断层、菏泽断层、凫山断层和单县断层等；另外一组为 SN 向间隔断层，亦为正断层，由东而西分别为峄山断层、孙氏店断层、济宁断层、嘉祥断层、巨野断层和曹县断层等。东部主要表现为向西倾的 SN 向正断层，形成 SN 向台阶式构造；西部主要表现为走向相同、倾向相背的组合关系，从而形成 SN 向凹陷和凸起。如济宁断层与嘉祥断层、嘉祥断层与巨野断层、巨野断层与曹县断层等，组成 SN 向的济宁凹陷、嘉祥凸起、菏泽凸起等地堑、地垒构造。区域内发育的 EW 向及 SN 向两组正断层构成鲁西南伸展滑脱构造系统，EW 向阶梯状伸展断层与 SN 向间隔断层两组断层，形成了棋盘格构造格局。在这两组断层中，EW 向伸展断层组形成较早，SN 向间隔断层组形成较晚，前者被后者切割。该区域内褶曲构造可分为两组：一组是 NE 向褶曲，另一组是近 EW 向的向斜构造。其中 NE 向褶曲组是按区域分布特点，东部自北向南有滋阳背斜、兖州向斜、滕县背斜、滕县向斜，中部有济宁向斜，西部有巨野向斜等，均为 NE 走向的宽缓褶曲；另一组 EW 向向斜组受纬向构造体系控制，保存在 EW 向地堑构造内，如北部的汶上—宁阳向斜、南部的单县—鱼台向斜等。

4) 徐淮地区控煤构造概要

徐淮区域煤田包括淮南煤田、皖北煤田及徐州煤田，是华北型煤田东缘重要的大型煤炭基地。该区域基底呈断块格局，覆盖层由褶皱、断块和滑脱等 3 种控煤构造组成，褶皱构造南北差异较大，蚌埠 - 太和线以北的东西方向褶皱仅存在基底局部，覆盖层褶皱一般呈 SN 向偏东增强；该线以南在轴向部位近 EW 向偏南增强。断块构造是由 EW 向和近 SN 向两组断裂构成的菱形断块。滑脱构造主要分布在“徐淮”矿区南缘淮南煤田南部、淮南北部和徐州—宿州线以东区域，构成淮南煤田南部逆冲推覆构造、北部重力滑覆构造和徐宿地区以推覆为主的滑脱构造。

如图 2 - 2(d) 所示，“徐淮”地区东西方向断裂构造从北向南分别为丰沛断裂、宿北断裂、光武—固镇断裂、太和—五河断裂、刘府断裂及寿县—定远断裂等；EW 向断裂向东被郯庐断裂截断，向西延申进入河南地区；EN 向断裂构成丰沛隆起、淮北煤田、蚌埠隆起、淮南煤田、合肥凹陷等板内二级构造单元边界；该断裂自隆起向两侧向北倾斜，其中蚌埠隆起北侧断面向北倾，南侧断面向南倾，从而形成了两堑一垒的“徐淮”煤田构造形态。近 SN—NNE 向断裂构造从西向东依次为夏邑—固始断裂、丰县—口孜集断裂、固镇—长风断裂、灵璧—武店断裂及郯庐断裂西支等，其中夏邑—固始断裂为皖西下降断块和两淮断块的分界，致使徐淮煤田、隐伏的太康隆起及周口凹陷相连，该组断裂构造在煤田两端以西倾为主，中段为东向倾斜，整体形态为堑垒式。滑脱构造在“徐淮”煤田的南缘和东缘，该区域的滑脱构造可分为 3 种类型，分别为徐宿复杂构造组合、淮南煤田北缘重力滑覆构造及淮南煤田南缘逆冲推覆构造等。徐淮煤田内的东西向断裂对褶皱构造和滑脱构造具有一定的限制和分割作用，而褶皱构造由板内向板缘方向增强，在板缘形成推覆构造，进而在徐淮煤田形成了以推覆构造为主的边界。

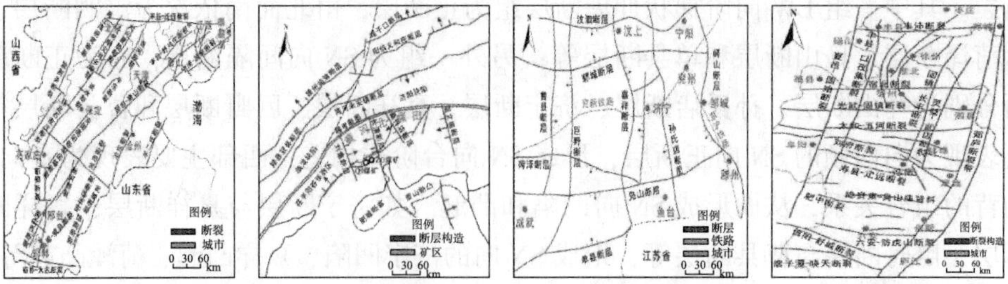

(a)京、津、冀南地区　(b)黄河北煤田　(c)兖州济宁煤田　(d)徐淮地区

图 2-2　华北型煤田东缘地区赋煤构造简图

2.1.2　煤系地层概况

1）本溪组

华北型煤田东缘本溪组地层中含煤较少，基本为煤线、薄煤层，一般位于本溪组的中上部，也有小部分区域下部夹杂煤线；在其他本溪煤层内含煤较多，有可采煤层，但该区一般只有煤线或极少存在可采煤层。其分布特点为：①开平煤田和柳江煤田厚度为 65～90m，一般含不稳定薄煤层 1～3 层，均不可采。②黄河北煤田本溪组的顶界为徐家庄灰岩的底界，底界为马家沟组灰岩的顶界，本溪组厚度为 3.40～18.00m，平均厚度为 9.80m，本溪组与下伏奥陶系马家沟组呈平行不整合接触，基本无可采煤层。③兖州煤田本溪组基本不含煤层，揭露厚度平均约为 25.20～68.26m。④徐州煤田本溪组平均厚度约为 22.27～36.65m，不含可采煤层，本组地层平行不整合于奥陶系马家沟组之上，以灰岩顶界与太原组分界。⑤淮北煤田本溪组基本不含煤层，揭露本组地层厚度约为 1～57.40m，该地层与下伏奥陶系呈假整合接触。⑥淮南煤田本溪组一般厚度约为 5m～10m，不含可采煤层。总之，华北型煤田东缘区域本溪组以滨海、浅海相砂岩，粉砂岩及泥岩为主，夹多层薄层灰岩和局部不可采薄煤层。

2）太原组

太原组是华北型煤田东缘矿区的主要含煤地层之一，一般太原组与本溪组为连续沉积地层，局部存在微不整合或平行不整合超覆于下伏地层之上；从北向南太原组含煤厚度逐渐减小。其分布特点为：①开滦矿区太原组上段亦是该区域最主要含煤层段之一，分布情况同太原组下段，并与下伏地层为连续沉积，顶界以 11#煤层顶板深灰色泥岩或腐泥质泥岩之顶与上覆山西组分界，太原组上段属陆相含煤沉积，岩性以深灰、灰色粉砂岩，泥岩，细砂岩及灰白、灰绿色中粗粒砂岩为主，含煤 3～4 层，自上至下编号为 11#煤层、12#煤层，12#煤层有时分叉为 3 层（12#顶、12#底、12#下），为主要可采煤层，一般厚度为 3.65m，最厚可达 15.66m，在该区域太原组上段地层厚度由东向西有变薄趋势，且粗碎屑岩逐渐增多，含煤性亦渐好，其中开平煤田太原组上段厚度为 78m，含煤 4 层；车轴山煤田太原组上段厚度为 77m，含煤 3～4 层；蓟玉煤田太原组上段厚度为 63m，含煤 3～4 层。②山东黄河北煤田太原组地层含煤 9 层，分别为 5～11#煤层、13#煤层、14#煤层，其中可采煤层为7#煤层、10#煤层、11#煤层和13#煤层。现阶段主要以下组煤11#煤层和13#煤层为主要开采煤层。③兖州煤田太原组地层含煤10层，分别为6#煤层、8#煤层、9#煤层、$10_{下}$#煤层、14#煤层、$15_{上}$#煤层、$15_{下}$#煤层、$16_{上}$#煤层、17#煤层和$18_{上}$#煤层等，一般情况下可采煤层和局部可采煤层为5层，分别为6#煤层、10#煤层、$15_{上}$#煤层、$16_{上}$#煤层和17煤层。④徐州煤田上石炭统太原组含可采煤层2层，分别为17#和21#煤层。⑤淮北煤田石炭系太原组多含薄煤层或极薄煤层，分布不均匀，多为不可采煤层。太原组灰岩层数较多，厚度大；该组地层灰岩的富水性不但与其厚度和岩溶发育程度有关，更重要的是在区域构造作用下还与中奥陶统灰岩的程度有关；淮南煤田太原组厚度约为100～120m，含薄煤层8～11组，其中1～2层局部可采。

3）山西组

山西组基本为陆相沉积，不含灰岩层，亦是华北型煤田东缘矿区的主要可采煤层之一，山西组煤层在整个华北型煤田分布较广，整组含煤，一般为3～7层，从北向南山西组可采煤层逐渐减少，煤层厚度逐渐变薄。其分布特征为：①开滦矿区山西组亦为本区主要含煤地层，分布较为广泛，与下伏太原组上段为连续沉积，上界以6#煤顶板泥岩之顶与上覆下石盒子组分界，含煤3～9层。该组从西部三河煤田到东部开平煤田，地层厚度变薄，含煤性变好。三河煤田厚度为114m，含煤5层；蓟玉煤田厚度为104m，含煤7层；车轴山煤田厚度为80m，含煤5层；开平煤田厚度为75m，含煤6层。②山东省黄河北煤田山西组厚度为67.25～113.90m，平均为97.62m，为该区域主要含煤地层，主要分布在煤田北部。岩性主要由灰绿色及灰白色中－细砂岩，灰、深灰色粉砂岩，粉砂质泥岩、泥岩及煤层组成；共含煤4层（1#煤层～4#煤层），井田内仅见2#煤层、3#煤层、4#煤层；可采煤层1层（4#煤层）。③兖州煤田山西组厚度为55.65～118.10m，平均为93.68m，为该区域主要含煤组，含煤4层（1#煤层、2#煤层、$3_{上}$#煤层、$3_{下}$#煤层），其中$3_{上}$#煤层和$3_{下}$#煤层为全区大部分可采煤层，1#煤层、2#煤层不稳定，不可采。④徐州煤田丰沛矿区山西组厚度约为116m，含煤2～3层，累积厚度约为7.35m，其中可采煤层或大部分可采煤层为7#煤层、9#煤层，7#煤层结构较为简单，一般无夹矸，该煤层位于山西组中、下部，其顶界以粉砂岩或泥岩为主，底板主要为粉砂岩，次为黏土岩或泥岩，该煤层储量丰富，为区域主采煤层；9#煤层位于山西组下部，顶板岩性以中－细粒砂岩为主，次为粉砂岩或粉砂岩与细砂岩互层，底界以粉砂岩或黏土岩为多，该层煤质较好，煤层厚，储量丰富，亦是该区域主采煤层。⑤淮北煤田山西组厚度为98.60～139.50m，平均为117.90m，岩性由砂岩、砂与泥岩互层、粉砂岩、泥岩和煤层组成，含10#煤层，煤层发育较好，为该区域主采煤层之一。⑥淮南煤田山西组为主要含煤地层，一般厚度约为60～70m，含煤层1～3层，煤层厚度约为7m。

综上所述，在华北型煤田东缘矿区山西组是重要的含煤地层，整体呈平行整合上覆于太原组之上，主要为粉砂岩、砂岩、泥岩与煤层互层沉积；沉积厚度约为40～140m。

4）上、下石盒子组

上、下石盒子组与山西组呈平行不整合或整合接触，在华北型煤田东缘南部矿区亦是重要的含煤地层。①淮南煤田二叠系上、下石盒子组为该区域重要的含煤地层，全组厚度约为600~800m，其中上部含3~5层薄煤层，中下部含煤总厚度约为13.09m。②淮北煤田上、下石盒子组含多层薄煤层及煤线，可采煤层2~3层，该地层平均厚度约为436m，主要为细砂岩、粉砂岩、泥岩及煤层互层沉积，其中下段含天然焦。③徐州煤田上、下石盒子组下段含煤线，以砂岩、砂质泥岩、细砂岩为主，中段以细砂岩为主，上段以杂色泥岩、灰绿色黏土岩、砂岩、粉砂岩为主，在该区上、下石盒子组平均厚度约为275m。④兖州煤田上石盒子组基本被剥蚀，局部尚有残存；下石盒子组剥蚀亦比较严重，其岩性以灰色、灰黄色、深灰色花斑状泥岩为主，夹灰白色中细砂岩，泥质或硅质胶结，底部发育一层粗砂岩或砂砾岩，厚度一般在5m以上，其底为本组与下伏山西组的分界。石盒子组与下伏地层山西组呈整合接触。⑤黄河北煤田上、下石盒子组基本上无可采煤层，上石盒子组揭露最大厚度约为343.95m，主要由杂色黏土岩、粉砂岩和砂岩组成，为干热带条件下的内陆河床相及湖泊相沉积，上、下石盒子组界限较难划分；下石盒子组揭露厚度为78.10~100.60m，平均为87.90m，以灰绿色砂岩、杂色黏土岩为主，局部夹灰色至深灰色黏土岩及粉砂岩，为干热条件下的内陆河床相及湖泊相沉积，以其底部的一层不稳定砂岩与下伏山西组地层分界，呈整合接触。

2.1.3 主要含水层

华北型煤田东缘矿区成煤的时期是形成矿床水文地质区域特征的重要因素之一，对于不同时期的煤层，因其周围顶、底板的沉积岩层、成岩程度及沉积环境不同，主要充水的水源、充水方式及含水层储水空间特征也有差异，因而显示出不同的矿床水文地质特征。

1)第四系松散含水层

华北型煤田东缘矿区第四系松散含水层不整合于煤系地层之上，在开滦、山东黄河北煤田、济宁和两淮地区第四系覆盖层厚度可达数百米；如果局部区域第四系松散含水层底部沉积的黏土隔水层较薄或隔水层缺失，第四系松散含水层直接覆于煤层之上，成为矿井充水的主要水源之一。在华北型煤田东缘矿区的偏北部区域第四系松散含水层距离主采煤层距离较远，一般情况下其对矿井的开采威胁相对较小。

2)二叠系砂岩含水层

二叠系砂岩含水层对石炭—二叠系主采煤层存在着一定威胁。煤层顶、底板含水层一般为煤层的直接或间接顶、底板砂岩，砂岩裂隙水对矿井的威胁程度主要取决于砂岩含水层的厚度和与含水层导通的断层构造情况，若砂岩含水层厚度较大，导水断层在煤层开采破坏范围之内的情况下对矿井安全威胁较大。在华北型煤田东缘矿区的沉积序列中，一般多为砂岩、泥岩互层，该特点限制了各砂岩含水层之间的水力联系，同时也削弱了砂岩含水层中构造裂隙的延展性，从而使砂岩裂隙含水层对矿井安全的威胁性降低。二叠系砂岩含水层突水往往有一个前期预兆，突水一般会呈先小后大，最后再变小的突水模式，由于砂岩裂隙含水层突水往往通过采动裂隙、构造裂隙及工作面顶板的导水裂隙带等与砂岩含水层导通，导致砂岩水涌入工作面，所以二叠系砂岩含水层突水预兆明显，突水一般可控

(在没有富水性较强的灰岩岩溶含水层的补给条件下),突水后期水量一般会逐渐减小。

3)石炭系灰岩含水层

石炭系灰岩含水层多为薄层灰岩裂隙含水层,为华北型煤田东缘矿区第二大水害水源,主要包括太原组灰岩含水层和本溪组灰岩含水层。其中在华北型煤田本溪组灰岩层数东多西少,灰岩厚度东厚西薄,由于在石炭纪海侵方向为由东向西进入内陆地区,海退方向反之,因此,在河北、天津、山东济南、江苏徐州、安徽两淮等地本溪组灰岩层数相对较多,厚度较大;一般不含可采煤层,局部含有1~4层煤线,一般由砂岩、泥岩和砂质泥岩夹石灰岩组成,按岩性可分上、下两部分,上部一般为砂岩、泥岩互层,局部夹杂灰岩,含1~2层煤线;下部一般为杂色铁铝岩和山西式铁矿局部存在底砾岩。本溪组在华北型煤田东缘矿区一般情况下视为相对隔水层,对上覆太原组和山西组的煤层开采是一个天然隔水屏障,开采上覆太原组和山西组煤层时,本溪组厚度、岩性及地层组合方式等因素对煤田水文地质条件起重要作用。一般情况下奥陶系灰岩承压含水层突水必须突破本溪组,这为深部煤层开采底板奥陶系灰岩水害防治提供了条件,下组煤层开采前,可以通过改造本溪组薄层灰岩成为深部煤层底板有效隔水层,这能够有效防止奥陶系灰岩水进一步导升致灾。

石炭系太原组灰岩含水层岩溶化强,富水性强,与下伏中奥陶统岩溶含水层距离较近,太原组灰岩含水层突水的严重程度取决于是否与下伏中奥陶统灰岩水沟通或其浅部露头是否得到第四系强含水层的补给:当灰岩含水层通过断层、导水构造及陷落柱与下伏中奥陶统灰岩水导通时,采煤工作面受太原组灰岩水害威胁较大,一旦突水,水量会突然增大且持续时间长;当灰岩含水层隐伏露头得到第四系强含水层的补给时,对矿井威胁程度也比较严重;当灰岩含水层与下伏中奥陶统和第四系强含水层没有补给通道情况下,矿床的充水水源主要为太原组薄层灰岩的静储量,其对矿井威胁可控。上石炭统太原组是华北型煤田东缘矿区重要的含煤地层,水文地质条件也极为复杂。华北型煤田东缘太原组是以海陆交互相沉积模式,主要由砂岩、泥岩、细砂岩、粉砂岩、灰岩及煤层组成,太原组灰岩在华北型煤田东缘矿区分布从北向南呈逐渐增加趋势,灰岩层数最多可达14层。薄层灰岩的岩溶发育程度不尽相同,其补给条件也存在较大差异。因此,在华北型煤田东缘矿区太原组灰岩含水层隐伏构造较多,水文地质条件复杂,对石炭—二叠系煤层开采带来的难度较大。

4)奥陶系灰岩含水层

石炭系薄层灰岩含水层主要受到下伏奥陶系承压水的补给,严重威胁着华北型煤田东缘矿区石炭—二叠系的煤层开采。中奥陶统灰岩含水层是华北地区富水性最强的含水层,奥陶系灰岩由于普遍为隐伏含水层,且埋藏深,厚度大,其中中奥陶统岩层水文地质条件决定煤层是否能够安全开采的重要因素,因此,查明中奥陶统岩层的富水性及区域构造特征,明确岩溶发育状态以及深部煤层开采时底板奥灰岩溶含水层的水文地质条件,是实现深部煤层安全开采的重要保障措施。中奥陶统碳酸盐岩作为华北型煤田煤系地层的基底,在华北型煤田东缘矿区呈中间厚南北薄的沉积规律,这不仅与华北地台原始沉积厚度有关,还与后期的剥蚀有关,其沉积厚度和岩性的差异也影响着不同区域岩溶发育、分布和含水层富水性。

2.2 深部煤层开采底板突水水源水文地质特征

碳酸盐岩在中国分布广泛，在许多时代均有沉积，在中国北方由于中奥陶世后期地壳上升，奥陶系地层受到不同程度的侵蚀，各区域所余层位不同，上奥陶统在大部分地区风化侵蚀，中下奥陶统保留较全，在华北型煤田石炭－二叠系地层大部分直接沉积在奥陶统灰岩之上，中奥陶统灰岩岩溶发育，承压水赋存丰富，特别在华北型煤田东缘地区大部分深部煤层距离奥陶系顶界距离较小，同时受煤系地层深部复杂的赋煤构造作用，因此，中奥陶统灰岩岩溶水是导致矿区水害的主要因素。山东能源集团与山东科技大学联合研究课题数据显示，华北型煤田东缘地区石炭—二叠系碳酸盐岩发育总体特点为厚度较小，但层数多，以石灰岩为主。因厚度较小，岩溶不甚发育，灰岩的赋水性受到奥陶系灰岩岩溶水的控制。

如图 2－3 所示，华北型煤田东缘地区石炭—二叠系广泛分布着薄层灰岩夹层，总趋势是由北向南灰岩层数及厚度逐渐增加，灰岩层数由 3～4 层增至 14 层以上，总厚度从不足 5m 增至 60m 以上，南端的皖北煤田灰岩厚度达 70m 左右。灰岩夹层的赋水性不但与其厚度和岩溶发育程度等因素有关，更重要的是在构造作用下与中奥陶统灰岩的水力联系程度有关。

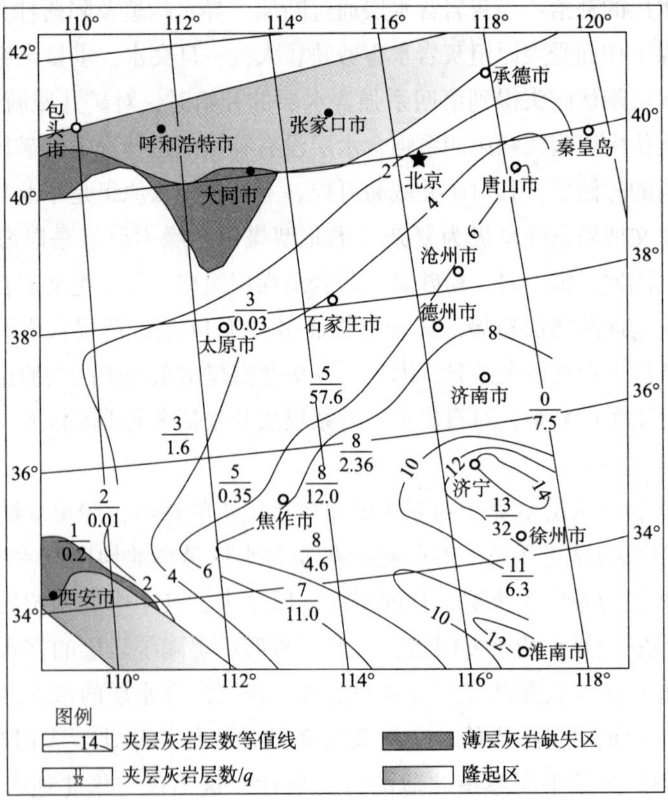

图 2－3　华北型煤田煤系地层灰岩层数等值线图

2.2.1 两淮及徐州煤田

(1)淮南煤田分布在淮河两岸附近的阜阳及淮南市境内，淮河南岸主要为开采时间较长的老矿区，煤层埋深相对较浅，可开采煤田资源枯竭；淮河北岸主要为潘谢新区，煤炭资源相对丰富，开采时间较短，煤层埋深大；现阶段下伏太原组薄层灰岩及奥陶系厚层灰岩岩溶含水层对深部煤层开采威胁严重。淮南矿区 A 组煤开采存在突水威胁的下伏承压含水层有太原组灰岩含水层和奥陶系灰岩含水层，奥灰含水层主要通过导水断层、陷落柱、岩体裂隙等垂向通道补给 C_3 – Ⅲ组和 C_3 – Ⅰ组灰岩含水层。如图 2 – 4 所示，C_3 – Ⅰ组灰岩含水层是 A 组煤开采的直接充水水源，是 A 组煤开采底板水害的主要研究对象。C_3 – Ⅰ组灰岩含水层与 A1#煤层底板距离均值约为 16.44m，C_3 – Ⅰ组灰岩含水层水压均值约为 6.23MPa，远远大于 A1#煤层底板隔水层的抗压强度；同时受深部煤层采动的影响，进一步减少煤层下伏隔水层的厚度；C_3 – Ⅰ组含水层大部分区域与下伏灰岩含水层经断层、陷落柱及其他隐伏构造水力联系密切，特别是受到强富水的奥灰含水层的补给，对 A 组煤层安全开采威胁严重。

地层	累积深度/m	厚度/m	岩性	岩性描述	综合柱状图 1:200
P	949.2	2.1	中细砂岩	灰白色，中细粒结构，泥硅质胶结，成分以石英长石为主，见少量暗色矿物，见大量黑色有机质充填，见不规则泥质包体充填，见大量白云母片，致密，坚硬	
	958.4	7.75	1#煤层	黑色，块状、碎块状、碎粒状、粉末状、以暗煤为主，含较多亮煤，弱玻璃光泽，属半亮型煤，夹矸为泥岩	
	958.9	0.5	泥岩	深灰色，泥质结构，平坦状断口，断面见植化碎片，局部含炭，致密	
	961.4	2.5	粉细砂岩互层	浅灰色细砂岩与灰色粉砂岩构成互层状，局部含较多菱铁质，见有裂隙充填白色细脉状方解石，致密，坚硬	
	962.2	0.8	砂质泥岩	灰色，砂泥质结构，砂质分布不均，局部含砂较高，断口较平坦，致密，性脆	
	965	2.8	细砂岩	细粒结构，泥硅质胶结，以石英长石为主，夹粉砂岩薄层，竖向裂隙较发育，见菱铁结核，致密，坚硬	
	967.7	2.7	粉砂岩	粉粒结构，砂质分布不均，见裂隙充填方解石，性硬	
	974.1	6.4	砂质泥岩	灰色、砂泥质结构，局部含砂较高夹薄层粉砂岩，滑面局部较发育，局部充填白色细脉状方解石，致密，性脆	
C	977.9	3.8	灰岩	灰色，隐晶质结构，主要为方解石，见裂隙充填白色细脉状方解石，致密，坚硬，含菱铁质	
	979.1	1.2	粉砂岩	灰色，浅灰褐色，粉粒结构，参差状断口，微含铝质，见菱铁结核，致密，坚硬	
	981	1.9	细砂岩	灰色，细粒结构，以石英长石为主，上部含较多泥质，夹薄层泥岩，中下部显水平层理，致密，坚硬	

图 2 – 4　淮南煤田 ZJ C_3 – Ⅰ组煤矿深部含煤地层柱状简图

(2)淮北煤田主要包括 4 个含水层组，分别为第四系含水层、含煤层组内的砂岩含水层、太原组岩溶裂隙含水层及奥灰含水层。随着近些年的开采煤层埋深增大，太原组灰岩含水层是威胁该区域现阶段 10#煤层开采的主要含水层，其中 L_1-L_4 灰岩与下伏奥灰含水层局部产生水力联系，对安全生产威胁严重，导致该区域 TY 煤矿多次发生突水灾害。

如图 2－5 所示，以淮北煤田杨柳煤矿 107 采区为例，太原组石灰岩岩溶裂隙含水层和奥陶系灰岩岩溶裂隙含水层，两者岩溶裂隙发育和富水性存在不均一性，据相邻采区内 04－37 孔、04－24 孔对太灰组灰岩（简称太灰）抽水试验：静止水位标高为＋14. 59～

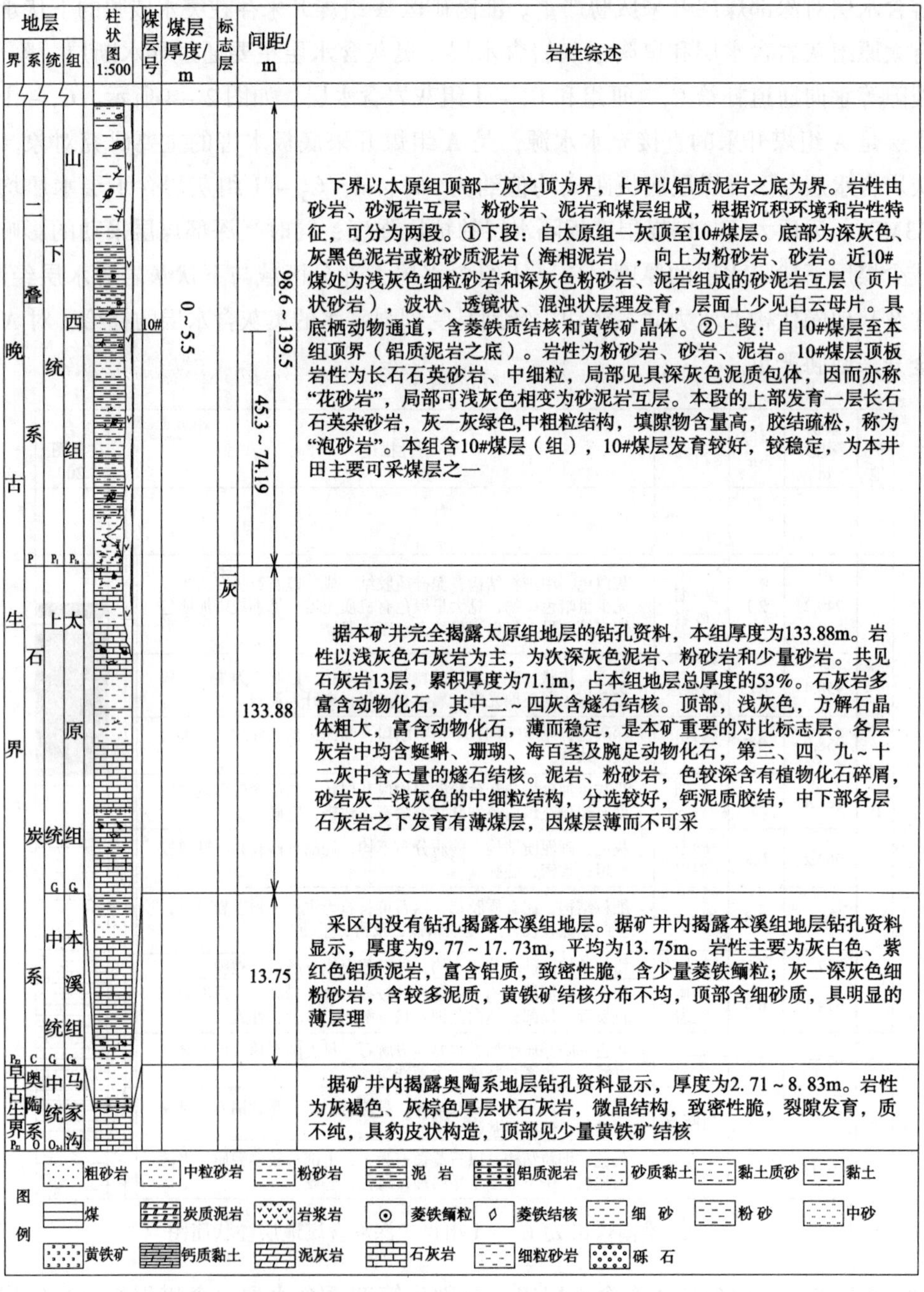

图 2－5　淮北煤田杨柳煤矿深部含煤地层柱状简图

14.70m，q 为 0.009797 ~ 0.0855L/(s·m)，K 为 0.03711 ~ 0.3512m/d，富水性弱-中等，水型为 SO_4 - Ca·Mg 或 SO_4 - Ca 型，矿化度为 3.156 ~ 1.960g/L。10#煤层至太原组第一层灰岩(简称一灰)顶正常间距为 46.17 ~ 68.63m，平均为 60.11m。在地层正常情况下其对矿坑充水不会产生大的影响，但遇断层或岩溶陷落柱与采动底板破断深度导通时会发生底板突水灾害。石灰岩岩溶裂隙水是开采 10#煤层时采区充水的重要隐患之一。太原组岩性由石灰岩、泥岩、粉砂岩及薄煤层组成，以石灰岩为主。一灰、二灰厚度小，三灰、四灰厚度较大；一灰 ~ 四灰通常视为一个统一的含水层(段)，并作为 10#煤层开采时防治水的主要对象；五灰 ~ 十三灰埋藏较深，距主采煤层较远，岩溶裂隙不太发育，水动力条件相对较差，通常视为间接充水含水层，但是在受断层影响附近区域，裂隙发育。10#煤位于山西组中段，受断层影响部位，隔水层厚度减小，裂隙较为发育，阻水能力降低。107 采区局部 5-7 孔、5-6-2 孔、6-3 孔由于受大候家断层影响，10#煤层与太原组一灰顶间距变薄，约为 0 ~ 39m。结合防治水细则及淮北矿业生产矿井实际资料，当突水系数超过 0.07MPa/m 时，可能会发生突水。如表 2-1 所示，该采区 10#煤开采突水系数均超过 0.07 MPa/m，尤其是 5-7 孔、5-6-2 孔、6-3 孔 10#煤底板受大候家断层破坏，5-7 孔突水系数达到 10.67MPa/m，是 0.07MPa/m 的 150 倍以上；因此，整个采区 10#煤层开采均需采取严格的灰岩水防治措施。

表 2-1 107 采区煤层底板太灰突水系数

钻孔编号	10 煤与太灰间距/m	太灰突水系数/(MPa/m)	钻孔编号	10 煤与太灰间距/m	太灰突水系数/(MPa/m)
04-01#	58.03	0.1204	053#	60.09	0.0869
04-02#	67.23	0.0936	15-01#	58.35	0.0542
04-03#	68.83	0.0930	14-07#	53.10	0.0631
05-01#	60.89	0.1148	东 8-2#	31.65	0.1111
05-04#	57.37	0.1468	04-24#	55.73	0.0848
04-25#	68.62	0.1124	东 6-4#	59.01	0.0715
069#	61.24	0.0693	04-37#	45.30	0.1281
04-38#	49.46	0.0970	04-40#	66.25	0.1157
东 8-9-2#	62.83	0.0506	东 9-2#	55.60	0.0602
东 12-10#	57.64	0.0615	04-45#	33.71	0.2500
东 9-10-1#	65.24	0.0551	7-8-5#	35.56(断层)	0.2920
5-7#	12.53(断层)	10.6743	5-6-2#	35.56(断层)	0.2920

奥灰岩溶裂隙发育，且具有不均一性，浅部岩溶裂隙发育，富水性较强。由于奥灰含水层距离 10#煤层较远，在正常情况下对采区无直接充水影响，当井巷工程揭露岩溶陷落柱或区域导水组合断层构造时，奥灰含水层会对 10#煤采区造成严重的安全威胁。

(3)徐州矿区位于江苏省北部，已有 100 多年的开采历史，浅部煤炭资源枯竭，深部资源开采受太原组灰岩和奥灰含水层威胁。如图2－6所示，该区域石炭系太原组石灰岩岩溶裂隙含水层组，以四灰、无名灰、十二灰为主要含水层，其中四灰厚度较大，分布稳定，富水性弱—强，岩溶裂隙发育处，含水较为丰富，水头压力高，是矿井开采山西组9#煤层时的间接充水水源。矿井疏放水最大涌水量为110～450m^3/h，稳定水量为20～150m^3/h。无名灰、十二灰为开采太原组17#煤层时的直接充水含水层，厚度较大，分布较稳定，岩溶裂隙不发育，均为富水性弱含水层。

地层：系	地层：统	地层：组	代号	地层均厚/m	煤层及标志层	岩性柱状图(1:1000)	煤层与标志层间距/m	煤层/标志层均厚/m	岩性描述
					9#煤 泥岩 一灰	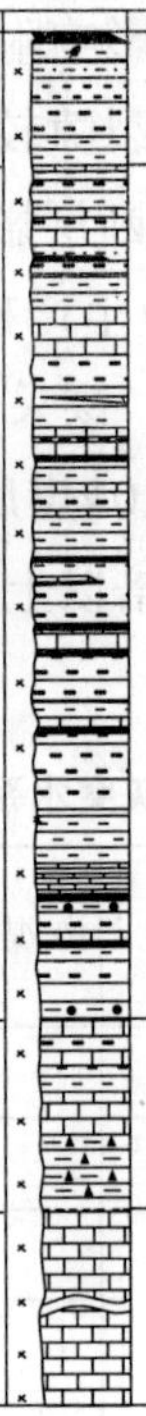	22.1		下段发育9#煤层，为局部可采煤层。中、下段局部合并，7#、9#煤层合并形成厚煤层
石炭系	上石炭统	太原组	C_3	167.0	二灰 三灰 10#煤 四灰 五灰 六灰 11#煤 七灰 八灰 14#煤 15#煤 九灰 17#煤 18#煤 十灰 11灰 12灰 21#煤 13灰 22#煤		28.0 31.89 22.77 46.49 21.81	7.78 0.89 1.31 4.83	由浅—深灰色灰岩、生物碎屑灰岩及砂岩、砂质泥岩、黏土岩组成，顶部以薄层含生物碎屑灰岩或泥灰岩（一灰）顶与山西组分界；发育灰岩10～14层，其中四灰、十二灰井田内发育较为稳定，为主要标志层。含煤8～16层,其中可采或局部可采煤层为17#, 21#, 18#, 22#煤层虽局部厚度较大,但可采范围较小,其余均不可采 一灰 $\frac{0.09\sim1.45}{0.43}$ 二灰 $\frac{0.19\sim5.02}{1.29}$ 三灰 $\frac{0.09\sim0.4}{0.24}$ 四灰 $\frac{3.28\sim11.32}{7.81}$ 五灰 $\frac{0.1\sim1.93}{0.33}$ 六灰 $\frac{0.49\sim4.25}{2.87}$ 七灰 $\frac{0.15\sim0.98}{0.60}$ 八灰 $\frac{0.4\sim2.44}{0.95}$ 九灰 $\frac{0.4\sim2.58}{1.92}$ 无名灰 $\frac{0.14\sim4.04}{2.1}$ 十灰 $\frac{0.35\sim2.62}{1.88}$ 十一灰 $\frac{0.2\sim5.18}{0.59}$ 十二灰 $\frac{0.3\sim9.58}{4.83}$ 十三灰 $\frac{0.05\sim2.09}{0.82}$
石炭系	中石炭统	本溪组	C_2	22.27	铁质泥岩			9.0	中上部由1~3层浅灰色灰岩夹浅灰(灰绿)色含紫红色斑点黏土岩及灰绿色中细砂岩组成。下部为紫红色夹灰绿色斑块铁质泥岩
奥陶系	中奥陶统	八陡组	O_2^b		奥灰				由厚层状灰岩夹砾状灰岩、白云质灰岩、白云岩，偶夹灰绿及深灰色薄层泥岩组成

图2－6　徐州煤田三河尖煤矿深部含煤地层柱状简图

该区域奥陶系灰岩裂隙岩溶含水层厚度较大，富水性较强，为区域性含水层。该含水层地下水在进行太原组四灰水疏放和矿井排水过程中，水位呈下降趋势，说明该含水层为矿井充水的间接补给水源，其补给方式主要通过断层垂向补给或隐伏露头侧向补给煤系各含水层，对山西组9#煤及太原组17#煤开采构成威胁。太原组21#煤距离奥灰顶界30.81m，加之深部煤层底板采动破坏的影响，可进一步减少隔水层的厚度。因此煤层地层基地奥灰含水层严重威胁下组煤层的开采。

2.2.2　济宁及兖州煤田

(1)济宁煤田为覆盖的隐蔽式煤田，东部、西部的水文地质边界为大断层。北部和南部为煤层露头，其外围与奥灰接触，为相对完整的水文地质单元。对煤矿开采有影响的主要含水层有：第四系砂岩及砂砾层孔隙含水层，侏罗统红色砂岩裂隙含水层，二叠系山西组3#煤层顶底部砂岩裂隙含水层，石炭—二叠系太原组第三层、十$_下$层石灰岩岩溶裂隙含水层，奥陶系灰岩岩溶裂隙承压含水层；其中山西组砂岩、太原组第三层、十$_下$层石灰岩是主采煤层的直接充水含水层。上述含水层除煤系基底奥灰外，其余含水层皆以静储量为主，补给、径流、排泄条件均不良。

济宁二号煤矿现阶段矿井开采3$_上$#煤层、3$_下$#煤层，煤层底板砂岩和三灰含水层为开采3$_下$#煤底板突水的直接充水含水层。太原组三灰距3$_下$#煤层为48.23～66.30m，平均为50.05m，单层厚度为4.95～6.00m，平均为5.38m；在九采区补充地质勘探期间，对补9～11号钻孔进行了三灰抽水试验，单位涌水量为0.01187L/(s·m)，渗透系数为0.27821m/d，三灰水矿化度为1.828g/L，水质类型为HCO_3-K+Na型；补9－5号孔对三灰进行了抽水试验，单位涌水量为0.01187L/(s·m)，渗透系数为0.27821m/d，为富水性弱的含水层，矿化度为1.828g/L，水质类型为HCO_3-K+Na型。

矿井开拓期间南翼四条下山穿过三灰含水层时，涌水量均小于5m^3/h，证明三灰富水性较弱，正常情况下三灰水对九采区工作面开采无影响。

如图2－7所示，太原组厚度为145.35～196.50m，平均为170.35m；局部可采煤层5层(6#煤层、10$_下$#煤层、15$_上$#煤层、16$_上$#煤层和17#煤层)。下组煤层开采受太原组灰岩及奥灰含水层威胁，奥陶系灰岩为区域性含水层，分布广，厚度大，水压高，是基岩各含水层的总补给水源，可通过断层带对基岩各含水层产生垂直或侧向补给。在矿井开采过程中巷道或回采工作面接近或穿越落差较大的断层时，应加强探水工作，并开展断层展布规律及其导水性、采动底板破坏深度等研究，以防止奥灰突水事故的发生，确保矿井安全生产。

奥陶系灰岩为该区底部含水层，主要为青灰色、灰褐色，厚层状、质纯、致密，间夹白云质灰岩。根据井田资料，奥灰顶界以下约50余米深度以内，岩心较完整，偶见溶孔和裂隙，局部夹似层状或瘤状铝质泥岩，推测是古岩溶的充填物；各钻孔均不漏水，据10－8钻孔抽水试验资料显示，原始水位标高为36.57m，抽水试验单位涌水量为0.001228L/(s·m)，富水性弱。钻孔揭露超过50m时，岩溶较发育，局部呈蜂窝状，各孔均严重漏水、涌水；孙氏店断层以东的7－11号孔未见较大的溶洞，水位标高为36.43m，单位涌水量达1.26L/(s·m)；4－1号孔在139.94m以下发现1.20m溶洞，水位标高为37.22m，单位涌水量达4.4843L/(s·m)，富水性强。

(2)兖州煤田对煤矿生产有影响的主要含水层自上而下有：第四系下组砂砾层孔隙承压含水层，侏罗系砂岩孔隙裂隙含水层，山西组3煤层顶板砂岩裂隙承压含水层，太原组第三层、十$_下$层及十四层灰岩溶裂隙承压含水层，奥陶系灰岩岩溶裂隙承压含水层。采掘揭露最大涌水量分别为：侏罗系砂砾岩540m^3/h(东滩煤矿14301综放面)，3煤层顶板砂岩500m^3/h[东滩煤矿143$_上$09(东)运顺]，三灰216m^3/h(单家村煤矿431石门)，十$_下$灰98m^3/h(杨村煤矿南大巷)，十四灰240m^3/h(杨村煤矿2602工作面)。

奥灰水的威胁主要在煤田南部和西北部。如唐村煤矿一采老空区，1983年8月4日奥灰沿止水质量不良的水井进入南井一采区，造成老空突水，最大涌水量为340.90m^3/h；杨庄煤矿二采区(开采下组煤)，1992年1月16日奥灰水通过断层导入矿井，最大涌水量达5890m³/h，全矿井淹没；田庄煤矿于2010年8月17日施工8602中顺槽时揭露断层破碎带，奥灰出水，最大涌水量为1300m³/h，后稳定在900m³/h，因堵水及时，未淹井。

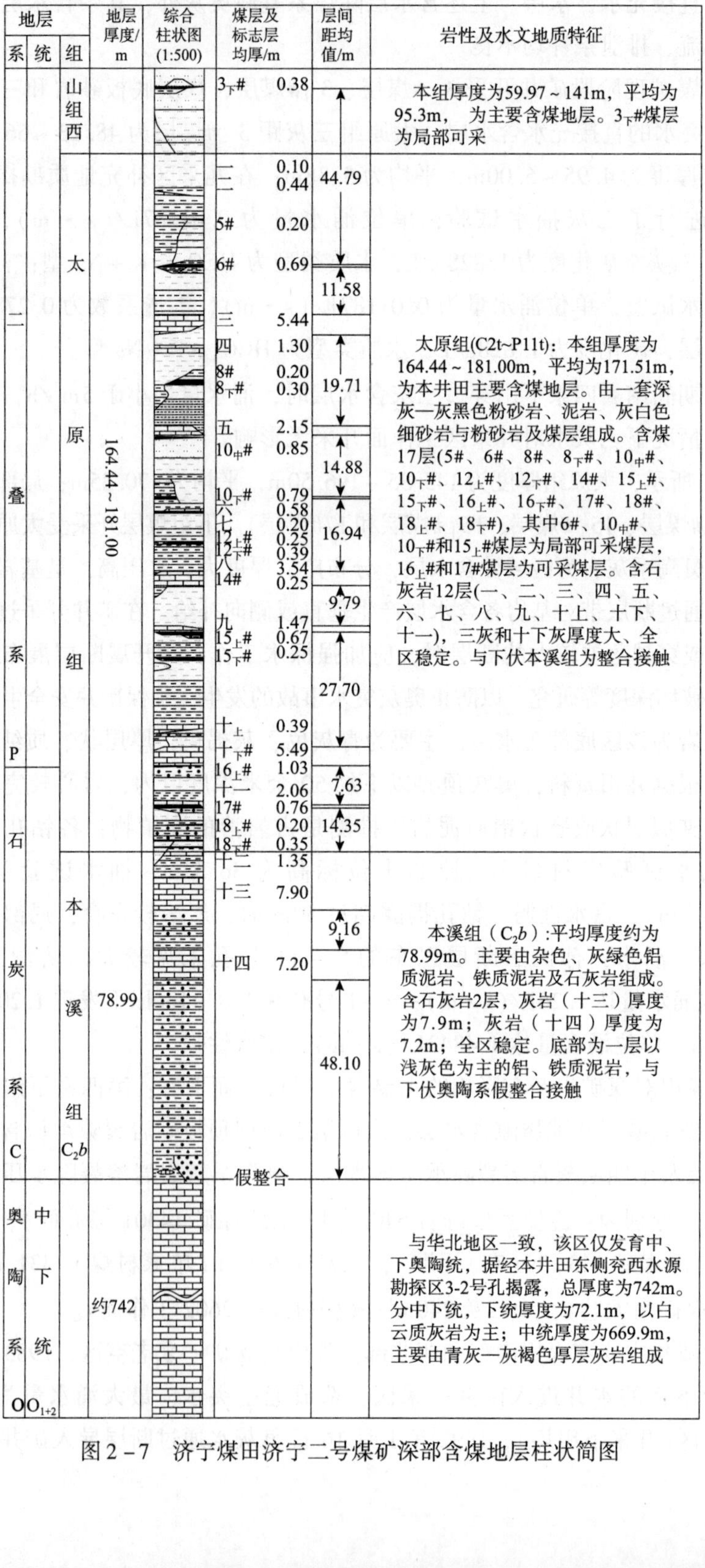

图2－7　济宁煤田济宁二号煤矿深部含煤地层柱状简图

太原组主要可采煤层有 $16_{上}$#煤层、17#煤层，局部可采煤层有6#煤层、$15_{上}$#煤层、$18_{上2}$#煤层。如图 2－8 所示，下组煤层与十三灰、十四灰和奥灰间距较小，断层附近岩层破碎，完整性遭到破坏，隔水层有效厚度减小。特别是断层容易使煤层接近或与灰岩含水层对接，在采动作用下断层突水危险性较大。奥灰含水层群孔放水试验时井下 2L14－DX1 号十四灰水位观测孔和地面 2L14－D1 号十四灰观测孔水位持续下降；2L14－DX2 号孔揭露十三灰后发现断层破碎带出水，从水量、水位、水质资料分析认为，该孔与十三灰、十四灰与奥灰之间有水力联系。据此推断 FS25 断层和 FS18 断层可能是导水断层。另外，兖州区杨庄煤矿 $16_{上}$#煤层 2604 工作面 1992 年 1 月 26 日奥灰突水，由落差为 15～25m 的 F34 断层引起。因此，开采下组煤断层的导水性不容忽视。

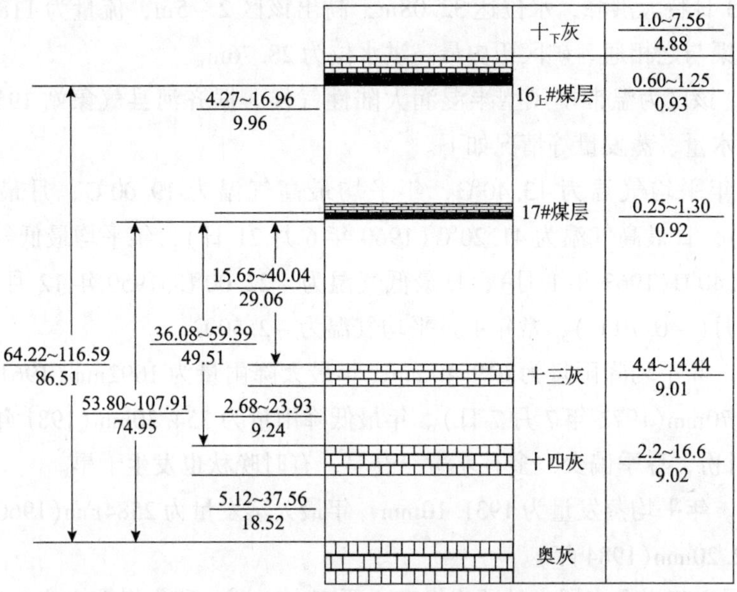

图 2－8　兖州煤田东滩煤矿下组煤主要地层间距示意图

2.2.3　黄河北煤田

黄河北煤田位于山东省西北部，地跨长清、历城、禹城、东阿、齐河、高唐及济阳七个县，西起刘集断裂，与阳谷—茌平煤田相邻，东至卧牛山断裂与章丘煤田分界；南从煤系底界露头，北到齐广断裂，面积约为 $2279km^2$，其中预测面积约为 $2069.80km^2$，如图 2－9 所示。

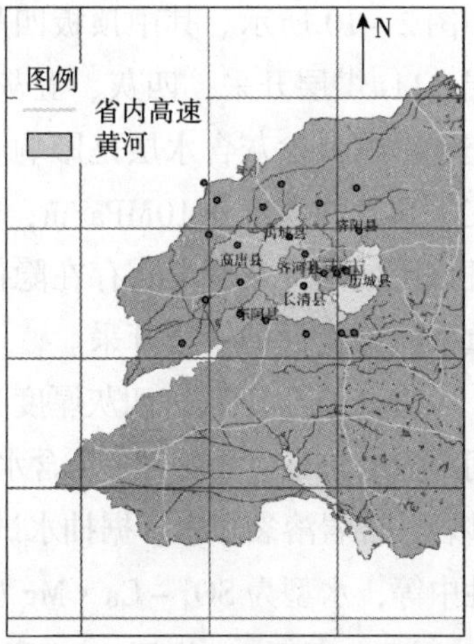

图 2－9　黄河北煤田位置示意图

黄河北煤田是山东省仅存的没有全面开采的煤田。太原组主要可采煤层 4 层（7#煤层、10#煤层、11#煤层、13#煤层）；其中主采 11#煤层、13#煤层位于太原组底部，距徐灰和奥灰较近，受底板水威胁；11#煤层开采受顶板四灰、五灰岩溶水害威胁。

邱集(QJ)煤矿位于黄河北煤田的西南部，矿区面积为36.14km²，批准开采标高为-900~30m，开采7#煤层、10#煤层、11#煤层、13#煤层。现阶段7#煤层、10#煤层已经回采结束，全面进入深部11煤开采。

(1)地形地貌。该区地处华北平原南部，区内地势平坦，地面高程为27~30m，西北略低，东南略高地面坡度为0.05%，东南10~15km有丘陵及低山，其间有黄河流过。井口标高为30.30m，地面工业广场地坪标高为29.80m。

(2)地表水系。黄河自西南向东北方向流经该区南侧。据济南水文总站数据显示，平阴艾山站1958年7月21日流量为12600m³/s，7月22日洪水位达43.13m。洛口水文站1958年7月23日特大洪峰，水位达32.08m，高出该区2~5m，流量为11800m³/s。该区东侧有引黄灌渠与之相通。矿区历史最高洪水位为28.76m。

(3)气象。该区为温带季风型半湿润大陆性气侯。据齐河县气象站1959~2012年观测，气温、降水量、蒸发量等情况如下。

①气温。年平均气温为13.40℃，年平均最高气温为19.00℃，月最高为33.90℃(1959年7月)，日最高气温为41.20℃(1960年6月21日)，年平均最低气温为8.70℃，月最低为-10.40℃(1963年1月)，日最低气温为-22.00℃(1959年12月21日)，多年最低气温为1月(-6.70℃)，常年1月平均气温为-2.50℃。

②降雨量。年平均降雨量为619.40mm，年最大降雨量为1092mm(1961年)，日最大降雨量为177.70mm(1972年7月7日)。年最低降雨量为354.30mm(1981年)。降水量多集中在7~8月份，春季偏少，多有夏涝、春旱，有时晚秋也发生干旱。

③蒸发量。年平均蒸发量为1931.10mm，年最大蒸发量为2584mm(1960年)，年最少蒸发量为1572.20mm(1984年)。

(4)含水层。灰岩含水层水是邱集煤矿主要充水水源。邱集煤矿未来3年主要开采11#煤层，对矿井生产有影响的含水层自上而下主要有顶板四五灰、底板徐灰、奥灰含水层，如图2-10所示。其中顶板四灰、五灰，底板徐灰含水层是开采11#煤层的直接充水含水层。11#煤层开采，四灰、五灰是其直接顶板，含水层处于冒落带范围内对开采产生直接充水影响，徐灰含水层是影响11#煤层开采的底板充水含水层，由于11#煤层开采时徐灰突水系数均大于0.10MPa/m，11#煤层底板岩层受采动破坏进一步加剧了徐灰突水的危险；且该区域内徐灰和奥灰存在隐伏导水通道，所以11#煤层开采时底板徐灰和奥灰含水层严重威胁工作面的安全开采。

① 四灰、五灰。四灰厚度为1.53~10.55m，五灰厚度为1.02~5.05m，四灰、五灰平均间距为1.37m，可视为一个含水层。岩性为灰—深灰色石灰岩，中间夹薄层泥灰岩和钙质粉砂岩，含岩溶裂隙水。据抽水试验资料显示，单位涌水量为0.1937~0.8865L/(s·m)，富水性中等，水型为$SO_4-Ca\cdot Mg$型，矿化度为2.9382g/L。据井下钻孔揭露单孔最大涌水量为300m³/h，是采11#煤层、13#煤层的直接充水层。对11#煤层开采有较大的水害威胁，开采前须对四灰、五灰含水层进行治理改造。

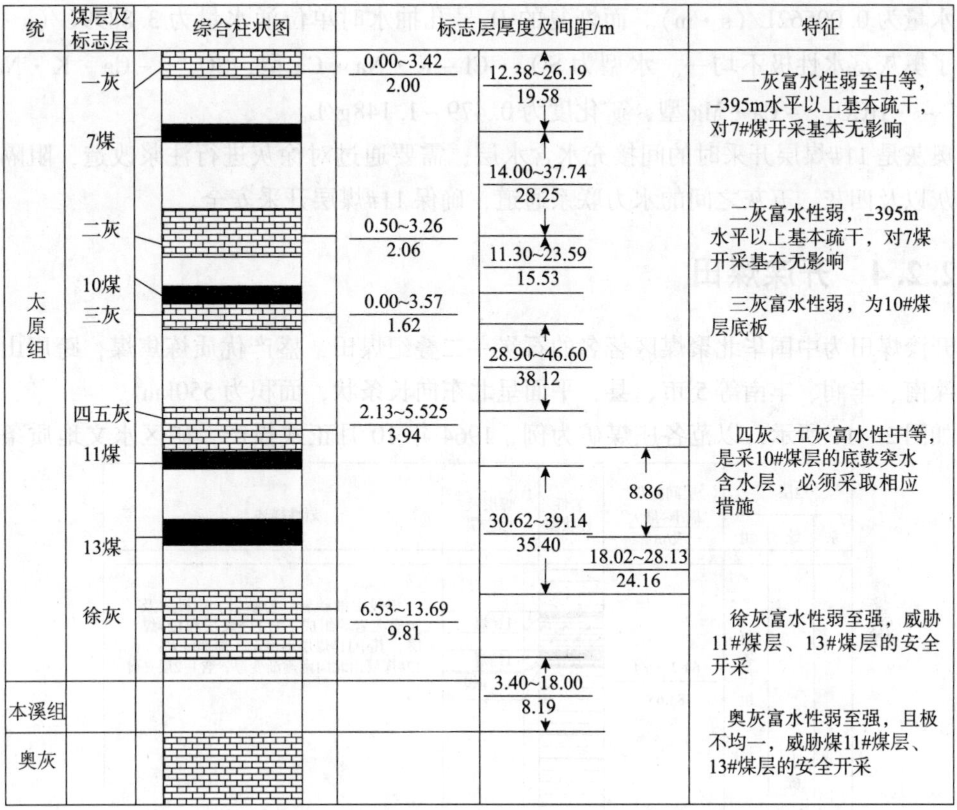

图2－10　黄河北煤田邱集煤矿下组煤主要地层间距示意图

② 徐灰。徐灰厚度为8.40～9.45m，褐灰—深灰色，含燧石结核，致密、坚硬，岩心见裂隙和小溶洞；上距11#煤层为30.62～39.14m，平均为35.40m，上距13煤层为18.02～28.13m，平均为24.16m，是开采11#煤层、13#煤层的直接充水含水层。经补勘探时对奥灰进行大口径群孔抽水试验，徐灰及四灰、五灰水位均有不同程度的下降，说明徐灰与四灰、五灰存在一定的水力联系。原抽水时单位涌水量为0.0169～0.286L/(s·m)，水型为SO_4－Ca·Mg型，矿化度为3.0277～3.0417g/L。如图2－10所示，徐灰是11#煤层开采时的底板直接充水含水层，在11#煤层采动影响作用下，隔水层厚度会伴随底板岩层的破坏逐渐减小，更加剧了徐灰和奥灰突水的风险。因此，在进行11#煤层开采时须超前对徐灰含水层进行注浆改造，使其成为弱含水层或相对隔水层，以确保11#煤层开采安全。

③ 奥灰。奥灰区域厚度约为700m，主要由石灰岩、白云质岩、泥岩组成；上距徐灰约为8m。原抽水单位涌水量为0.0204～4.141L/(s·m)，为岩溶裂隙承压水，富水性弱到强，极不均一；水化学类型为HCO_3－Ca·Mg型、SO_4－Ca·Mg型，矿化度为0.5753～3.065g/L。初始水位高出地面为4.68m，由于矿井疏放四灰、五灰，奥灰补给徐灰，徐灰补给四灰、五灰，造成奥灰水位下降，矿区水位已降至高出地面1.60m。水文补勘时施工孔只有WO_4见到奥灰，揭露厚度为96.13m，岩性主要由浅灰色石灰岩组成，含泥质较多，岩心完整且致密，裂隙极不发育。在疏放四灰、五灰水的情况下进行的抽水试验，奥灰单

位涌水量为0.00562L/(s·m)。而恢复的D_4号孔抽水时单位涌水量为3.8899L/(s·m)，验证了奥灰富水性极不均一。水型为SO_4·Cl－K·Na·Ca型、SO_4^{2-}－Ca·K·Na型、SO_4^{2-}－·HCO_3^-－Ca·Mg型，矿化度为0.479～1.148g/L。

奥灰是11#煤层开采时的间接充水含水层，需要通过对徐灰进行注浆改造，阻隔奥灰和徐灰以及四灰、五灰之间的水力联系通道，确保11#煤层开采安全。

2.2.4 开滦煤田

开滦煤田为中国华北聚煤区著名的石炭—二叠纪煤田，盛产优质炼焦煤，跨唐山、滦县、滦南、丰润、丰南等5市、县，平面呈北东向长条状，面积为550km^2。

如图2－11所示，以范各庄煤矿为例，1964年10月正式投产，矿区水文地质条件极

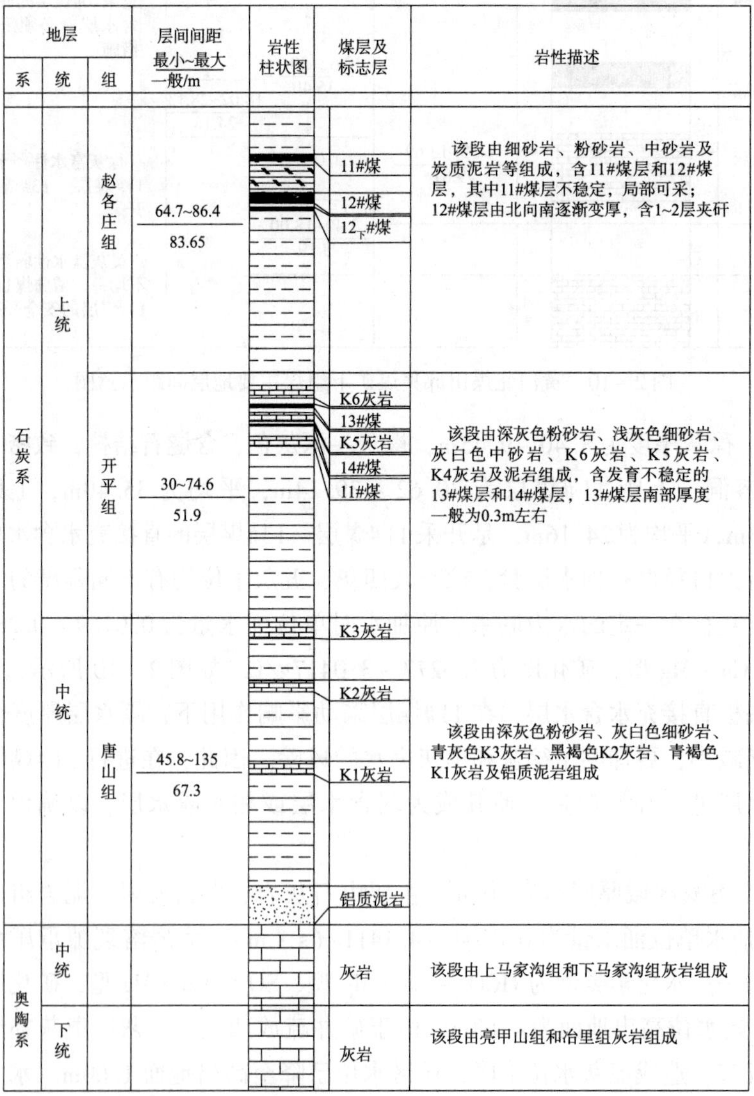

图2－11　开滦矿区范各庄煤矿深部含煤地层柱状简图

其复杂，煤层为石炭—二叠系，主采煤层为下二叠统大苗庄组5#、7#、9#煤层，上石炭统的赵各庄组12#煤层，开平组14#煤层、12#煤层位于该区煤系地层的下部，为复杂结构的厚煤层，煤层平均厚度为3.54m。

现阶段12#煤层、$12_{下}$#煤层开采底板突水直接充水含水层为12#~14#煤层之间砂岩裂隙承压含水层，在采动底板破坏深度的影响下，进一步缩小煤层底板砂岩含水层之间的隔水层厚度；底板突水间接充水含水层主要有14#煤层~唐山灰岩之间的砂岩、灰岩裂隙承压含水层，还有煤系基底奥陶系灰岩含水层，在局部断层、陷落柱及隐伏导水构造的作用下，间接充水含水层直接威胁上部煤层安全开采。

12#~14#煤层之间砂岩裂隙承压含水层平均厚度约为60m，单位涌水量为0.845L/(s·m)，渗透系数为1.725m/d，主要为中粗砂岩，含砾粗砂岩等；在井田东部、西南部及第四系底部与卵砾石含水层直接接触，井田范围内通过岩溶陷落柱、导水断层及导水裂隙接受奥灰含水层的间接补给。对12#煤层、$12_{下}$#煤层开采造成威胁。

14#煤层~唐山灰岩之间的砂岩、灰岩裂隙承压含水层厚度约为40m，渗透系数为0.275~46.83m/d，单位涌水量为0.036~0.665L/(s·m)，以砂岩和灰岩为主，该层在隐伏露头区域接受冲积层含水层的渗透补给，在井田中部接受下伏奥灰含水层的越流补给，其富水性由南向北，由浅至深逐渐减弱，对12#煤层、$12_{下}$#煤层及14#煤层开采造成威胁。

奥陶系灰岩含水层厚度约为600m，渗透系数为31.87m/d，单位涌水量为0.01~6.59L/(s·m)。该区域岩溶陷落柱和导水断裂构造将奥灰水导入煤系地层，成为矿井水的补给水源，对下组煤层开采造成严重威胁。

2.3 煤系基底奥陶系灰岩含水层水文地质特征

2.3.1 中奥陶统岩性组合特征

中奥陶统灰岩作为华北型煤田东缘煤系地层基底，是富水性最强的含水层。中奥陶世时期，华北地区的沉积环境为浅海，沉积物多为碳酸盐岩，局部地区有石英砂岩与页岩等岩屑沉积。如图2-12所示，中奥陶统的厚度和岩性在华北型煤田东缘矿区南北有有较明显的差异，影响岩溶发育、分布及富水性强弱等特征。在华北型煤田东缘矿区的南端两淮矿区，中奥陶统厚度相对较薄，岩性以白云岩为主，不含石膏沉积，岩溶不甚发育，富水性一般较弱；但在华北型煤田东缘矿区的中部和北部，如鲁中地区、唐山地区、燕山以南地区等，中奥陶统以石膏的各类碳酸盐岩为主，为富水性较强的重要地层。根据岩性组合特征，将中奥陶统分为两种类型：一种在该区中部和北部以镁质为主的碳酸盐岩，而且含有石膏岩层的组合类型；另外一种在该区南端以镁质为主的碳酸盐岩不含石膏岩层的组合类型。

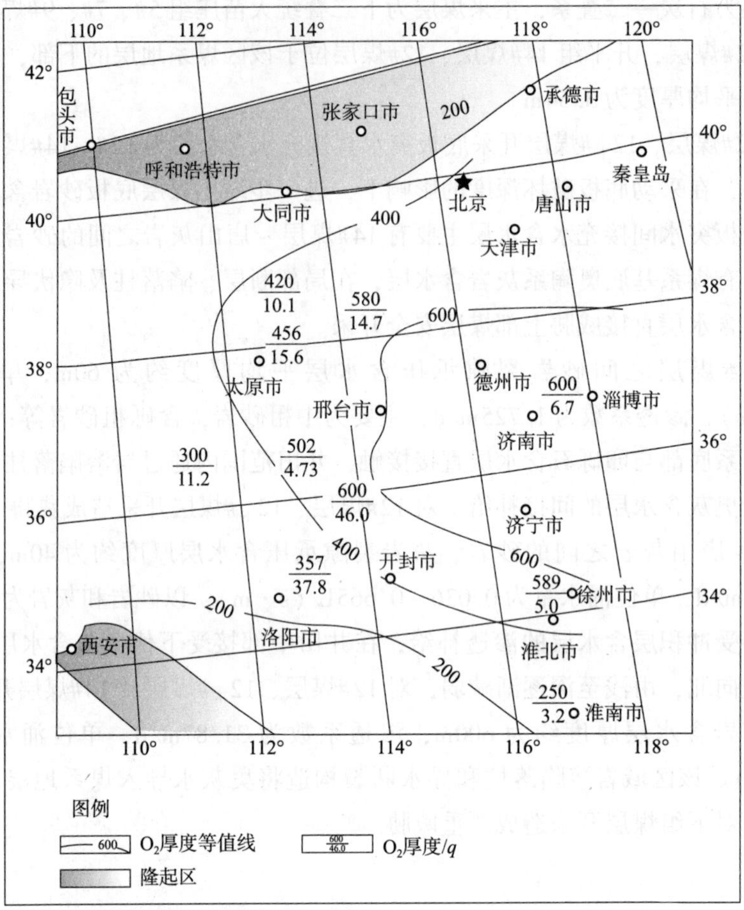

图 2－12 华北型煤田奥陶系灰岩厚度等值线图

2.3.2 中奥陶统的富水性

华北型煤田绝大部分矿井石炭系煤层已经开采，华北石炭—二叠系煤系地层大部分直接沉积在奥陶系灰岩之上，缺失志留系地层和泥盆系地层。由于石炭系煤层距离奥陶系较近，在构造作用下，底板灰岩的岩溶不仅发育，而且一般会与基底中奥陶统灰岩构成密切联系的水力系统，因此，深部开采受岩溶水威胁较为严重。据不完全统计，自 1956 年到 2012 年，华北型煤田在开采山西组与太原组煤层时，来自煤系夹层灰岩和基底中奥陶统灰岩岩溶水的底板突水 1532 次，其中淹井 228 次，造成大量的人员伤亡和财产损失。这些矿井底板突水主要来自华北型煤田大水煤矿，包括峰峰、邯郸、渭北、开滦、肥城等矿区，如 1984 年 6 月开滦范各庄煤矿一次突水量达 123180m^3/h，造成淹井，直接损失达 5 亿元以上。华北型煤田开采实践和大量突水案例表明，整个华北型煤田煤系地层基底奥陶系灰岩岩溶普遍发育，如图 2－13 所示。中奥陶统灰岩水位标高以华北平原最低，一般小于 50m，如徐州为 30.4m，兖州为 34m，往东到鲁中山区达近百米，由华北平原向西水位高程呈升高的规律。华北各矿区所承受的中奥陶统灰岩水压越往华北煤田东部越高。例如，开滦达 10MPa，新汶可达 7.20MPa，枣庄为 5.30MPa，太行山东南麓及山东各大水矿区，其水压均在 4.20MPa 以上。

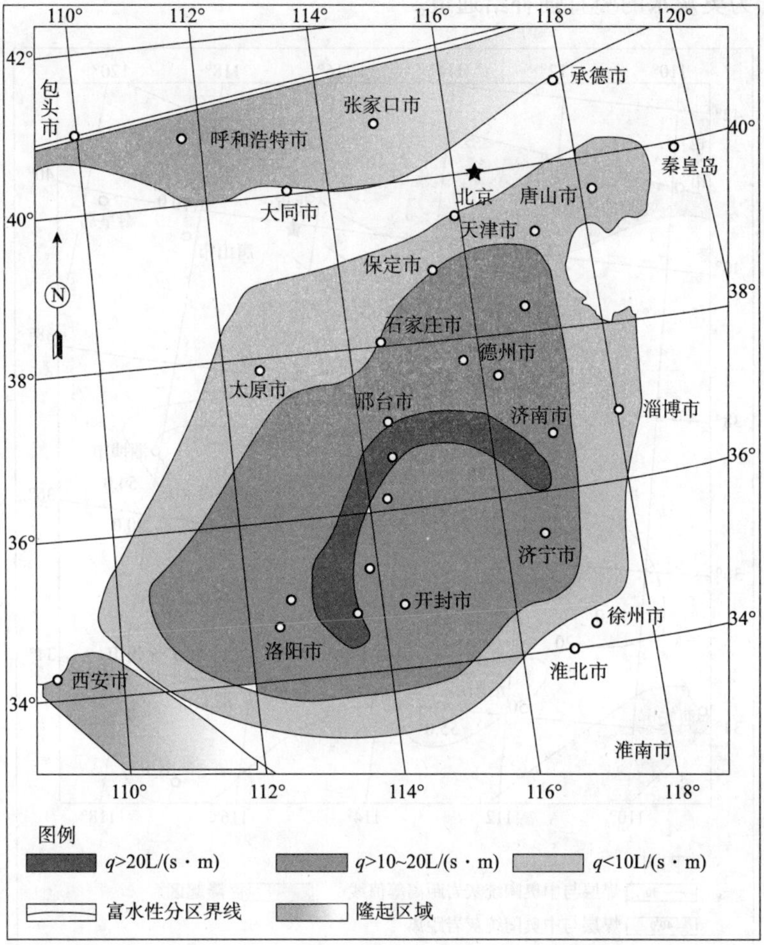

图 2-13　华北型煤田奥灰富水性分布图

华北型煤田东缘开滦矿区开拓水平最大水压达到 10.30MPa，而距奥灰顶界面最近的一层可采煤层与奥灰间距只有 90~140m 左右，加之在矿区范围内存在导水断层和呈点状孤立发育的隐伏导水陷落柱，奥灰岩溶承压水可以直接进入开采区域，因此，矿井涌水威胁严重；特别是隐伏导水的陷落柱对矿井生产影响严重，在该矿区内已经发现的陷落柱其发育的高度、大小、导水性均具有差异性，有的直径达近百米，有的只有十几米，其陷落柱形状也各异，在平切面上有的呈圆形、有的呈椭圆形和肾状，在竖直剖面上多为不规则的串珠形态，在导水性能上，有的为边缘充水性，有的为完全充水性，还有的是非充水性。如边缘充水性和完全充水性陷落柱一旦揭露则发生大型突水事故的几率会较大。华北型煤田东缘邢台矿区为华北型石炭—二叠系煤田，其下组煤层受煤系基地巨厚奥陶系灰岩强岩溶含水层威胁严重，不能正常回采；该矿区下组煤层实行带压开采，其底板有效隔水层厚度仅有 25~40m(图 2-14)，且构造较发育，随时面临着奥灰水直接充水的威胁；下组煤层主采煤层为9#，9#煤层顶板为大青灰岩含水层，该含水层与奥灰存在隐伏强补给通道，进一步恶化了下组煤层主采煤层的开采条件。同时在该煤田内存在众多的隐伏奥灰岩溶陷落柱，作为奥灰水的竖直强补给通道。

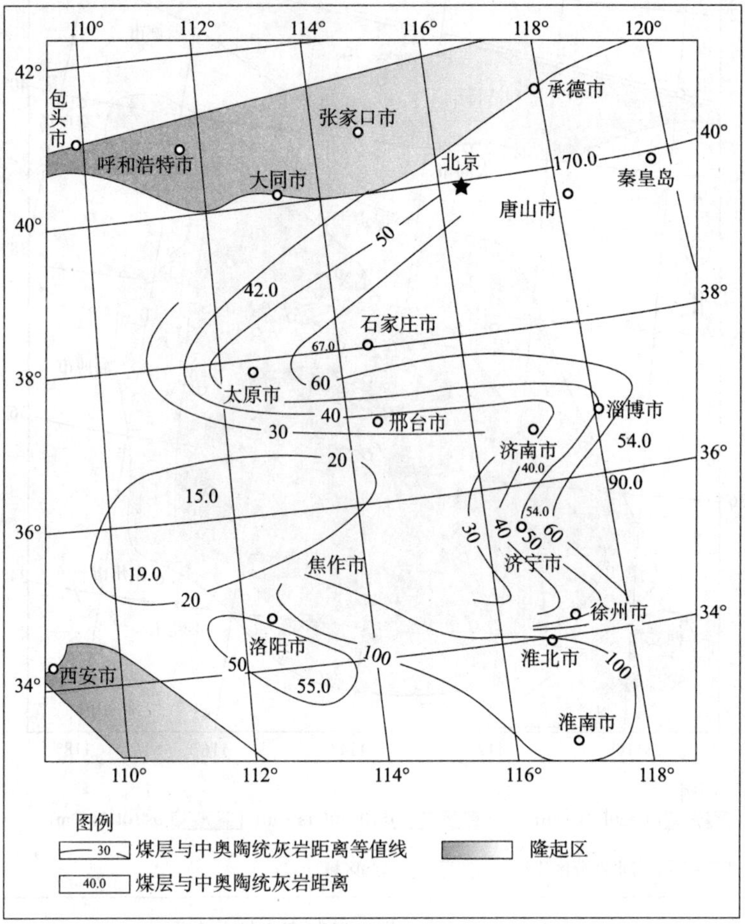

图 2－14　华北型煤田深部主采煤层与奥灰间距等值线图

华北型煤田东缘淄博矿区，下组煤层主采煤层底板距奥灰只有 42.5 ～ 75m（图 2－14），煤层底板的实际奥灰水压最高可达 9MPa，底板徐灰的突水系数高达 0.35 ～ 0.50MPa/m，奥灰突水系数高达 0.18MPa/m，受高层压水的威胁程度国内外罕见。

华北型煤田东缘枣庄矿区煤系基底奥陶系中统、下统最大厚度约为 800m，主要为浅灰色石灰岩、白云质灰岩，夹薄层泥灰岩和钙质泥岩，经钻孔揭露，奥陶系上部 204.17m 多为石灰岩裂隙和小溶洞发育，多充填方解石和泥质，溶洞最大高度为 2.22m。枣庄矿区奥陶系灰岩一般分为五段，第一段上部 70m 一般富水性不强，第二段和第四段为强富水段。

华北型煤田东缘黄河北煤田，在煤田范围内的奥灰具有明显的垂直分带现象，在煤田的浅部岩溶裂隙发育，富水性较强，随着奥灰埋深的增大而逐渐增大，富水性存在减弱现象；但同时也存在奥灰富水性明显不均匀性，深部也存在一定的富水区和强径流区。根据周边的抽水试验表明，整个黄河北煤田内奥灰普遍存在富水性不均一性，局部存在富水性中等到强的区域，同时存在较大的静水压力，奥灰水严重威胁黄河北煤田的下组煤层的安全开采。

华北型煤田东缘徐州矿区太原组可采储基本上受到奥灰水的严重威胁，该区域奥灰含水层厚度大，富水性强，为区域性含水层。徐州矿区三河尖煤矿对太原四灰含水层进行疏放水过程中，奥灰水位呈下降趋势，表明该区域奥灰含水层为矿井充水含水层的间接补给水源，经勘察其补给方式主要以断层垂向补给和隐伏露头侧向补给煤系各含水层。

华北型煤田东缘两淮矿区可采煤层距奥灰一般为120~200m(图2-14)，一般底板奥灰突水往往是煤层底板太灰与奥灰存在隐伏构造，奥灰直接垂向补给太灰含水层；因此，两淮煤田的奥灰水害防治工作重点是对太灰含水层与奥灰的导水断层和充水陷落柱等隐伏构造的探查和治理。

2.4 小结

(1)本章主要介绍了华北型煤田东缘地区的赋煤构造及水文地质特征，揭示现阶段本区域深部煤层开采底板突水的共同特点。

①该区域开采煤层埋深大；

②开采煤层底板都受到下伏灰岩含水层的高水压威胁；

③深部煤层开采底板破坏深度加剧底板突水的危险性；

④深部煤层赋煤构造复杂；

⑤深部开采煤层底板岩层局部存在断层、陷落柱或隐伏构造等导通奥灰含水层的构造；

⑥煤系地层基底奥灰岩溶含水层为井田水害的主要补给水源。

(2)研究了华北型煤田东缘深部煤层开采底板突水水源的水文地质特征及深部开采煤层与含水层之间的分布情况，揭示深部煤层开采底板破坏深度是确定煤层底板有效隔水层厚度和底板突水危险性评价的必要条件；通过分析采动作用的影响因素、深部煤层的赋煤构造及煤层底板下伏突水水源的水文地质条件，为该区深部煤层开采底板突水危险性评价及水害治理提供基础条件。

(3)介绍了华北型煤田东缘煤系基地奥陶系灰岩含水层的水文地质条件，为该区域深部煤层开采奥灰水害防治提供基础。

3 深部煤层开采底板破坏原位动态监测

为了防治深部煤层底板承压水害，能够精准地预报在采煤过程中煤层底板岩层的破坏情况是防治煤层底板承压水害的关键因素。本文利用光波在单模感测光纤中的传播过程中，在受环境温度的改变和光纤的轴向拉压变形的影响时，会发生布里渊频移的原理；利用 BOTDR（布里渊光时域反射）系统对采煤过程中的煤层底板岩层的破坏动态演化过程进行监测；采前在煤层底板岩层预埋金属基索状分布式感测光缆进行实时监测；监测结果显示在工作面回采过程中，煤层底板岩层从上至下呈压缩－拉伸－压缩的应变规律。根据煤层底板岩层的物理力学性质，利用 BOTDR 系统监测的应变数据与相应岩层的极限压缩或拉伸破断的应变阈值进行对比分析，得到精准的煤层底板岩层的最大破坏深度。与传统的监测方法相比，BODTR 系统监测的煤层底板岩层的破坏演化过程更精准。研究结果对防治深部煤层底板水害具有重要价值，对预测与预报矿井水害起关键作用。

本章针对深部煤层开采过程中的煤层底板动态的变形分布和损伤程度进行研究。研究煤层底板的变形破坏的方法包括理论计算、经验公式、计算机数值模拟、物理相似材料模拟、电法、钻孔测试、三维地震等方法，通过这些方法能够对在采矿过程中的煤层底板破坏提供宏观上的认识，对煤层底板承压水害的防治工作具有一定的指导意义；但是随着开采煤层深度的逐渐增大，有些经验计算和物探方法的准确度存在较大的误差，而井下或地面钻孔由于施工的周期长及实施费用较高，不能及时有效地实施监测深部煤层底板的动态破坏演化规律。近年来，很多学者提出在地面岩土工程、水利工程及大型的地下工程中利用分布式光纤监测工程项目的稳定性，也证实均取得成功。随着应用领域的逐渐扩大，光纤传感技术主要用于工程结构稳定性、管道与大坝的渗漏、路桥等安全系统的监测。光纤传感采用光作为信息的承载宿主，利用单模光纤作为信息传播的导线，伴随光学测量的性质，形成对敏感信息的感知探测效果，具有很多特殊之处；光纤传感器具有较高的敏感度和抵御电磁干扰的能力；同时，光纤的绝缘性和耐腐蚀性较好，可实现目标位置的远程动态监测。

通过分布式光纤的应变分布能够准确地分析在采煤过程中煤层底板岩层破坏的动态演化规律，得到煤层底板岩层的变形破坏域及最大破坏深度；同时，与传统的预测方法进行比较，结果表明分布式光纤监测结果精准度更高，为深部煤层开采时防治煤层底板承压水害具有重要的指导意义。

3.1 分布式光纤动态监测底板采动变形破坏

研究现状表明采煤工作面底板岩层受采动矿压影响，煤层底板会有不同程度的变形破坏，如图3－1所示，受工作面采动的影响，煤层底板破坏横向存在3个区域分别是采前应力集中区、采后膨胀卸压区、采空压缩稳定区。煤层底板岩层的破坏机理是原始煤系地层应力的稳定状态被破坏，随着采煤工作面的推进，采空区范围扩大，采煤工作面的煤壁承载的集中应力逐渐增大，对下伏岩层有不同层程度的压剪及拉伸破坏；同时，伴随着采空区底板岩体膨胀、卸压会出现不同程度的底鼓现象，再经过煤层顶板的周期来压，煤层的顶板逐渐垮落，对煤层底板破坏带进行压缩，直到逐渐趋于稳定状态。

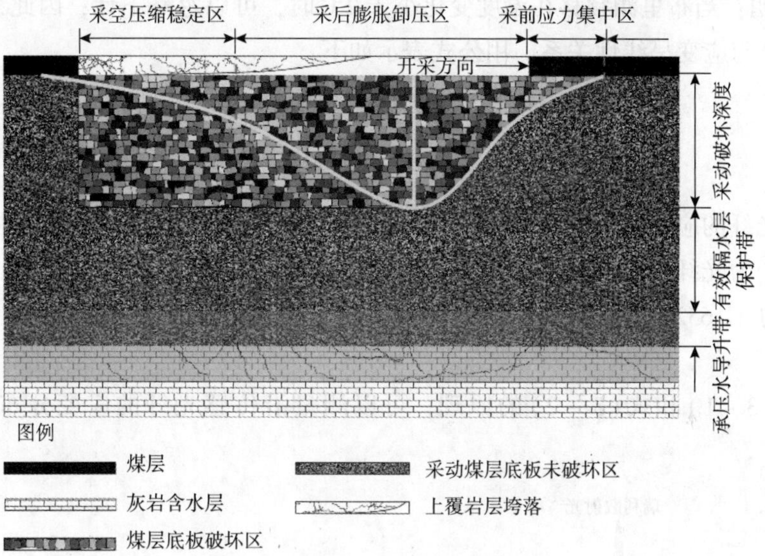

图3－1 煤层开采底板岩层演化图

根据采动影响煤层底板纵向存在三带分别是底板采动导水裂隙带、有效隔水层保护带和承压水导升带。因此，底板承压水害防治的的关键是底板破坏带的深度能否有效的预测。传统的预测底板破坏深度的方法：一是基于某一个区域的经验值进行拟合预测，二是采用类比法，对相邻采区或工作面利用井下施工钻孔，通过钻孔冲洗液漏失量进行预测；但是随着开采煤层的逐渐加深，矿压和水压增大，传统的区域经验拟合预测已不能满足安全生产的需要，且井下钻孔施工具有时间长、精度差等问题。因此，现在迫切需要一种能够满足深部煤层安全开采的底板破坏深度更精准的监测手段，进行分析、预测。

3.1.1 布里渊光时域反射技术原理

光波在光纤中传播并与光纤中的声学声子相互作用并发生布里渊散射，如图3－2所示。布里渊光发生散射的原因是在光纤一端进入的单频光和光导纤维中的声波耦合，当光导纤维内的原有频率使布里渊光的频率发生位置变化时就发生布里渊光散射，通过相对于泵浦光频率下移的斯托克斯波的产生而表现出来。由于在光纤一端注入的泵浦光和光导纤维进行耦合后，泵浦光发生散射后在入射光的逆方向会产生瑞利散射光、斯托克斯散射光、非涅耳反射光等，其中瑞利散射和非涅耳反射两种光与泵浦光的频率相同，而相对泵浦光频率发生频移的斯托克斯散射光亦为布里渊光频移。

在入射光波长不变的情况下，一种规格的光纤对应一个布里渊频移值。该频移值虽然由光纤的类型确定，但还受环境条件的影响，主要表现在受环境温度的改变和光纤的轴向拉压变形的影响；因此，这种由光发射系统、光脉冲调制系统、分布式光纤对反射布里渊散射频移信号采集和处理系统组成的系统体系称为布里渊光时域反射系统。

如图 3 - 2 所示，布里渊频移与光纤的材料和注入光纤的泵浦光的波长有关，对于石英光纤，当泵浦光的波长为 1550nm 时，频移在 11GHz 附近。

理论表明：当布里渊频移在温度变化小于 2℃时，可以忽略不计；因此，光纤的布里渊频移 $f_B(0)$ 与应变呈线性关系，用公式表示如下：

$$f_B(\zeta)=f_B(0)+C_s\zeta \tag{3-1}$$

$$C_S=\frac{dv_B}{d\zeta}\approx 0.0493(\mathrm{MHz}/\mu\varepsilon) \tag{3-2}$$

式中，ζ 为光纤的应变，με；$f_B(0)$ 为光纤在没有应变时的布里渊频移，即初始布里渊频移，GHz；C_s 为光纤布里渊频移的应变系数，是与光纤材料和探测光的波长有关的常数，对于常规的 G.652 单模光纤，在 1550nm 探测波长下，应变系数 C_s 一般近似为 493MHz/με。

根据式(3 - 1)和式(3 - 2)的原理，可以测量沿传感光纤的应变分布，如图 3 - 3 所示。

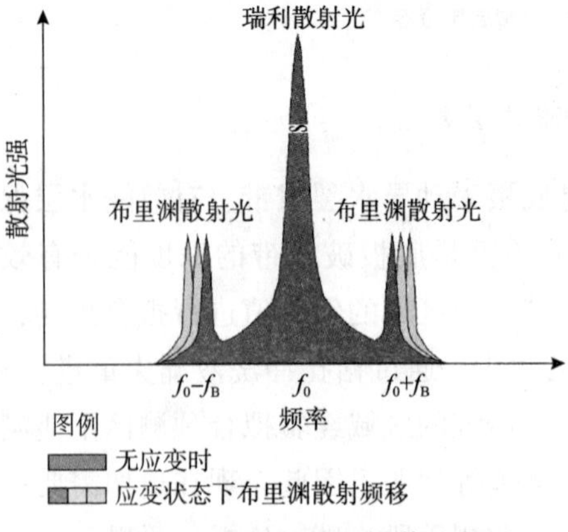

图 3 - 2　布里渊散射光频谱示意图

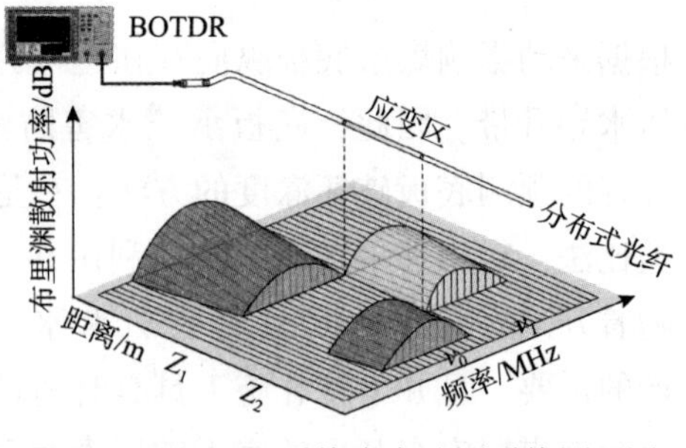

图 3 - 3　BOTDR 系统应变监测系统原理图

石英光纤的应变量与布里渊频移的方程式如下：

$$f_B(\zeta)=f_B(0)+0.0493\zeta \tag{3-3}$$

式中，$f_B(\zeta)$ 为应变为 ζ 时的布里渊频率的漂移量，MHz；$f_B(0)$ 为应变为 0 时的布里渊频率的漂移量，MHz；ζ 为光纤的应变量，με。

3.1.2 金属基索状分布式光纤原位监测方案

3.1.2.1 分布式光纤监测位置条件

本次测试区域位于华北型煤田东缘矿区的南端的淮北矿区杨柳煤矿，如图3－4所示，矿区向东距宿州市约为23km，矿井面积约为60.20km^2。该矿区的水文地质条件和工程地质条件均为中等，环境地质条件为不良，开采技术条件综合评定为复杂。

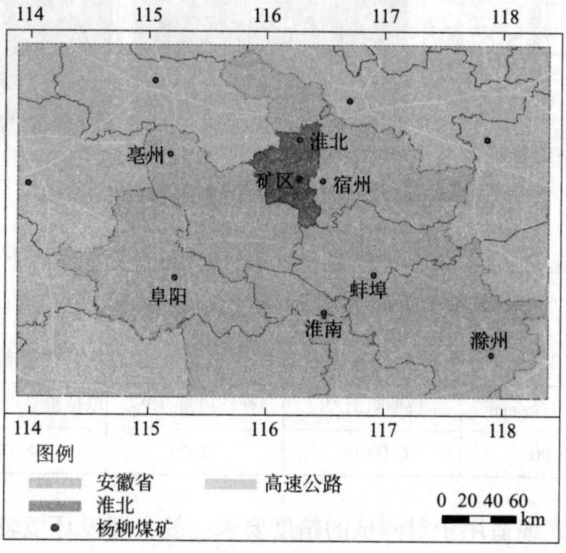

图3－4 矿区位置图

选择10－F采煤工作面为研究对象，该采煤工作面属于淮北煤田杨柳煤矿107采区，具体水文地质条件见2.2.1节所述。该采场标高为－413.90～488.50m，10－F工作面走向长度为1119.40m，斜面长度为166.20m，煤层倾角平均为7°，煤层平均厚度为3.20m，煤层直接底板泥岩平均厚度为2.10m，基本底板细砂岩厚度为28.75m，如图3－5所示。

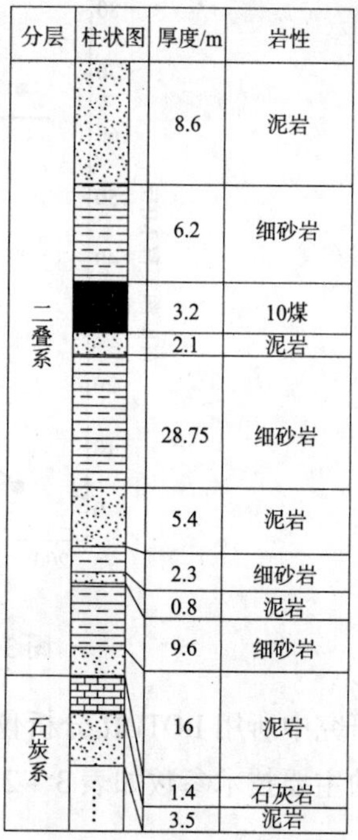

图3－5 10－F采煤工作面地质柱状图

3.1.2.2 设备选型

研究中选择金属基索状分布式感测光缆作为传感介质，该光缆将分布式感测光纤在缆索制造过程中同步植入，通过外围钢丝束紧包保护，不仅可对自身内力及温度进行分布式监测，还可用于众多工程体分布式健康监测。

金属基索状加强筋材料不但要满足强度较高、延展性较好、可机械加工性以及抗腐蚀抗分解等要求，还要满足光纤具有良好的应变传递性能，能够感知待测体真实的变形情况。

如图 3－6 所示，该光缆由 4 层结构组成，从内至外分别是石英裸纤、保护涂层、紧密围绕中心螺旋缠绕的金属加强件和高强度塑料保护层。其中带有涂层的光导纤维展布在光缆的中心位置，为了增强监测光缆的抗拉性能在光导纤维外部使用 6 根高强度金属丝呈环形编织态对光导纤维进行保护。

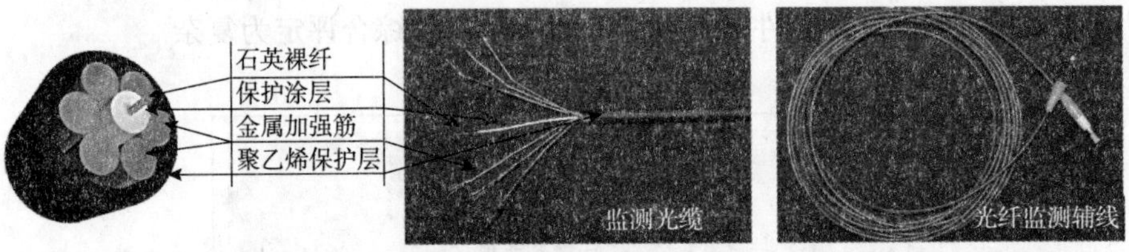

(a)光纤截面　(b)监测光缆　(c)光纤监测辅线

图 3－6　金属基索状单模监测光纤

该分布式光纤为常规的 G. 652 单模光纤，在 1550nm 探测波长下，应变系数 C_s 一般近似为 493 MHz/%，其物理力学性质如表 3－1 所示。

表 3－1　分布式金属基索状单模传感光缆物理力学性能参数

光缆直径/mm	光纤直径/mm	拉伸阻力/N	弹性模量/GPa	单位重量/(kg/km)	工作温度/℃
5.00	0.90	6500.00	42.00	38.00	0～80

金属基索状传感光缆适用于对测试的精度要求一般，埋设环境较差的条件下，根据在实验室对金属基索状传感光缆的标定，该光缆的频移与应变之间的关系如图 3－7 所示。

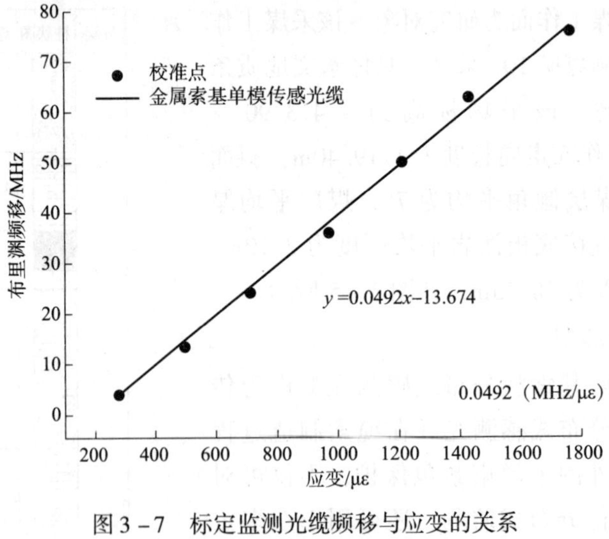

图 3－7　标定监测光缆频移与应变的关系

研究中所用 BOTDR 分析仪是由中国电子科技集团公司研制，设备型号为 AV6419，该仪器的主要技术参数如表 3－2 所示。

表3-2 AV6419 光纤应变分布测试仪的主要技术参数

项目	参数
工作波长	(1550±5)nm
测距误差	±(0.2+2×10-5×距离+2×取样间隔)m
最高空间分辨率	1m
最大动态范围	15dB
应变测试精度	≤(±10)με(50~200ns 脉冲宽度)
应变测试范围	-15000~+15000με
测距量程	0.5km, 1km, 2km, 5km, 10km, 20km, 40km, 80km
测试脉冲宽度	10 ns, 20 ns, 50 ns, 100 ns, 200 ns
最大采样点数	20000
水平距离读出分辨率	0.05m
垂直应变显示范围	-80000~+80000με
垂直布里渊谱显示刻度范围	1.0~10.0dB
频率扫描范围	9.9~12GHz

3.1.2.3 安装布里渊光时域反射监测系统

如图3-8所示，在10-F采煤工作面的正下方的瓦斯抽排巷道内，沿着巷道的顶板向上施工两个监测钻孔，分别为No.1和No.2，其方位角为287°，倾角为45°；两个监测钻孔孔口处相距70.20m，No.1和No.2钻孔深度分别为40m和31.66m。No.1钻孔施工在含断层破碎带的煤层底板岩层内，No.2钻孔施工在完整底板岩层内。

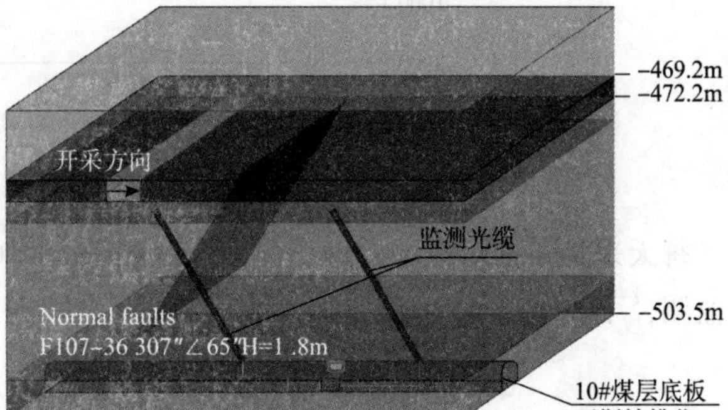

图3-8 利用BOTDR系统对煤层底板应变进行监测

安装工艺具体包括以下步骤：①造孔；②现场制作传感预埋件，把监测光缆固定在直径为54mm的PVC管外壁上，使光缆与管路密实结合；③传感预埋件由下至上从孔口推至孔底；④孔口利用速凝剂封口，同时在孔口处预埋注浆管；⑤进行注浆；⑥等待PVC管内返浆，传感器预埋完成。其中进行注浆是为了对比钻孔对应的岩体性质，利用硅酸盐水泥、0.25~0.35mm的细砂、10~20mm的石子、水及减水剂混合配比调整到填充物凝固后的强度与相对应岩层的岩性一致，进行填充注浆；根据图3-5所示，煤层底板的泥岩、细砂岩和泥岩厚度分别为2.10m、28.75m和5.40m，监测钻孔上端距离煤层底板最小值为2m，No.1钻孔埋设垂深为28.15m，No.2钻孔埋设垂深为22.22m，因此，两个监测钻孔均处在煤层底板细砂岩层位，经过现场取样和室内实验，最终确定浆液配比为：一千克混合物中细砂、石子、42.5#水泥、水、减水剂的含量分别为288.28g、489.76g、145.32g、71.21g和5.43g。

3.1.2.4　BOTDR系统现场监测

BOTDR系统监测安装25d后，10－F采煤工作面距离No.1测点顶部70m处，采集煤层底板岩层的应变初始值(背景值)，如图3－9所示，对于每天采集的数据与背景值做差计算，得到每天由于采动影响的煤层底板应变数据。

10－F采煤工作面每天平均推采5m，监测范围在No.1测点前70m到No.2测点后60m，监测采煤工作面长度共计200.20m。

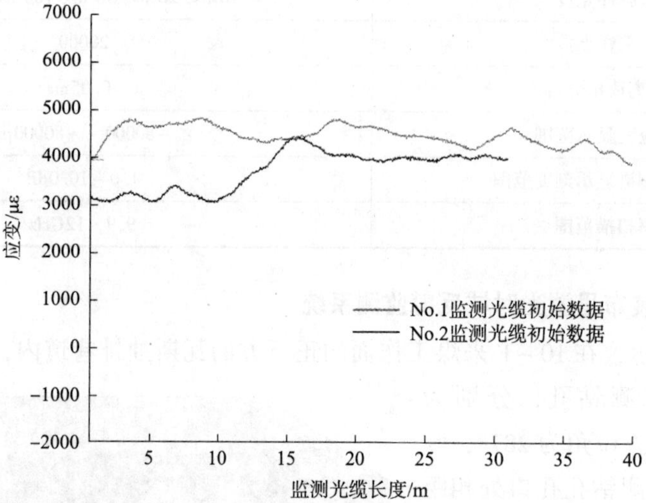

图3－9　煤层底板岩层应变监测初始数据

每天采集数据对应的采煤工作面位置如图3－10所示，采集时间为每天早上6：30入井监测，下午15：40监测完毕，采集数据为期42d。

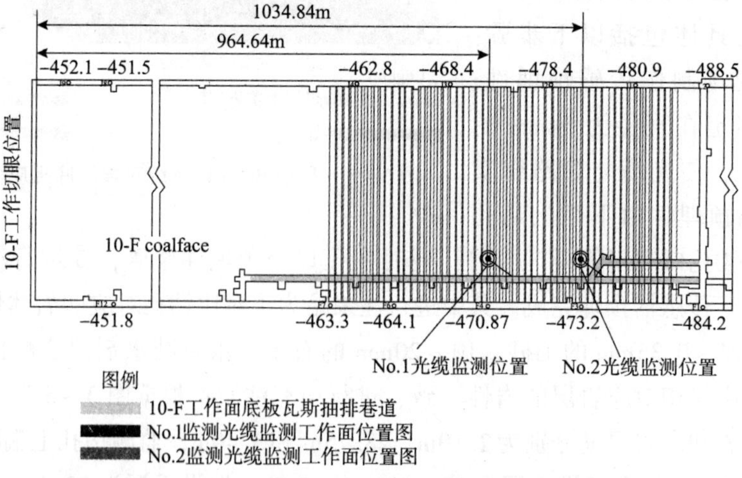

图3－10　42组监测数据对应的工作面位置图

采集数据时间与采煤工作面和 No. 1 测点的位置关系如图 3－11 所示，左侧数据(-■-)表示还没有经过监测点，右侧(-▲-)数据表示已穿过监测点，现场监测照片如图 3－12 所示。

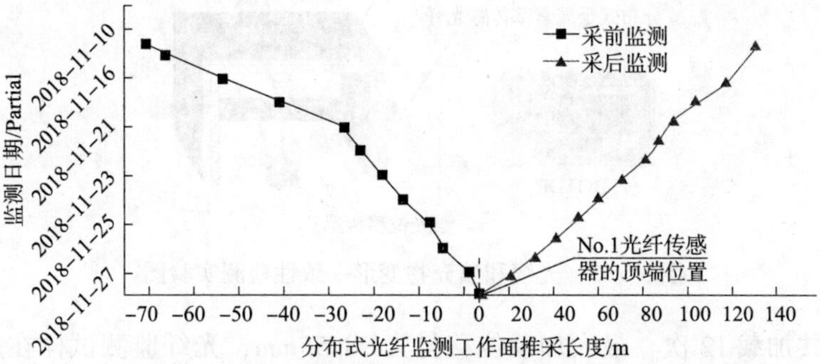

图 3－11　分布式光纤传感器监测时间及监测工作面推采长度示意图

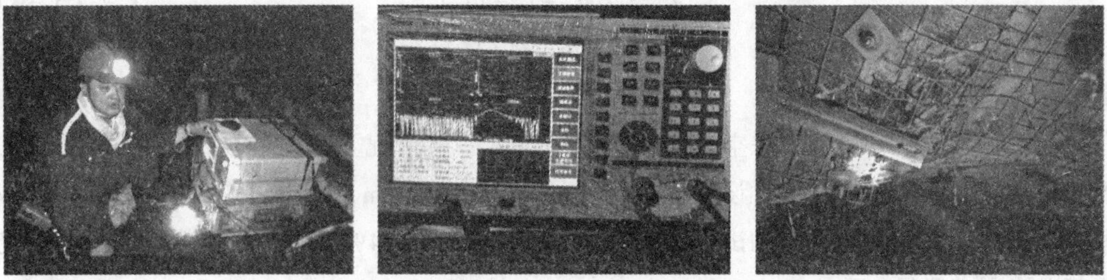

图 3－12　BODTR 系统原位监测照片

3.1.3　分布式光缆与围岩变形一致性测试

因为煤层底板岩层埋设的监测光缆顶部位置在 10#煤层底板下方 2m 和 5m 处，光缆下口位于瓦斯抽排巷的顶板，光缆的埋设位置基本为细砂岩(图 3－5)，所以一致性检验主要分两个部分：一是监测光缆与填充物的变形一致性检验，二是填充物与细砂岩层之间的变形一致性检验。

1)监测光缆与填充物的变形一致性检验

实验材料包括直径 180mm 的高压 PVC 管 2m，金属基索状分布式感测光缆 3m，型号为 325 的硅酸盐水泥，直径 0.25～0.35mm 的细砂，直径 10～20mm 的石子，水及减水剂，BOTDR 光缆应变监测系统，激光测距仪，液压顶及自制实验装置等。

具体方法包括：①把监测光缆固定在高压 PVC 管中心附近，根据前期与光纤安装位置的钻孔围岩对比实验得到的相似性配比，细砂、石子、水泥、水、减水剂等混合物每千克分别为 288.28g、489.76g、145.32g、71.21g 和 5.43g 配比充分搅拌，然后对高压 PVC 管进行填充，养护 28d，形成光纤监测试样。②对实际监测情况进行模拟，如图 3－13 所示，试样在自制实验仪器上进行加载实验，第一步将光纤监测试样水平固定在自制实验仪器上，下方设置激光测距传感器；第二步在光纤监测试样的中部正上方设置液压顶，对试样进行逐级加载，使其产生形变；第三步利用激光测距传感器记录每次加载变形量，同时利用 BOTDR 系统采集光纤应变数据。

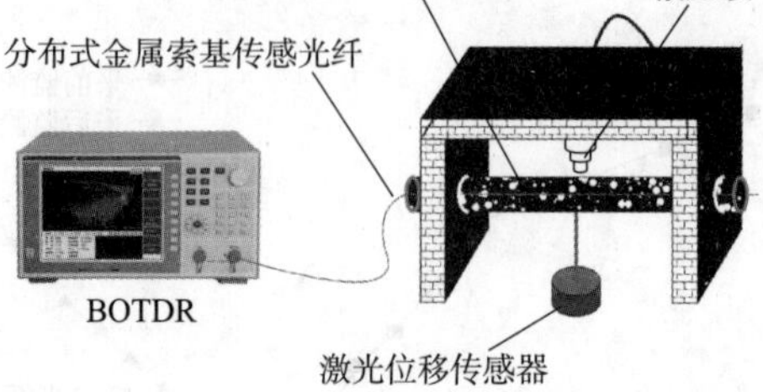

图 3－13　光缆和填充物变形一致性检测实验图

本次实验共加载 12 次，最大加载位移量为 98.55mm，光纤监测试样在加载过程中出现明显的拉伸变形，其应变量与位移量之间近似可以满足如下方程式：

$$\zeta = (\sqrt{h^2 + l^2} - l)/l \tag{3-4}$$

式中，ζ 为填充物应变，με；h 为实验加载的位移，mm；l 为加载点到试样端部的距离，m。

在实际煤层采动过程中采空区底板隆起的高度一般情况下比煤层顶板位移量小得多，因此，在光纤监测试样测试时设定加载位移量不超过 100mm，根据表 3－3 显示，两者数据非常相似，光纤监测数据和试样加载应变数据比率均在 94% 以上，可以视为光纤与填充物两者协同变形量一致。

表 3－3　试样加载实验数据

加载序列	加载位移/mm	填充物应变/με	光纤最大应变/με	应变比率/%
1	12.54	78.62	78.17	99.42
2	18.93	179.16	177.59	99.13
3	23.56	277.50	273.21	98.46
4	28.16	396.41	377.22	95.16
5	35.77	639.54	640.34	100.13
6	45.68	1042.79	1045.24	100.24
7	55.85	1558.40	1539.46	98.79
8	67.66	2286.32	2212.04	96.75
9	75.32	2832.54	2694.09	95.11
10	84.35	3551.16	3369.94	94.90
11	89.64	4009.63	2800.40	94.78
12	98.55	4844.32	4594.74	94.85

2) 围岩与填充物变形一致性检验

根据煤层底板细砂岩的取样测试得到埋设光纤位置的岩性和物理力学性质如表 3－4 所示。

表 3－4　光纤监测钻孔围岩的物理力学参数

弹性模量/GPa	抗拉强度/MPa	抗压强度/MPa	屈服压缩应变/με	屈服拉伸应变/με
28.07	4.67	48.16	－1352.11	490.42

根据以上细砂岩的物理力学性质进行配比实验，调整不同试样的水灰比例，以增减试样的强度，通过单轴压缩实验进行筛选，直到试样与原岩细砂岩的物理力学性质高度相似。最终试样配比确定为：一千克混合物中细砂、石子、45.2#水泥、水、减水剂的含量分别为288.28g、489.76g、145.32g、71.21g和5.43g。该试样调试的配比最终做为两个监测钻孔的填充材料，因此，在研究前期首先做该项工作。

将10－F采煤工作面底板的细砂岩层取心，把细砂岩和填充物做成直径为50mm，长度为100mm的圆柱体试样，取不同位置的岩心分别为试样1和试样2，填充物为试样3。对3个试样进行单轴压缩实验，细砂岩和填充物的应力－应变曲线如图3－14所示，细砂岩与回填物的强度几乎相同，3个试样的应力－应变趋势亦相同。

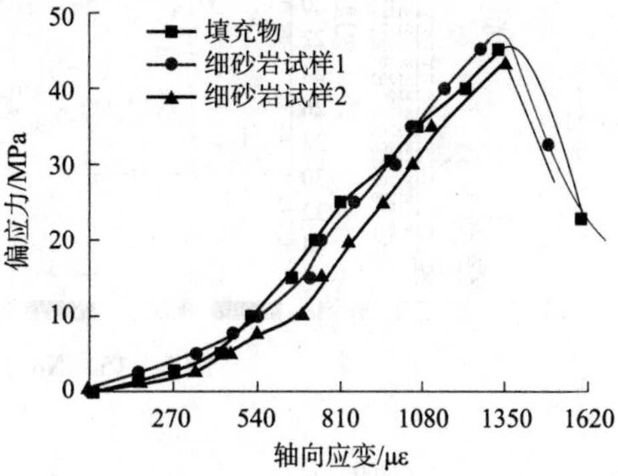

图3－14　钻孔围岩和填充物的应力－应变曲线

回填物与细砂岩的极限破断应变相差约为100με，约是细砂岩极限破断应变的2%；在相同偏压的作用下细砂岩与填充物之间最大应变误差为375με，约是细砂岩应变的13.40%；细砂岩与填充物在极限破断偏应力最大差值为2.10MPa，约为细砂岩最大破断偏应力的4.40%。实验结果表明填充物与围岩的强度和应变的误差在14%以内，两者变形可视为具有一致性。

因此，根据以上数据显示分布式感测光纤、填充物和监测钻孔围岩三者的变形可以视为一致，进一步说明布里渊光时域反射系统对开采过程中的煤层底板变形监测数据有效。

3.1.4　监测数据和分析

3.1.4.1　传感光缆的应变分布特性

图3－15为No.1钻孔监测数据位置图，倾斜轴给出了测点光缆上分布的应变数据，垂直轴给出了监测点光缆埋设到10#煤层底板的垂距和每天的监测数据，应变正值表示该位置正处于拉伸应变状态，应变负值表示该位置正处于压缩状态；此次光缆采集应变的采样间隔为0.05m。

No.1光缆监测点金属基索状分布式感测光缆的应变数据如图3－16所示，No.1光缆监测位置穿越断层破碎带。在工作面采前煤层底板总体呈压应变趋势，随着工作面的推采，煤层底板岩层逐渐显现拉张应变，采煤工作面持续推进，煤层底板岩层压缩和拉张应变达到最大值；工作面采后，煤层底板岩层应变量逐渐下降，一直到整体呈现稳定状态。

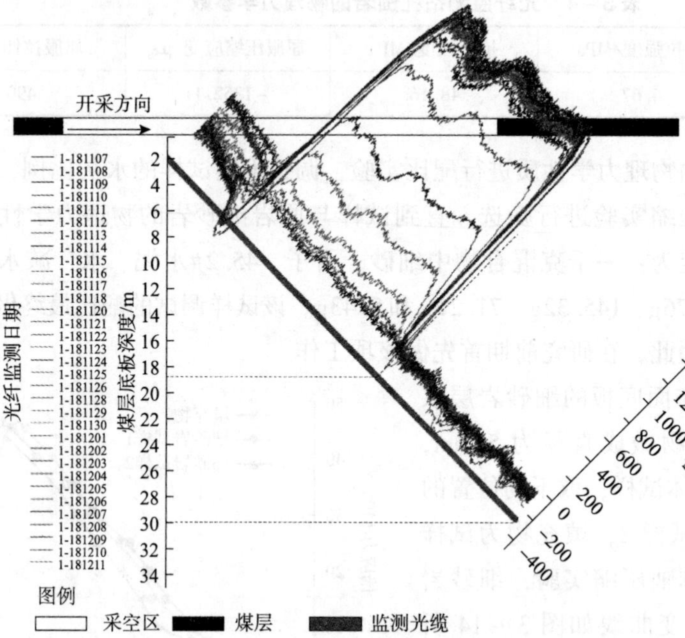

图 3－15　No. 1 钻孔监测数据位置图

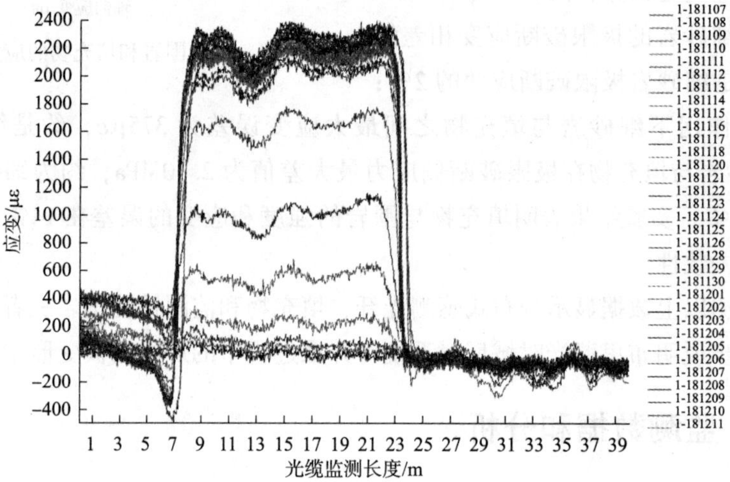

图 3－16　No. 1 钻孔监测数据

如图 3－15 所示，在工作面的采动过程中，含断层破碎带位置的煤层底板下 0～7m 位置一直处于压应变状态，煤层底板 7～19m 一直处于拉张趋势，而到煤层底板 19m 以下岩层又呈压应变趋势。

图 3－17 为完整底板应变监测数据，在工作面推采过程中，煤层底板也呈压应变和拉应变交替的现象，但完整底板整体呈拉应变为主，随着工作面的推进，底板岩层压应变和拉应变量均达到最大值，直到工作面采后，煤层底板岩层的应变量逐渐减小，直到稳定状态。

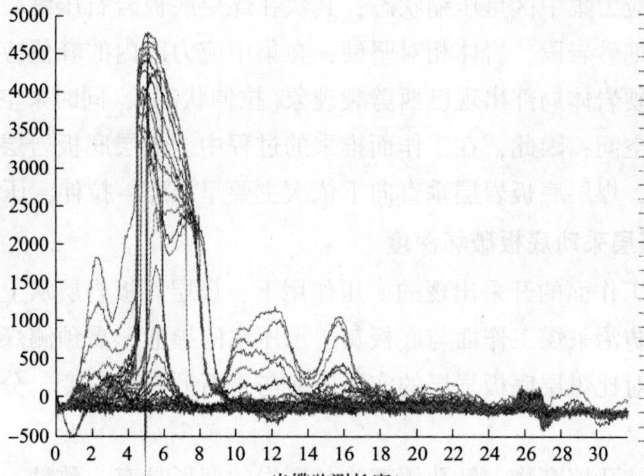

图 3 – 17　No. 2 钻孔监测数据

如图 3 – 18 所示，在完整底板位置监测的煤层底板应变数据，主要为拉张应变为主，但在垂向上煤层底板下 0 ~ 6m 呈压应变趋势，煤层底板 6 ~ 17m 呈拉应变状态，煤层底板 17m 以下整体为压缩状态。

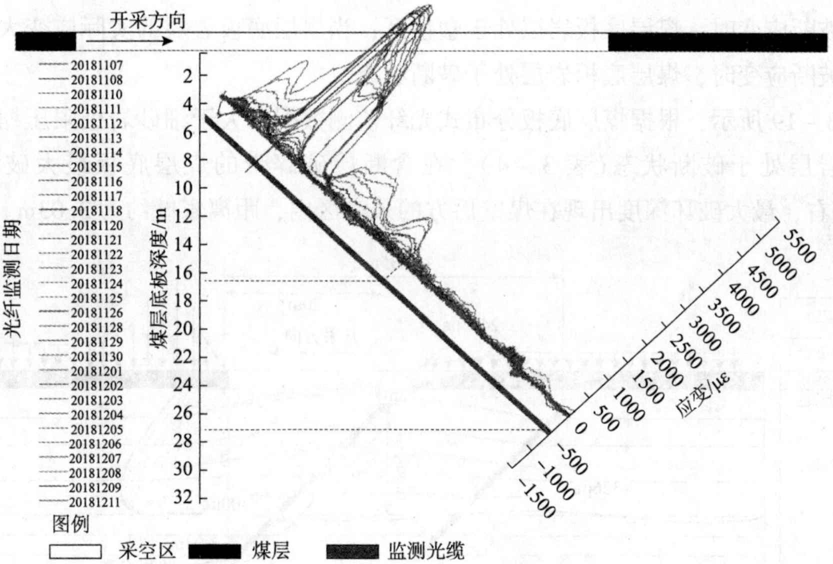

图 3 – 18　No. 2 钻孔监测数据位置图

以上数据分析可知，在工作面推采过程中，距离煤层底板较近的下伏岩层整体呈压缩趋势，而距离底板较远的下伏岩层整体呈拉张状态，之后距离煤层底板更远的下伏岩层整体呈压缩趋势。

进一步分析煤层底板岩层在工作面开采过程中出现压缩和拉张应变状态的原因，笔者认为，首先是在含断层破碎带的底板和完整底板的监测数据均存在底板附近的下伏岩层呈压应变状态，而两者的压缩应变状态均在泥岩段和泥岩与细砂岩交互段的位置，随着工作面的推进煤壁前方的应力集中区呈压缩状态；其次在煤层底板岩石压缩段下部岩层整体呈拉张状态，该段处在细砂岩段，岩体相对坚硬，在集中应力区内的峰值应力传播线的作用下，煤层底板下伏坚硬岩体局部出现巴西劈裂现象(拉伸状态)，同时采空卸压区为煤层底板出现拉张应变提供空间；因此，在工作面推采的过程中，煤层底板岩层处在复杂的三维地应力相互转换阶段，煤层底板岩层垂直向下依次主要呈压缩－拉伸－压缩的应变规律。

3.1.4.2 深部煤层采动底板破坏深度

随着10－F采煤工作面的开采出现的矿压作用下，煤层底板岩层从上至下逐渐形成破坏区和塑性区，为了防治采煤工作面与底板灰岩承压水的导通，需预测煤层底板的最大破坏深度，因此，通过对比煤层底板岩层的实际应变与岩石的屈服应变，分析煤层底板岩层的变形状态。

因为监测光缆与钻孔填充物、钻孔填充物与围岩的变形具有一致性，所以监测光缆的应变分布等同于监测煤层底板岩层相应位置的应变分布。由监测光缆上的应变可以得知，在采煤过程中的底板岩层从上到下依次为压缩—拉伸—压缩的状态，因此底板岩层破断的也存在两种状态，分别为压缩极限破断和拉伸极限破断。

因此，分别利用底板岩层不同位置的压缩和拉伸应变分布数据与该层位细砂岩的极限压缩破断应变和极限拉伸破断应变进行对比，当煤层底板岩层的实际应变小于极限拉伸或极限压缩破断应变时，煤层底板岩层处于塑性区；当煤层底板岩层的实际应变大于极限压缩或拉伸破断应变时，煤层底板岩层处于破断状态。

如图3－19所示，根据煤层底板分布式光纤监测数据，大于细砂岩极限压缩或拉伸破断应变时岩层处于破断状态(表3－4)，在含断层破碎带的煤层底板最大破坏深度达18.97m左右，最大破坏深度出现在煤壁后方的采空区内，距离煤壁约为3.03m。

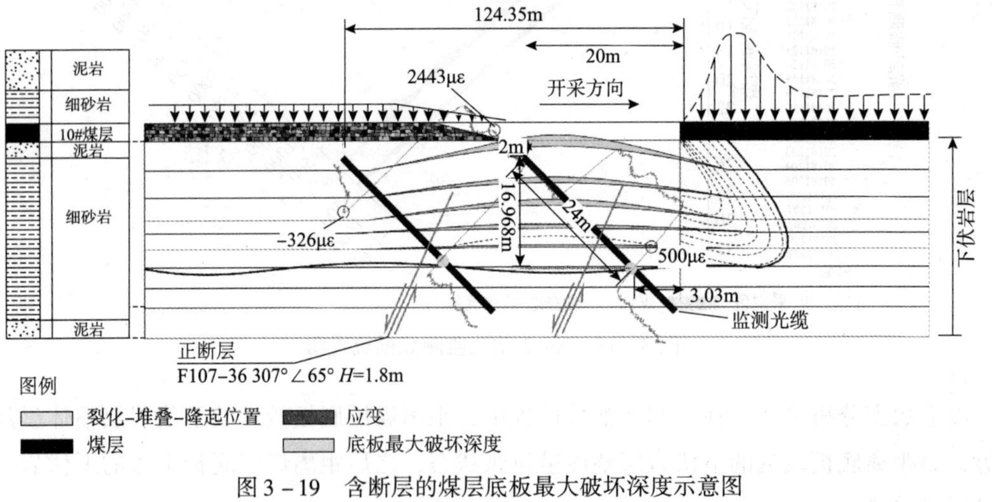

图3－19 含断层的煤层底板最大破坏深度示意图

如图3－20所示，根据煤层底板分布式光纤监测数据，大于细砂岩极限压缩或拉伸破断应变时岩层处于破断状态，完整的煤层底板最大破坏深度达约为16.74m，最大破坏深度出现在煤壁前方的集中应力区内，距离煤壁约为4.30m。

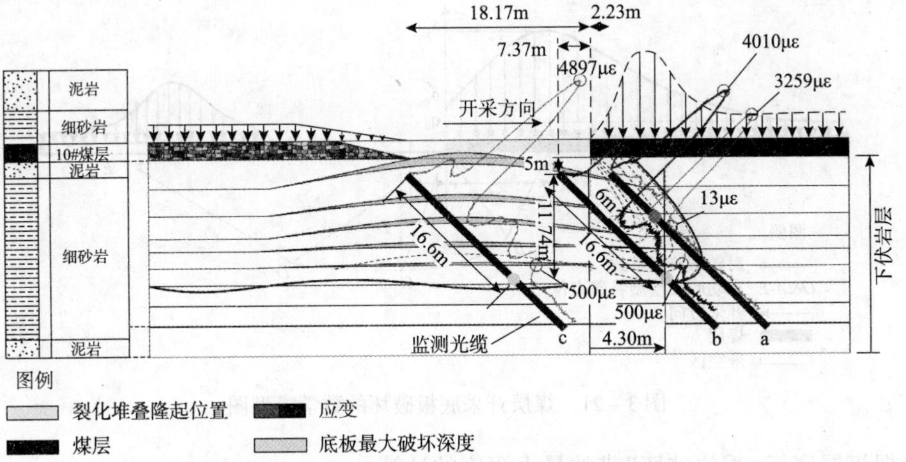

图 3－20　完整煤层底板最大破坏深度示意图

3.2　光纤实测与传统解析和原位探查对比分析

3.2.1　采动底板最大破坏深度传统解析

1) 利用经验公式法计算煤层底板最大破坏深度

其表达式为：

$$h = 0.303 L^{0.8} \tag{3-5}$$

式中，h 为开采煤层底板最大破坏深度，m；L 为采煤工作面宽度（简称工作面宽度或面宽），m。

根据 10－F 采煤工作面的倾向长度为 166.20m，计算可预计开采煤层底板最大破坏深度约为 18.11m。

2) 利用力学模型计算深部煤层开采底板的最大破坏深度

煤层开采过程中，煤层底板岩层在矿压作用下受到不同程度的破坏。在工作面煤壁前方的应力集中区内，当煤层底板支承压力达到屈服变形临界值时，底板岩体开始出现变形破坏。随着采煤工作面的推进，工作面煤壁前、后两个区域的应力分布规律发生变化。在煤壁前方集中应力区内的峰值应力传播线以螺旋状向煤壁后方传播，此时底板岩体的支承应力发生螺旋滑移，导致采空区底板岩层发生裂化—堆叠—隆起现象，形成煤层底板应力螺旋滑移带。随后，采空区顶板岩体垮落，采空区底板应力逐渐释放，顶板岩体应力与底板岩体应力逐渐趋于平衡，形成了开采后的应力释放区，如图 3－21 所示。

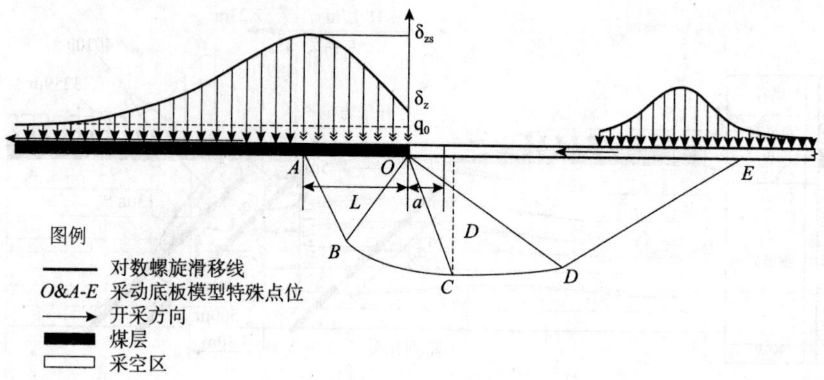

图 3-21　煤层开采底板破坏的数学模型图

根据煤层底板“零位破坏”带的最大深度的计算：

$$L=a\left(\frac{1}{\sqrt{1-\left(\dfrac{\frac{1}{2}n_{\max}\gamma_{c}H}{\delta_{zs}+\frac{1}{2}n_{\max}\gamma_{c}H}\right)^{2}}}-1\right)\tag{3-6}$$

式中，$n_{\max}$为最大应力集中系数(现场观测)；γ_c为覆岩的加权平均的容重，N/m^3；H为工作面开采深度，m；L为集中应力区内的峰值应力传播线到煤壁的距离，m；a为采煤工作面最大空顶距，m；δ_{zs}为应力集中区内的峰值应力，με；δ_z为单轴压缩条件下煤的屈服应力，με。

$$D=\frac{LB\cos\varphi}{2\cos\left(\frac{\pi}{4}+\frac{\varphi}{2}\right)}e^{\left(\frac{\pi}{4}+\frac{\varphi}{2}\right)\mathrm{tg}\varphi}\tag{3-7}$$

式中，B为煤层底板岩石力学强度系数(一般为2.5~3.0)；φ为煤层底板岩体的内摩擦角均值，(°)；D是煤层底板最大破坏深度，m。

根据10-F工作面实测数据和实验结果，结果显示：

$H=46920$(cm)；

$\sigma_{zs}=\sigma_z\times1.30\times0.70=112\times1.30\times0.70=101.92$(kg/cm²)；

$\gamma_c=3.9\times10^{-3}$(kg/cm³)；

$n_{\max}=2.30$；

$a=1200$(cm)；

$\varphi=49°$。

根据公式(3-6)和式(3-7)，计算结果为：

$$L=a\left(\frac{1}{\sqrt{1-\left(\dfrac{\frac{1}{2}n_{\max}\gamma_{c}H}{\delta_{zs}+\frac{1}{2}n_{\max}\gamma_{c}H}\right)^{2}}}-1\right)\approx4.24(\mathrm{m})$$

$$D=\frac{LB\cos\varphi}{2\cos\left(\frac{\pi}{4}+\frac{\varphi}{2}\right)}e^{\left(\frac{\pi}{4}+\frac{\varphi}{2}\right)\mathrm{tg}\varphi}\approx 18.63(\mathrm{m})$$

3.2.2 采动底板最大破坏深度原位探查

用传统的钻孔漏失量测试法确定煤层底板最大破坏深度。在10－F采煤工作面煤壁穿过光纤监测点之后，在完整的煤层底板岩层内施工煤层底板检测钻孔，钻孔方向与开采方向相反，钻孔与煤层底板夹角为45°，通常情况下根据钻孔冲洗液的漏失量确定底板破坏深度。如图3－22所示，两个检测钻孔分别为J_1和J_2，两个钻孔孔口距离为60m，根据钻孔冲洗液漏失量所示，J_1钻孔煤层底板最大破坏深度为17.01m，J_2钻孔煤层底板最大破坏深度为16.23m；通常认为检测数据大的做为底板破坏深度。

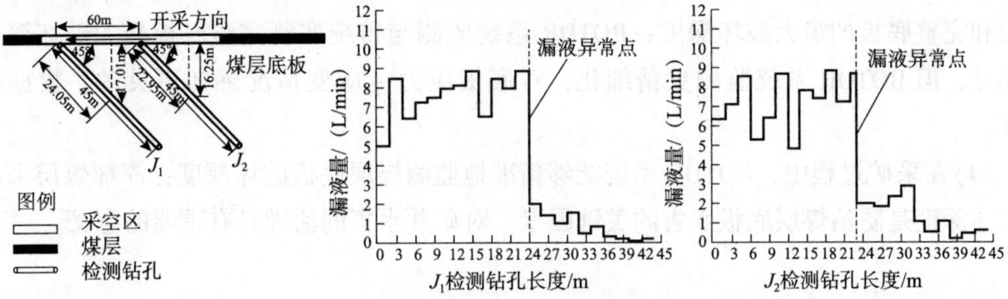

(a)检测钻孔位置　(b)J_1钻孔长度与漏液量的关系　(c)J_2钻孔长度与漏液量的关系

图3－22　钻孔漏失量法原位探查开采底板破坏深度

本章先后运用4种方法监测、检测和预测煤层底板破坏深度，如表3－5所示。数据显示BOTDR系统实测完整底板的最大破坏深度与传统钻孔冲洗液漏失量实测最大破坏深度结果非常趋近；但传统钻孔冲洗液漏失量测试的方法，存在着煤层底板没有进一步闭合、施工周期时间长、未考虑底板构造等缺点；经验公式法对深部开采煤层底板岩层破断深度值采集的数据相对稀少，已无法满足华北型煤田东缘矿区下组煤层开采底板岩层破断深度的准确评估。

综上所述，BOTDR系统监测更精细化，对底板应力应变情况感知更灵敏、数据更精准。

表3－5　采用不同方法测试计算10－F工作面底板最大破坏深度值列表

方法	BOTDR系统监测	钻井液泄漏法	经验公式法	数学模型解析法
最大破坏深度/m	16.74	16.23	18.11	18.63
最大破坏深度（含断层）/m	18.97	17.01		

3.3 小结

本章采用分布式光纤传感技术研究在采矿过程中深部煤层底板岩层的破坏演化过程，分析监测光缆的应变分布状态和煤层底板岩层的应力－应变特征，获得了有效的煤层底板岩层的最大破坏深度，同时与传统的检测底板破坏深度的方法进行对比。为防治深部煤层底板承压水害，提供了重要的监测方法。

(1)研究表明金属基索状分布式光缆的变形量及应变分布状态与煤层底板岩层应力－应变特征具有一致性，是有效监测煤层底板岩层变形破坏的新方案。

(2)BOTDR 系统对煤层底板岩层监测显示，在采动过程中煤层底板岩层从上向下呈压缩－拉伸－压缩的应变趋势。

(3)根据煤层底板岩层的极限屈服的压缩和拉伸应变，确定 10－F 采煤工作面底板含断层和完整底板的最大破坏深度；BOTDR 系统监测与传统实测完整底板最大破坏深度数据趋近，但 BOTOR 系统监测更精细化，对底板应力－应变情况感知更灵敏、数据更为精准。

(4)在采矿过程中，BOTDR 系统能够精准地监测煤层底板破坏深度；深部煤层采动底板破坏深度是防治煤层底板水害的关键因素，对矿井水害的治理具有重要的意义。

4 深部开采煤层底板破坏机理和突水模式研究

根据深部煤层开采底板破坏分布式光纤现场数据监测、开采底板破裂－堆叠－隆起模型解析及数值模拟，进一步分析开采底板破断分布动态演化规律；结合华北型煤田东缘矿区下组煤层开采的水文地质条件，对矿区下组煤层开采底板突水模式进行研究，揭示深部煤层开采底板突水的重要因素，为底板破坏深度的预测和深部煤层开采底板突水危险性评价提供依据。

4.1 深部开采煤层底板破裂分布动态演化规律

伴随近些年我国东部矿区开采深度快速增大，下组煤层开采底板突水严重威胁着矿井的安全生产。为了解决煤层底板下伏的岩溶水害，须查治煤层开采底板岩层导水通道的发育情况；因此，本书主要利用数学模型解析和布里渊时域反射技术监测煤层开采底板岩层的微应变等方法揭示深部煤层开采底板破坏的机理；研究结果显示煤层开采底板岩层破断的最大深度位于工作面煤壁前方的峰值应力传播线附近，揭示采空区底板岩层产生堆叠—隆起的过程；通过预埋金属基索状分布式感测光纤实测数据，更精细化地揭示煤层开采底板破断的时空演化特征及底板破坏规律；为深部开采煤层底板灰岩高承压水害防治提供依据。

国内外学者对煤层开采底板岩层变形破断的形成机理主要通过力学理论解析、相似材料模拟和数值模拟、原位监测、样本数据分析等方法进行了大量研究。根据 1.2 节的研究现状可知，早在 20 世纪 40 年代，苏联学者斯列萨列夫已对煤层开采底板岩层破坏的问题开展研究，通过理论解析的方法提出煤层开采底板突水的评价公式。在 20 世纪 80 年代，我国学者刘天泉、王作宇先后提出了煤层开采底板岩层状态分布存在“下三带”的概念和煤层开采底板岩体运移破坏的“原位张裂”和“零位破坏”理论；同时，程久龙教授运用波速对煤层开采前、后的底板岩层状态进行原位测试，得到煤层开采底板岩层破断裂隙的分布。翟培合利用网络电法动态测试系统，获得底板最大破坏深度；魏久传利用工作面底板电阻率层析成像技术实现对煤层底板破坏深度进行监测。张平松采用地震波 CT 探测技术，获得裂隙带发育最大深度；利用经验公式研究底板破坏具有代表性的学者有高延法和施龙青等，利用非线性回归分析方法进行研究，考虑各种因素的权重，利用各因素对底板破坏深度实测值进行公式拟合；冯梅梅利用相似材料开展物理模拟，采用自制的强度水袋模拟煤层底板承压水系统，通过模拟实验得到开采底板岩层的破坏深度。左人宇运用高性能计算机实现对开采过程底板岩层破断的数值模拟。截至目前，对煤层底板破坏的研究方法均基于以上几种方案，但研究结果很少有基于深部煤层开采条件下进行。以上研究虽然对煤层底板的破坏机理及破坏深度进行了解析，但是在开采过程中煤层底板破坏变形幅度较小，尚没有更为精细的手段进行实测底板岩层的微应变过程，导致未能更精细地分析底板岩层破断的机理。

因此，根据第3章所示，利用光波在单模感测光纤介质传播过程中，在受环境温度的改变和光纤的轴向拉压变形的影响时，会发生布里渊频移，本章使用BOTDR系统对采煤过程中的煤层底板岩层的破坏动态演化过程的监测数据进行进一步分析。与传统的预测方法进行比较，结果表明分布式光纤监测结果精准度更高。本节利用建立数学模型解析方法结合BOTDR系统原位监测的动态数据进一步阐述深部开采底板岩层破断的机理，研究结果表明煤层采动导致工作面空间应力重新分布，采煤工作面初次来压之前，工作面煤壁及切眼处应力集中，煤层底板在工作面走向上的两端出现显著矿压集中区，导致采空区底板岩层出现工作面走向上的堆叠—隆起。根据第3章图3－20所示，在完整底板条件下，在采空区底板岩层发生隆起位移之前，煤壁后方的应力集中区内的高峰应力传播线上的点首先发生岩层破断；根据工作面的推进速度、底板各岩层的岩性及工作面走向上的两端矿压峰值等因素的影响，采空区底板岩层发生不同程度的隆起，同时各岩层的隆起位移高度增大，会发生不同程度的岩体二次破断，最终形成由开采引起的煤层底板岩层的破坏区域；根据光纤监测数据和区域内煤层底板岩层的物理性质联合判断显示，完整底板岩层条件下，在煤壁前方的集中应力区中的应力峰值传播线附近出现底板破坏的最大破坏深度。本研究通过分布式感测光纤实测煤层底板岩层应变数据及建立数学模型的解析计算，能够更精细地解释深部煤层开采底板的破坏机理，对深部煤层开采底板承压水害防治具有重要的指导意义。

4.1.1 底板岩层裂化堆叠隆起模型解析

4.1.1.1 开采煤层底板数学模型的建立

在采煤工作面推进过程中采空区底板会出现向上隆起的现象，根据煤层底板的岩层强度，底板隆起的高度不尽相同，采空区底板岩层承受垂直向上的应力和工作面走向上的两端水平应力的共同作用，采空区在工作面走向上产生挤压。假设煤层底板岩层向上存在挠曲现象，当底板岩层挠度大于采空区煤层底板岩层的极限破断挠度时，采空区煤层底板岩层发生挠曲－断裂。

如果上述假设成立，煤层底板岩层在发生采空区底板岩层挠曲之前，煤层底板岩层刚度有对向上作用力的承载能力，只有采空区底板岩层在工作面走向上的两端首先破坏后，采空区底板岩层失去垂直向上的承载能力，在此状态下，由于发生破坏的是工作面走向上的煤层底板岩层的固定端，而采空区底板岩层的其他部分并未破坏，所以当采空区底板岩层的水平应力达到并超过一定的临界载荷时，采空区底板岩层发生挠曲－破断导致失稳。因此，采空区底板破坏由采煤工作面走向上的两端水平应力为主导应力产生的底板岩层破坏。

根据上述假设条件建立数学模型，如图4－1所示，假设采煤工作面的挠曲－断裂－膨胀区为四边简支的矩形板，在两对边受均布压力p_x作用下，矩形板产生挠曲，当矩形板挠度达到极限时，矩形板会发生挠曲－破断，计算矩形板极限挠曲－破断时的作用力p_x的临界值。

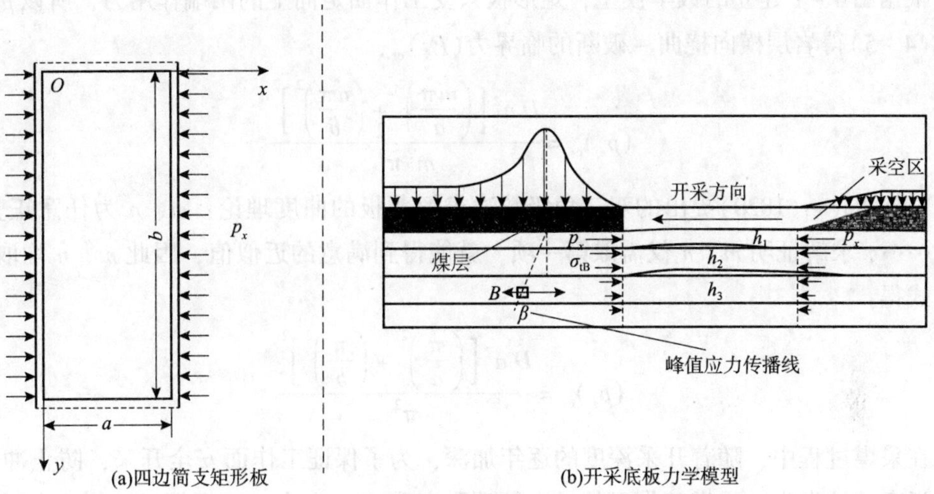

图4－1　四边简支矩形板与煤层开采底板力学模型图

边长分别为a、b的四边简支矩形板，承受任意侧向载荷$p(x,\ y)$，建立直角坐标系，如图4－1(a)所示，应满足的方程与边界条件如下：

$$\frac{\partial^4 \omega}{\partial x^4}+2\frac{\partial^4 \omega}{\partial x^2 \partial y^2}+\frac{\partial^4 \omega}{\partial y^4}=\frac{p(x,\ y)}{D}$$

$$(\omega)_{x=0}=(\omega)_{x=a}=(\omega)_{y=0}=(\omega)_{y=b}=o$$

$$\left(\frac{\partial^2 \omega}{\partial x^2}\right)_{x=0}=\left(\frac{\partial^2 \omega}{\partial x^2}\right)_{x=a}=\left(\frac{\partial^2 \omega}{\partial y^2}\right)_{y=0}=\left(\frac{\partial^2 \omega}{\partial y^2}\right)_{y=b}=0$$

使矩形板发生挠曲时测向载荷的最小值为挠曲－破断的临界载荷，因此，矩形板的挠曲微分方程如下：

$$D\,\nabla^4\omega-\left(N_x\frac{\partial^2 \omega}{\partial x^2}+2\,N_{xy}\frac{\partial^2 \omega}{\partial x \partial y}+N_y\frac{\partial^2 \omega}{\partial y^2}\right)=0 \tag{4-1}$$

令$n_x=-p_x$，$n_y=-p_y$，$n_{xy}=0$；代入式(4－1)得：

$$D\,\nabla^4\omega+p_x\frac{\partial^2 \omega}{\partial x^2}+p_y\frac{\partial^2 \omega}{\partial y^2}=0 \tag{4-2}$$

设满足四边简支边界条件的双三角级数法计算挠度方程如下：

$$\omega=\sum_{m=1}^{\infty}\sum_{n=1}^{\infty}\tau_{mn}\sin\frac{m\pi x}{a}\sin\frac{n\pi y}{b} \tag{4-3}$$

将式(4－3)代入式(4－2)得：

$$\sum_{m=1}^{\infty}\sum_{n=1}^{\infty}\tau_{mn}\left\{\left[\left(\frac{m\pi}{a}\right)^2+\left(\frac{n\pi}{b}\right)^2\right]^2-\frac{p_x}{D}\left(\frac{m\pi}{a}\right)^2-\frac{p_y}{D}\left(\frac{n\pi}{b}\right)^2\right\}\sin\frac{m\pi x}{a}\sin\frac{n\pi y}{b}=0 \tag{4-4}$$

由式(4-4)分析可知，τ_{mn}不能全部为零(此时对应平面平衡状态)，对于可能的失稳状态，如下所示方程须成立。

$$\left[\left(\frac{m\pi}{a}\right)^2+\left(\frac{n\pi}{b}\right)^2\right]^2-\frac{p_x}{D}\left(\frac{m\pi}{a}\right)^2-\frac{p_y}{D}\left(\frac{n\pi}{b}\right)^2=0 \tag{4-5}$$

根据图4-1建立的数学模型，矩形板只受工作面走向上的两端作用力，所以$p_y=0$代入式(4-5)得岩层横向挠曲-破断的临界力$(P_x)_{cr}$：

$$(p_x)_{cr}=\frac{D\,a^2\left[\left(\frac{m\pi}{a}\right)^2+\left(\frac{n\pi}{b}\right)^2\right]^2}{m^2\pi^2} \tag{4-6}$$

根据Navier(1820)提出的双三角级数法求解薄板的曲度理论：m、n为任意正整数1、2、3……，求解证明m、n仅需取第一项，就能得到满意的近似值，因此m、n均取1，代入下式得：

$$(p_x)_{cr}=\frac{D\,a^2\left[\left(\frac{\pi}{a}\right)^2+\left(\frac{\pi}{b}\right)^2\right]^2}{\pi^2} \tag{4-7}$$

在采煤过程中，随着开采深度的逐年加深，为了保证工作面安全开采，防止冲击地压及顶板事故的发生，采煤工作面的最大控顶距离取10m左右，而根据经验值，中国华北型矿井采煤工作面的宽度一般为50～200m。

设$\varphi=b/a$，$\varphi\in[5\sim20]$；代入式(4-7)得：

$$(p_x)_{cr}=\frac{D\,a^2\left[\left(\frac{\pi}{a}\right)^2+\left(\frac{\pi}{\varphi a}\right)^2\right]^2}{\pi^2} \tag{4-8}$$

该薄板数学模型的挠曲-破断的临界应力σ_c为：

$$\sigma_c=\frac{D\,a^2\left[\left(\frac{\pi}{a}\right)^2+\left(\frac{\pi}{\varphi a}\right)^2\right]^2}{\pi^2 A_{bh}} \tag{4-9}$$

根据黄克智等的板壳理论，薄板理论适合岩层厚度不大于模型最小边长的1/5，因此，模型厚度取值为2m；A_{bh}为模型x方向上的薄板单侧受力面积，m^2。

如图4-1(b)所示，在采空区底板h_1岩层压曲达到最大挠度时，该层岩体在采空区处于挠曲-破断的临界点，工作面煤壁下方应力集中区在走向上给采空区底板岩层施加的侧压p_x达到挠曲-破断临界点$(p_x)_{cr}$时，h_1岩层在采空区处发生破断，h_1层的压曲破断的临界应力为σ_{c1}；同时在工作面煤壁前方的应力集中区，根据压裂实验原理，峰值应力线的传播线β上的一点应处于受拉应力作用状态，在β线上的任意一点B如图4-1(b)所示，设B点的抗拉强度为σ_{tB}。

假设式(4-10)成立，则在煤层底板同一岩层中位于工作面煤壁后方的采空区内岩层先破断，而煤壁前方的应力集中区底板岩层后破断，煤层底板隆起为岩层挠曲所致。

$$\sigma_{tB}>\sigma_c \tag{4-10}$$

反之，式(4-10)不成立，在煤层开采过程中，煤层底板每层岩层的破坏顺序应从工作面煤壁前方的应力集中区开始，在应力重新平衡过程中，应力集中向采空区传递，煤壁前端的采空区底板破断岩层发生堆叠－变形，并伴有底鼓现象产生。

4.1.1.2 华北型煤田东缘煤层开采底板岩层隆起模型解析

以位于华北型煤田东缘矿区南端的杨柳煤矿 10－F 采煤工作面为模型背景进行研究，对该工作面回采有安全威胁的主要水源包括 10#煤顶、底板砂岩水和太原组灰岩水。

由 3.1.2 节可知，10－F 采煤工作面(简称采煤面或工作面)开采速度均值为 5m/d，工作面底板岩层物理力学参数如表 4－1 所示，利用 10－F 工作面底板岩层的物理力学参数验证 4.1.1.1 节的理论假说。在该区工作面对底板岩层泥岩和细砂岩各取心 3 组，分别进行单轴压缩及拉伸的力学实验，实验结果取均值。

表 4－1 煤层底板岩层物理力学参数表

序号	岩性	弹性模量/GPa	抗压强度/MPa	压缩屈服应变/με	泊松比	内摩擦角/(°)	抗拉强度/MPa	拉伸屈服应变/με
1	泥岩	34.18	4.4	－1977.25	0.35	25	0.28	536.01
2	细砂岩	28.07	48.16	－1352.11	0.25	38	4.67	490.42

根据表 4－1 所示，分别计算煤层底板性质为泥岩及细砂岩时采空区底板压曲的极限破断荷载。

(1)当煤层底板岩层为泥岩时，φ 值分别取最大值与最小值进行计算。其表达式分别为：

$$\sigma_c = \frac{D a^2 \left[\left(\frac{\pi}{a}\right)^2 + \left(\frac{\pi}{\varphi a}\right)^2 \right]^2}{\pi^2 A_{bh}} \tag{4-11}$$

$$D = \frac{Eh^3}{12(1-\mu^2)} \tag{4-12}$$

式中，E 为弹性模量，MPa；μ 为泊松比。

φ 取最小值时：

$$\sigma_c = \frac{D a^2 \left[\left(\frac{\pi}{a}\right)^2 + \left(\frac{\pi}{\varphi a}\right)^2 \right]^2}{\pi^2 A_{bh}} \approx 16.20(\text{MPa})$$

φ 取最大值时：

$$\sigma_c = \frac{D a^2 \left[\left(\frac{\pi}{a}\right)^2 + \left(\frac{\pi}{\varphi a}\right)^2 \right]^2}{\pi^2 A_{bh}} \approx 3.76(\text{MPa})$$

(2)当煤层底板岩层为细砂岩时，φ 值分别取最大值与最小值进行计算。其表达式分别为：

φ 取最小值时：

$$\sigma_c = \frac{D a^2 \left[\left(\frac{\pi}{a}\right)^2 + \left(\frac{\pi}{\varphi a}\right)^2 \right]^2}{\pi^2 A_{bh}} \approx 39.43(\text{MPa})$$

φ 取最大值时：

$$\sigma_c = \frac{Da^2\left[\left(\frac{\pi}{a}\right)^2 + \left(\frac{\pi}{\varphi a}\right)^2\right]^2}{\pi^2 A_{bh}} \approx 9.16(\mathrm{MPa})$$

根据以上计算可知煤层底板岩层为泥岩或细砂岩时，采空区底板岩层产生挠曲时的极限破断应力均大于该岩层的极限拉伸应力，因此，证明 4.1.1.1 节的假设不成立，说明工作面在开采过程中，煤层底板每层岩体的破断起始位置应从工作面煤壁正下方的集中应力的峰值传播线附近开始，在应力重新平衡过程中，集中应力逐步向采空区传递，煤壁后方的采空区底板破断岩层发生进一步堆叠－变形，且伴有底鼓现象产生。

4.1.1.3 煤层开采底板岩层裂化－堆叠－膨胀－隆起综合分析

根据4.1.1.1 节所示，煤层采空区底板岩层若产生岩层挠曲，当底板岩层受到工作面走向上两端施加的水平侧向载荷，当侧向载荷达到并超过岩层产生最大挠度的极限荷载时，该岩层发生挠曲后会失稳破断。根据第 3 章可知，在工作面走向上的两端受煤层底板岩层由于垂向和纵向集中应力的作用，煤壁前方高应力区内的煤层底板细砂岩层主要受横向拉伸应力作用而破断。

通过4.1.1.2 节对华北型煤田东缘的煤层底板岩层力学参数进行研究，结果发现 4.1.1.1 节假设不成立，因为在该区对煤层底板不同岩层进行验证，该区煤层底板的泥岩及细砂岩极限拉伸临界载荷均远小于该层岩层发生挠曲－破断的临界载荷；因此，若煤层底板产生挠曲－破断，应从煤壁前方高应力区内的煤层底板岩层开始破断，如果煤壁前方高应力区内的煤层底板首先破断，采空区底板岩层已发生破断，不可能再产生挠曲－破断。因此，4.1.1.1 节假设不成立。同时根据 D 煤矿 22305 工作面开采穿过上层煤柱过程中工作面矿压较强烈，如图 4－2 所示，特别是工作面运输机下方底板最大底鼓量达 1.20m，导致工作面支架钻底等不能正常推采，工作面煤壁片帮严重，煤层底板隆起部位在煤壁根部附近一定范围内，因此，采空区底板岩层不是发生挠曲－破断，而是在煤壁前方的集中应力区发生拉伸－破断之后，在采空区发生破断岩体堆叠－隆起现象，加之工作面底板局部有膨润岩，遇水岩土膨胀，最后导致底板岩层堆叠－膨胀－隆起的最大高度达 1.20m。

(a)照片 (b)示意图

图 4－2 采煤工作面底板裂化堆叠隆起照片及示意图

综上可说明在采煤工作面推进过程中，煤层底板每层岩体的破断起始位置应从工作面煤壁下方的高应力区内的峰值传播线附近开始，在应力重新平衡过程中，集中应力逐步向采空区传递，煤壁后端的采空区底板破断岩层发生进一步堆叠–变形，且伴有底鼓现象产生。

4.1.2　布里渊光时域反射监测开采底板破断分布动态演化规律

如本文第3章所示，根据杨柳煤矿10–F采煤工作面底板预埋的金属基索状分布式感测光纤实测数据显示，煤层底板岩层主要受压缩剪切应力及拉伸应力作用产生的底板破坏，因此，根据金属基索状分布式感测光纤的实测岩体应变数据，与底板岩层极限抗压或抗拉应变进行对比，当实测应变大于岩体的极限抗压或抗拉应变时，即可以判断该点岩体已发生破断。

4.1.2.1　华北型煤田东缘煤层开采底板破坏时空演化特征

1）煤层开采底板破坏分布动态时空演化过程

（1）完整底板岩层。

根据第3章光纤监测数据分析，煤层开采完整底板岩层破坏的时空演化过程如图4–3所示，在采前38.47m时，底板岩层应力开始增加；在采前29.07m左右，底板细砂岩层位开始达到拉伸破断应变值，底板细砂岩开始破断，随着采煤工作面的逐步推进，底板岩层应变逐渐增大，直到采后13.93m左右时底板岩层应变达到峰值4897με；之后随着采煤工作面推进，采空区顶板逐渐塌落压实，底板岩层应变开始出现下降趋势，截至采后53.93m左右，底板岩层应变量达到稳定状态。

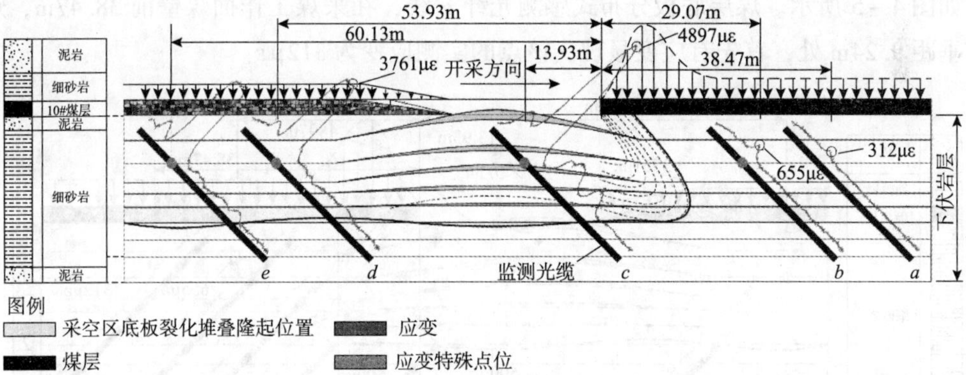

图4–3　煤层开采完整底板岩层应变时空演化图

采煤工作面煤壁前约38m附近为原岩应力平衡区与采前应力集中区的分界点，采煤工作面煤壁后方约14m附近为采空应力释放区与采后应力恢复区的分界点，采煤工作面煤壁后方约54m附近开采底板应变趋于稳定。

（2）含断层破碎带底板岩层。

根据第3章光纤监测数据分析，煤层开采含断层破碎带的底板岩层破坏的时空演化过程如图4–4所示，在采前10.55m到煤壁之间底板细砂岩层位开始达到拉伸破断应变值，底板细砂岩开始破断，随着采煤工作面继续推进，采空区底板岩层应变快速增加；在采后

20m 左右煤层底板破坏深度达到最大值，直到采后 124.35m 左右底板岩层应变达到峰值 2443με；之后随着采煤工作面推进，采空区顶板逐渐塌落压实，底板岩层应变开始出现下降趋势，截至采后 148.35m 左右时，底板岩层应变量达到稳定状态。

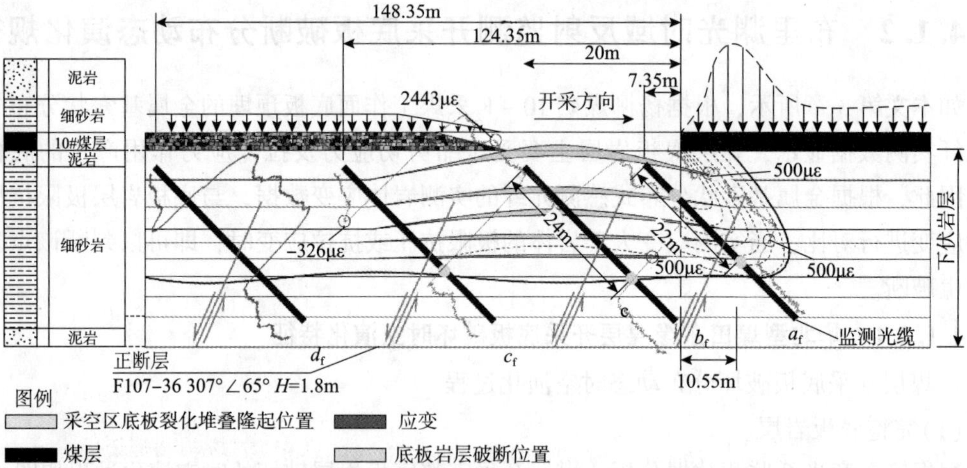

图 4－4　煤层开采含断层破碎带的底板岩层应变时空演化图

2)煤层开采底板破坏动态演化规律

(1)完整底板岩层。

①采前应力集中区超前影响范围。在采煤工作面推进过程中，煤层底板岩层受采动影响，打破了原岩应力的平衡态，底板岩层受采前集中应力的影响，影响范围在采前 38m 附近，如图 4－5 所示。煤层底板分布式感测光纤 a 线，在采煤工作面煤壁前 38.47m，煤层下方垂距 9.24m 处，首先有应变显现，该点的实测应变为 312με。

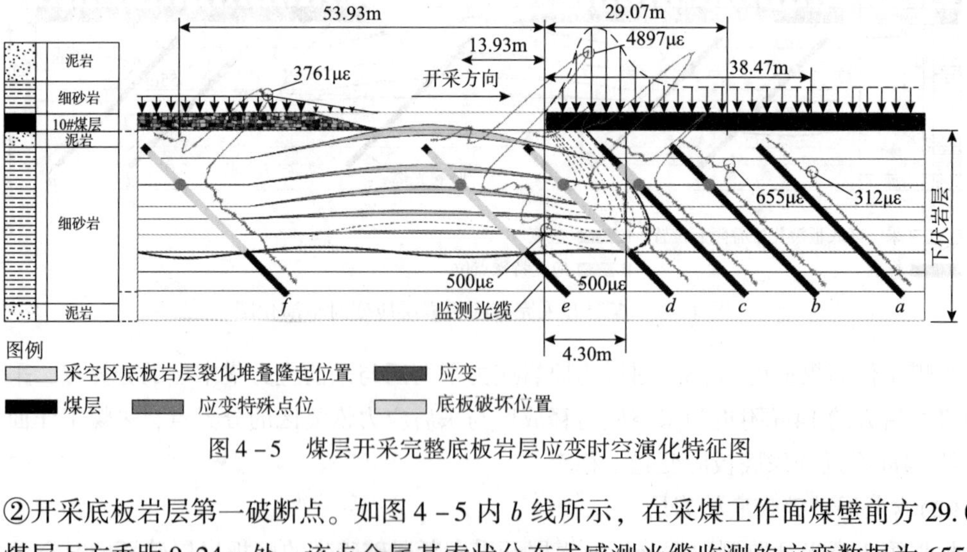

图 4－5　煤层开采完整底板岩层应变时空演化特征图

②开采底板岩层第一破断点。如图 4－5 内 b 线所示，在采煤工作面煤壁前方 29.07m 时，煤层下方垂距 9.24m 处，该点金属基索状分布式感测光缆监测的应变数据为 655με，该岩层为细砂岩，实测应变大于该层砂岩的极限拉伸应变，证明该点为底板岩层第一破断点；如图 4－5 所示，第一破断点位于细砂岩层位，上部泥岩主要为压缩应变状态；证明

煤层底板破坏应从脆性岩层开始破断。

③开采底板破断发展趋势。随着工作面的推进，底板岩层从第一破断点首先向上发展破断，然后再向下与同步岩层破断，如图 4－5 中 c 线和 d 线所示。

④开采底板最深破断点。由于采煤工作面底板岩层破断主要源于原岩应力破坏之后的再平衡过程，相关区域地应力是底板岩层破断的最大的权重因子。根据图 4－5 内的 d 线和 e 线所示，e 线为采煤工作面开采过程中金属基索状分布式感测光纤实测的位移峰值监测线，d 线与 e 线的最大破断深度为同一深度，因此，可以认为 d 线为开采底板首先达到最大破断深度的位置。开采底板岩层最大破断深度为采煤工作面煤壁前方 4. 30m 处，也就是说，开采底板破断的最大深度处于采前应力集中区内，并且最大破断深度在采前应力集中区内的应力峰值传播线附近，如图 4－5 和图 4－6 所示。

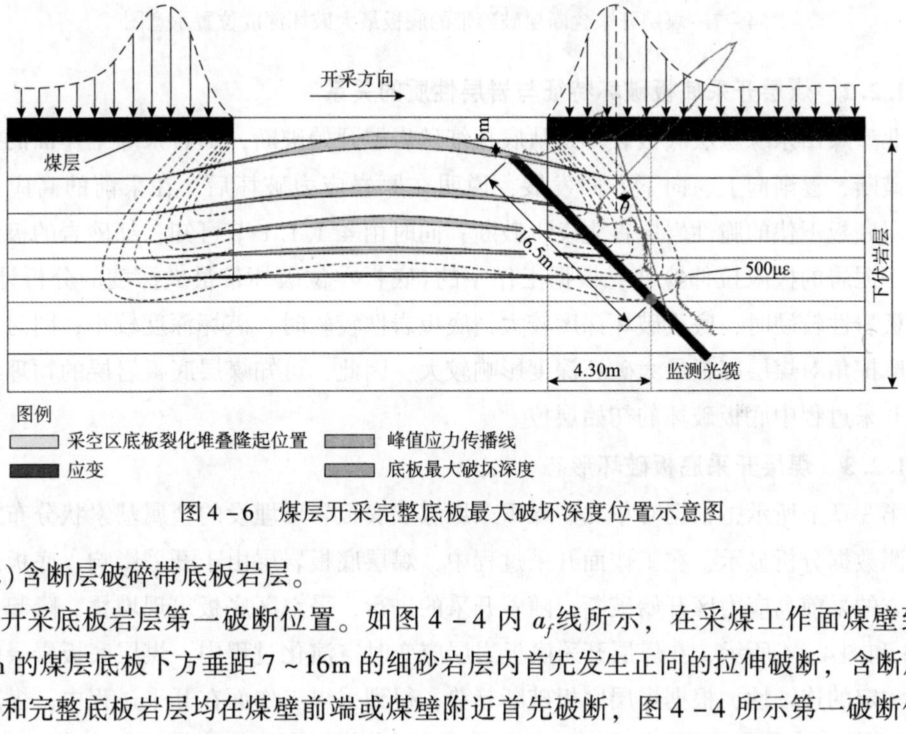

图 4－6　煤层开采完整底板最大破坏深度位置示意图

(2) 含断层破碎带底板岩层。

①开采底板岩层第一破断位置。如图 4－4 内 a_f 线所示，在采煤工作面煤壁到采前 10. 55m 的煤层底板下方垂距 7～16m 的细砂岩层内首先发生正向的拉伸破断，含断层底板的岩层和完整底板岩层均在煤壁前端或煤壁附近首先破断，图 4－4 所示第一破断位置位于细砂岩层位，上部泥岩主要为压缩应变状态；证明开采含断层破碎带的煤层底板破坏亦是从脆性岩层开始破断；但是含断层的煤层一段是从断层附近开始出现破坏。

②开采底板破断发展趋势。随着工作面的推进，含断层的底板岩层从断层附近的破坏位置开始，逐渐向上和向下岩层发生同步破断，如图 4－4b_f线、c_f线和 d_f线所示。

③开采底板最深破断点。根据图 4－4 内的 b_f线、c_f线和 d_f线所示，在含断层破碎带的煤层底板岩层中 b_f线首先达到最大破断点，随着工作面的推进，c_f线和 d_f线光纤数据的最大破断深度没有继续向下增大发展的趋势，因此，可以认为 b_f线为开采底板首先达到最大破断深度的位置。如图 4－7 所示，开采含断层破碎带的底板岩层最大破断深度为采煤工作面煤壁后方 3. 03m 处的采空区内，也就是说，开采含断层破碎带的底板破断的最大深度处于采后应力释放区内。

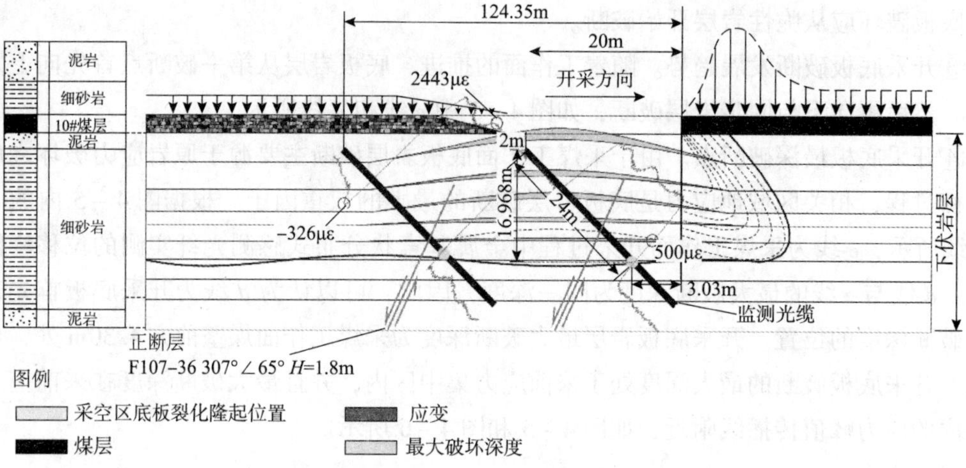

图 4－7　煤层开采含断层破碎带的底板最大破坏深度位置示意图

4.1.2.2　煤层开采底板破坏特征与岩层性质的关系

华北型煤田东缘煤层底板破坏是从底板细砂岩层开始破断，随着采煤工作面的推进岩层纵向破断，逐渐向上、向下方向发展，说明在原岩应力破坏后，在采前的高应力作用下，煤层底板下伏的脆性岩层首先发生破断；同时由 4.1.1.1 节可知，细砂岩的极限拉伸应变小于泥岩的极限拉伸应变。根据王作宇的《底板零位破坏带最大深度的分析计算》可知，底板岩性较硬时，底板破坏深度较大；底板岩性较软时，破坏深度较小；同时底板岩层的内摩擦角对煤层底板最大破坏深度影响较大；因此，可知煤层底板岩层的物理参数决定煤层开采过程中底板破坏的初始层位。

4.1.2.3　煤层开采底板破坏形态

如第 3 章节所示，根据对华北型煤田东缘煤层底板岩层埋设的金属基索状分布式感测光纤实测数据分析显示，在工作面开采过程中，煤层底板岩层由于开采影响，底板岩层从煤壁前方的采前高应力区开始破断，随着开采的进行，采空区底板出现堆叠－隆起，根据图 4－3 和图 4－4 所示，在煤层开采底板岩层应变时空演化过程中，煤层底板岩层的破断区域有一定的连续性，根据煤层底板破断趋势，得到采煤工作面在开采过程中，煤层底板岩层破坏形态为“马鞍”型，如图 4－8(a)所示，随着煤层顶板的垮落压实，采空区应力平衡逐渐恢复，煤层底板岩层的破坏域如图 4－8(b)所示。

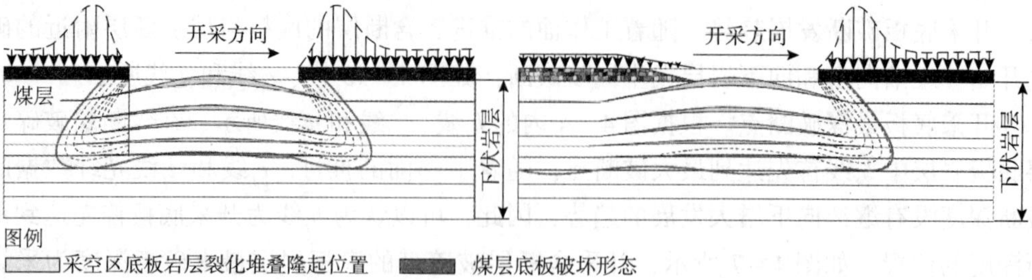

(a)煤层底板岩层破坏形态　　(b)煤层底板岩层的破坏域

图 4－8　煤层开采底板破坏形态图

4.1.2.4 煤层开采底板横向分区

根据煤层开采底板破坏的时空演化特征、采前应力集中区超前影响范围、开采底板岩层第一破断点的位置、开采底板破断发展趋势、开采底板最深破断点和煤层开采底板岩层破坏规律等综合分析，对煤层开采底板进行横向分区，区域名称依次为原岩应力平衡区、采前高应力区、采后应力释放区和采后应力再平衡区。在采煤工作面完整底板岩层内，原岩应力平衡区在煤壁前方 38m 以前的范围，采前应力集中区范围从煤壁到煤壁前方 38m 位置，采后应力释放区范围从煤壁到煤壁后方 14m 位置，采后应力再平衡区在煤壁后方 14m 以后的范围，如图 4－9 所示。

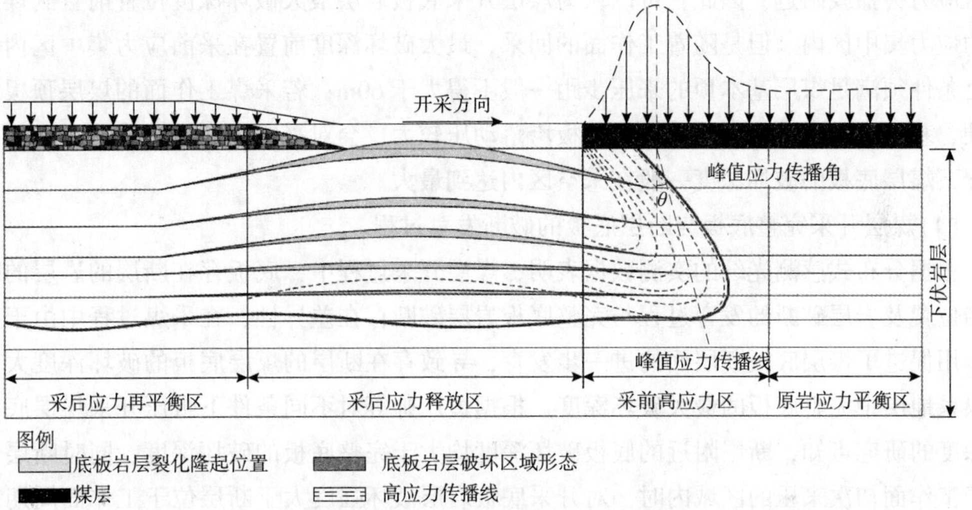

图 4－9 采煤工作面开采底板分区图

4.1.2.5 对比分析开采完整底板与断层底板岩层的破坏特征

(1) 在同一种煤系地层条件下，含断层与不含断层的煤层底板，在煤层开采过程中底板破坏特征的相同之处。

① 两种模式的底板岩层均在采前高应力区开始破断。

② 两种模式的煤层底板岩层在采后应力释放区底板均处于拉伸破断状态。

③ 两种模式的煤层底板岩层在采空区底鼓的主要因素均由地应力再平衡过程中各组岩层破断后堆叠－隆起－变形形成。

④ 两种模式的煤层底板破坏形态相似。

(2) 含断层的煤层底板与完整的煤层底板岩层在开采过程中底板破坏特征的差异性。

① 含断层的煤层底板岩层从断层附近破断，之后逐渐向上和向下同步发育；而完整底板则从第一破断点逐渐向下发育。

② 含断层的煤层底板最大破坏深度比完整底板最大破坏深度大。

③ 含断层的煤层底板岩层最大破坏深度的位置位于采空区内；而完整底板岩层的最大破坏深度在应力传播线附近，位于采前高应力区内。

(3)完整底板岩层最大破坏深度前置。

煤层开采底板岩层破断主要因素来源于原岩应力的破坏之后的再平衡过程，相关区域地应力是底板岩层破断的最大的权重因子。由4.1.1.1节所示，采前应力集中区超前影响范围在工作面煤壁前方约38m附近(图4－3)，采前底板岩层第一破断点在采煤工作面煤壁前方约29m附近，随着采煤工作面的推进，煤层底板最大破坏深度位置出现在煤壁前方4m左右。根据蒋金泉的《采场围岩应力与运动》可知，在工作面煤壁前方为采前高应力区，峰值应力传播角一般与竖直方向成20°～25°夹角。同时根据采煤工作面底板岩层埋设的金属基索状分布式感测光纤实测数据显示，采煤工作面底板最大破坏深度位置在煤壁前方的峰值应力传播线附近，因此，可以认为煤层开采底板岩层最大破坏深度位置前置到煤壁前方的应力集中区内。但是随着工作面的回采，最大破坏深度前置在采前应力集中区内的另一个条件须满足煤层基本顶的来压步距一般不得大于60m；若采煤工作面的煤层顶板岩性较硬，基本顶垮落步距较大，此时顶板垮落动压较大，会对采空区底板造成二次破坏，该情况下煤层底板的破坏深度一般在采空区内达到最大。

(4)煤层开采完整底板与断层底板的破断发育过程。

根据分布式感测光纤的实测数据表明，煤层开采过程中，底板存在断层的岩层的破坏起始位置及岩层破断的发育过程与完整底板岩层破断存在差异性，在采煤过程中由于矿压的作用促进了煤层底板断层面的进一步发育，导致存在断层的煤层底板的破坏深度大于相同煤系地层中完整底板的最大破坏深度。根据黄广帅等对不同条件下带压开采煤层底板破坏深度的研究可知，断层附近的底板破坏深度均大于完整底板的破坏深度，同时断层位置处于工作面初次来压的区域内时，对开采底板岩层破坏强度大于断层位于工作面周期来压区域时的破坏强度。以上结论均可说明相同的煤系地层，完整底板的破坏深度小于断层底板的破坏深度；因此，断层底板的破断发育过程与完整底板有较大差异，两种条件下的煤层底板破断起始位置不同及底板岩层破断发育趋势不同。

但是，含断层的底板岩层与完整底板岩层破断的主要影响因素相同，均为以矿压为主要因子引起的底板岩层破断，两种条件下的采前高峰应力覆盖范围、采空区底板堆叠隆起现象和采后应力恢复等机理相同，因此，煤层底板含断层与不含断层两种条件下在开采过程中，底板的破坏机理与底板的破坏形态相同。

4.1.3 深部煤层开采底板破坏特征数值模拟

深部煤层底板突水是一种复杂的多因素耦合导致的现象，由于采动形成的工作面底板突水通道是水害发生的必要条件之一。研究深部煤层开采底板破坏导致突水通道的形成机理涉及到断裂力学、材料力学及弹性力学等多学科，利用理论解析的方法以现有的矿山开采和岩体力学进行预测计算。随着科技的发展，计算机数值模拟方法优势显著，近年来在各个领域运用比较广泛。本节结合华北型煤田东缘矿区杨柳煤矿10－F采煤工作面区域的岩层性质，利用真实破裂过程分析的$RFPA^{2D}$模拟软件进行模拟分析，该数值软件对非均质材料加载破坏模拟的过程是整合材料的缺陷分布的随机性和非均质性将模拟的材料性质进行数据统计与分析，利用统计损伤理论和有限元理论进行数值计算，从而实现对达到预设的强度准则单元发出破坏处理的指令。

4.1.3.1 数值计算模型建立

根据华北型煤田东缘杨柳煤矿 10－F 工作面的地质条件和煤层上、下岩层组合方式及物理力学参数，建立长度为 300m，高度为 150m 的完整底板（不含断层构造）岩层计算模型，如图 4－10 所示。该模型水平方向上进行约束，上部边界为自由边界，上部边界施加 4MPa 均布荷载，模型底部边界为约束边界。由于模型需要根据表4－2所示，每层岩层的厚度参数均取近似整数，模拟回采煤层高度为 3m。模型第一步进行模型自重和外部载荷自稳的计算，从第二步开挖，步距为 10m，模型共开挖 10 步，从模型 101m 处开挖，到 200m 处结束。

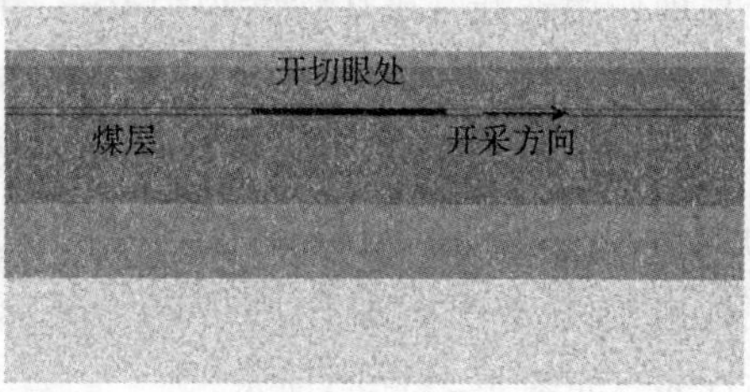

图 4－10 10－F 工作面开采底板岩层变形破坏数值计算模型

表 4－2 岩石物理力学性质参数

序号	岩性	厚度/m	埋深/m	弹性模量/GPa	均质度系数	抗压强度/MPa	泊松比	自重$_{(1E-05)}$/(N/m^3)	内摩擦角/(°)
1	覆岩	18.00	427.21	15.31	10	60	0.20	2.55	36
2	粉砂岩	6.10	433.31	17.55	4	95	0.18	2.71	38
3	泥岩	7.70	441.01	11.42	2	55	0.28	2.26	29
4	细砂岩	7.27	448.28	30.03	2	95	0.20	2.73	28
5	泥岩	1.46	449.74	10.12	2	55	0.20	2.21	29
6	10#煤层	3.20	451.20	6.79	20	24	0.32	2.16	35
7	泥岩	2.10	453.30	9.80	2	34	0.28	2.10	25
8	细砂岩	28.75	482.05	24.94	4	79	0.23	2.80	29
9	泥岩	5.40	487.45	11.57	2	40	0.23	2.20	25
10	细砂岩	12.70	500.15	17.65	4	95	0.18	2.80	28
11	泥岩	16.00	516.15	10.35	2	55	0.26	2.10	36
12	灰岩	42.00	558.15	20.41	20	98	0.26	3.00	30

4.1.3.2 数值模拟结果分析

1）底板裂化—隆起破坏动态演变特征

杨柳煤矿 10－F 采煤工作面开采底板岩层裂化—隆起—破坏的动态演变特征根据数值模拟推采结果，如图 4－11 所示，图中列举了代表性的 4 步模拟图组。根据模拟可知：

（1）模拟回采过程中，煤层顶底板岩层会产生动态的破坏，当工作面回采 10m 时，工作面采空区顶板破裂高度约为 2m，煤层直接顶泥岩层发生初次破断；工作面采空区底板出现压剪破坏，采动底板破坏深度约为 2m；煤层底板模拟监测点显示采空区底板裂化—堆叠—隆起最大值为 65mm，如图 4－11（a）所示。

(2)模拟工作面回采推进30m时，开采煤层基本顶首次来压，顶板垮落高度约为8m，采空区顶板裂隙迅速向上发育，顶板岩层裂隙带发育高度约为20m；采空区底板岩层主要受拉剪作用破断，破坏深度约为10m，底鼓量继续增加，最大值约为151mm；煤壁前方底板出现破坏区，如图4-11(b)所示。

(3)工作面模拟推进40m时，开采煤层基本顶出现第一次周期来压，顶板垮落高度约为11m，采空区顶板裂隙继续向上发育，此时顶板岩层裂隙带发育高度约为35m；采空区底板岩层主要受拉剪作用破断，破坏深度约为14m，底鼓量继续增加，最大值约为351mm，如图4-11(c)所示。

(4)回采模拟推进50m时，开采煤层基本顶出现第二次周期来压，顶板垮落高度约为16m，工作面采空区顶板裂隙继续向上发展，煤层顶板裂隙带发育高度约为38m；采空区底板岩层主要受压剪作用破断，破坏深度约为17m，此时底板破坏深度达到最大值；底鼓量相对稳定，最大值约为358mm，如图4-11(d)所示。

(5)根据图4-11(c~d)所示，模拟开采完整底板岩层最大破坏位置也在煤壁前方的采前高应力区内；底板破坏形态亦为“马鞍”型。

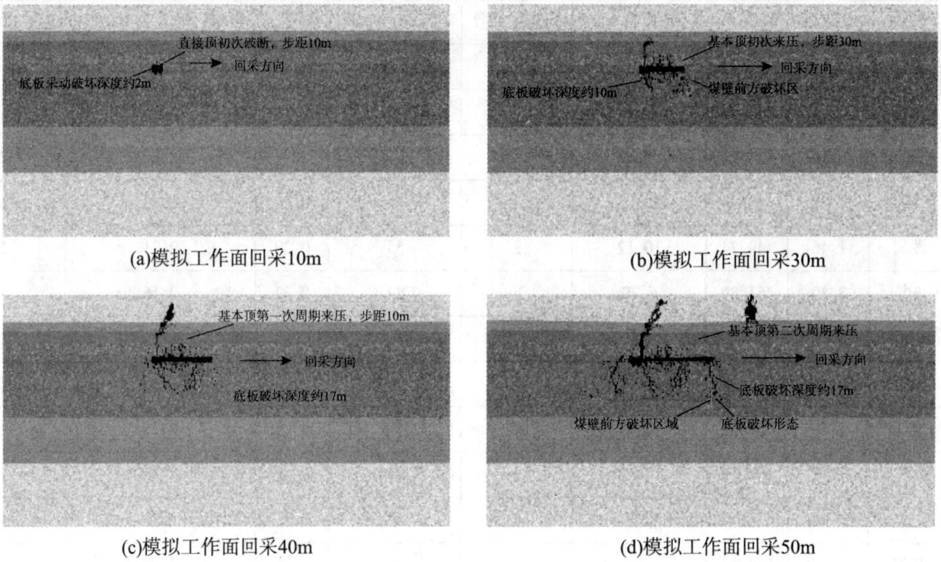

(a)模拟工作面回采10m　(b)模拟工作面回采30m

(c)模拟工作面回采40m　(d)模拟工作面回采50m

图4-11　开采底板裂化隆起动态演变特征图组

2)采动底板应力分布特点

煤层开采区域岩层变形破坏应力变化如图4-12所示，模拟开采工作面附近高亮区域为原岩应力再平衡时的高应力区，随着模拟工作面的不断推进，原岩应力经历再平衡过程中涉及变形破坏区域逐渐增加。工作面底板岩层变形破坏深度随着开采煤层的基本顶周期来压达到周期破坏深度的峰值。

根据模拟工作面开采的步距，对模拟开采工作面底板下方5m处应力变化进行监测，如图4-13所示，煤层开采底板受竖直方向应力为主；模拟工作面推进30m时，基本顶初次来压在采空区后方的采后再平衡区应力显现，应力呈缓慢上升趋势；模拟工作面推进

40m 时，基本顶第一次周期来压，在采后区后方的采后再平衡区应力再次上升；模拟工作面推进 50m 时，基本顶第二次周期来压垮落稳定后，采后应力再平衡区应力逐渐趋于平衡，而工作面煤壁前方的采前高应力区一直处于应力峰值态；因此，模拟工作面开采底板变形破坏亦存在横向区域特点，据此也可以分为 4 个不同区域，分别为原岩应力平衡区、采前高应力区、采后应力释放区和采后应力再平衡区。

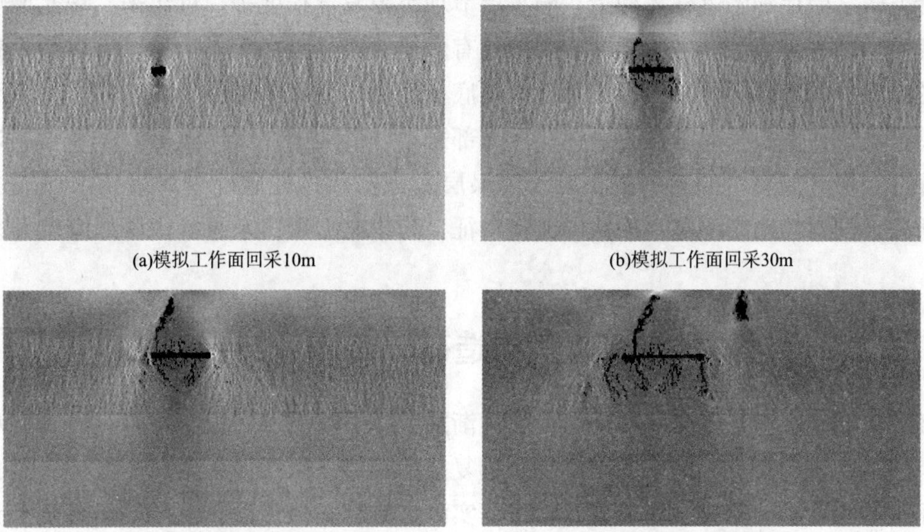

(a)模拟工作面回采10m　(b)模拟工作面回采30m

(c)模拟工作面回采40m　(d)模拟工作面回采50m

图 4－12　开采区域岩层变形破坏应力分布图

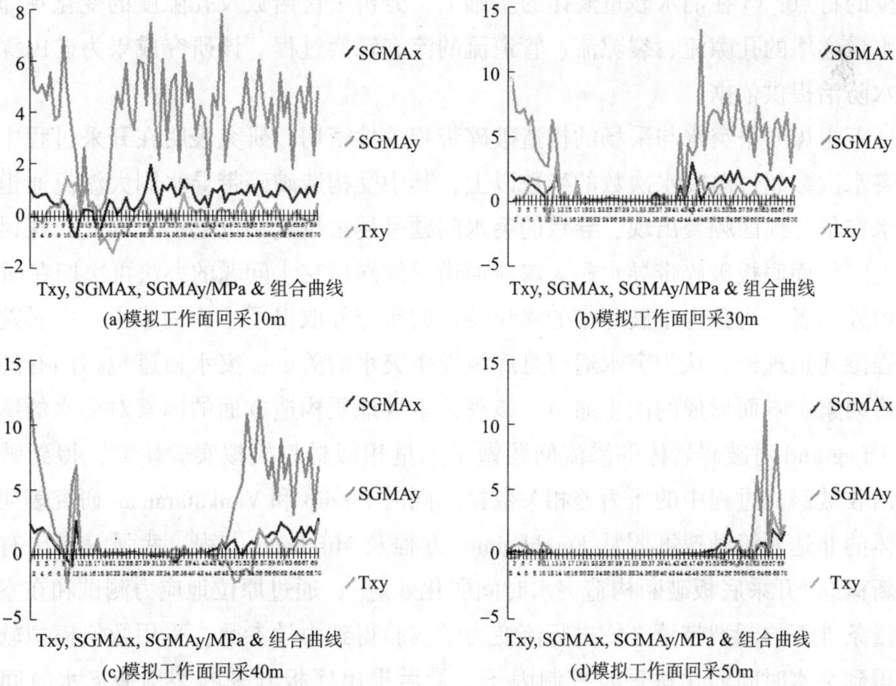

(a)模拟工作面回采10m　(b)模拟工作面回采30m

(c)模拟工作面回采40m　(d)模拟工作面回采50m

图 4－13　煤层底板向下 5m 位置岩层破坏应力变化图

4.2 深部煤层开采底板突水模式

深部煤层开采引起底板突水的因素很多，但是也存在规律，其中影响底板突水的主要因素有煤层底板含水层水头高度和富水性、煤层开采底板破坏深度、有效隔水层厚度和岩层组合方式、断层和陷落柱等构造、隔水层节理裂隙发育程度等。近年来，华北型煤田东缘矿区发生的深部煤层开采底板突水类型具有多样性，但突水模式均为以上多种因素综合作用的结果，深部煤层开采底板突水模式有底板隐伏构造破碎带滞后突水模式、多级断层组合突水模式、底板采动裂化突水模式、深部采动冲击动压致突模式等。本节根据近年来国内深部煤层开采突水的案例主要对深部煤层底板隐伏构造破碎带滞后突水模式进行剖析、研究，同时给出以上突水模式的典型特征，为华北型煤田东缘矿区深部煤层开采提供参考。

4.2.1 深部煤层底板隐伏构造破碎带滞后突水模式

随着华北型煤田东缘矿区开采深度的逐渐加大，下组煤层底板突水具有滞后突水及突水水量递增灾变的特点，突水问题呈越来越复杂的趋势。以肥城矿区白庄煤矿为例，制作了承压水上构造破碎带突水实验装置，根据实测参数和相似理论，模拟不同高度水头压力和不同构造带性质作用下的向斜轴构造破碎带底板突水过程。结果表明：①不同承压水水压的作用下涌水量均呈小—大—特大递增变化；②不同承压水水压作用下涌砂量均呈先增加后减少的特点；③在涌水砂量规律的基础上，分析了雷诺数及孔隙度的变化规律，提出导致涌水量递增的孔隙流、裂隙流、管道流的流态转换过程。该研究成果为矿山深部开采底板突水防治提供依据。

该区下组煤开采突水与采场的构造破碎带相关性密切。研究表明在开采过程中底板隐伏构造突水次数超过总突水次数的半数以上，其中受构造破碎带导水刷大渗流通道影响的底板突水在华北地区频繁出现，导致的突水问题呈越来越复杂的趋势，因此，探讨解决高承压水上工作面底板破碎带导水刷大渗流通道导致滞后突水问题的办法再次摆在面前。

国内外学者一直致力于破碎带的渗流特性的研究并取得了丰硕的成果。中科院地质所提出的强渗通道理论，认为突水通道是底板发生突水的关键，突水通道包括固有通道和受各种地质因素影响而形成的次生通道。该理论重视地质构造方面的因素对突水的影响。国外学者 J Legrand 对破碎岩体的渗流问题做了大量相似材料模拟实验研究，得到破碎岩体的非达西收敛渗流过程中的压力差相关数据。同时 Pradip 和 Venkataraman 研究表明：粗粒破碎岩体的非达西流动速度服从 Forchheimer 方程及 Missbach 方程；武强等提出有关底板突水的新概念“开采底板破断构造突水时间弱化效应”，通过原位地应力测试和在室内对不同含水量条件下的断裂带填充物进行流变力学实验得到力学参数，采用数值模拟软件进行分析，得到突水时间弱化机理及控制因子，最后提出底板开采断裂构造突水时间弱化效应。吴基文、童宏树、童世杰、唐东旗等对构造断层带岩体的阻水强度小于完整岩层的阻水强度进行研究；马占国、缪协兴、陈占清等在分级应力作用下对不同粒径尺度的破碎岩体的渗流特征基于稳态渗流法进行大量的研究，最后得到渗透性和轴向应力的关系。李文平教授通过对工作面底板岩层进行物理力学实验研究，得到构造断层带物质与围压、载荷作用特点和含水层水头高度的关系，并对构造断层破碎带岩体阻水能力进行原位测试，提出在高承压水、采动矿压和构造破碎带共同作用下滞后突水的机制条件和防治理论。马丹等通过侧向压力测试高承压条件下突水过程中的颗粒运移实验，表明在高承压条件下的底板突水过程中的颗粒砂岩内部的渗透率演化划分为 4 个阶段。但对工作面底板构造破碎带突水量递增灾变机理的研究有待深入。

因此，本节以白庄煤矿为例，利用承压水上向斜轴构造破碎带突水的物理模型模拟不同水压、不同构造破碎带条件下突水过程中涌水量和涌砂量的变化规律，进一步分析突水过程中雷诺数、孔隙度等变化规律，研究成果可为承压水构造破碎带突水预警、防治提供理论依据。

4.2.1.1 隐伏构造破碎带滞后突水矿区原型解析

华北型煤田东缘矿区中部的白庄煤矿位于肥城市湖屯镇，如图 4-14 所示。该矿井煤系地层内的褶曲具有短轴、不对称及倾伏等特征，主要出现在大中型断层之间或附近，受较大的断裂构造控制；7#煤层开采实际资料显示在第四采区和第六采区中部的向斜构造轴向为 NE 向，该向斜构造两翼的倾角均值为 5.50°；在 8#煤层和 9#煤层采掘时揭露地层显示，该向斜轴轴部发育一组逆断层组破碎带，呈雁行状展布。

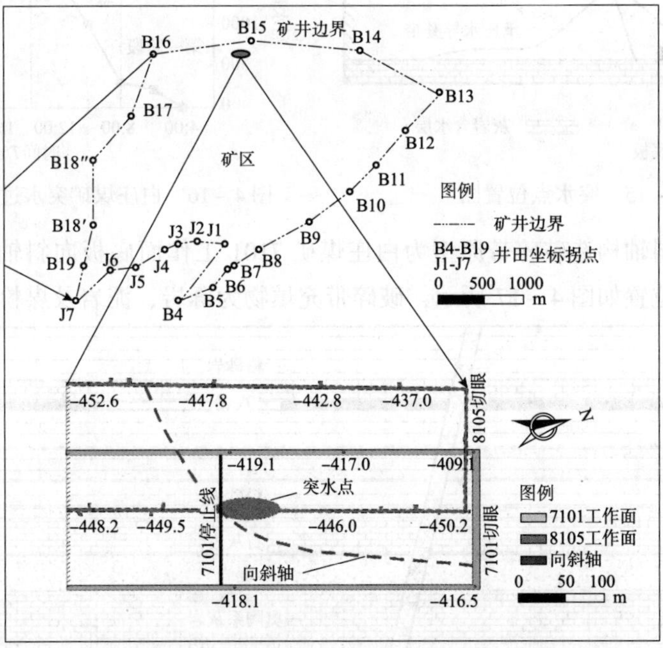

图 4-14 白庄煤矿位置示意图

7101 采煤工作面位于向斜轴的南翼，该向斜轴南翼的煤系地层倾向为 327°~350°，走向为 57°~80°；7101 采煤工作面的倾向长度为 120m，底板标高为 -400.50 ~

-391.10m之间，该工作面煤层倾角均值约为4°，工作面底板五灰和奥灰的最大突水系数分别为0.049MPa/m和0.059MPa/m。

7101工作面于2015年10月25日开始回采，因煤质较差，于2016年1月11日停采，回采长度为230m。停采14d后，2016年1月25日凌晨4时15分，在停采线正下方的8105轨道顺槽(8105工作面未开采，而辅助巷道已完成)发生底板奥灰突水，如图4-15所示。经测算最大出水量为$2800m^3/h$。

8105轨道顺槽突水过程经历了3个状态阶段，如图4-16所示：在2016年1月25日凌晨4时15分到8时为第一个阶段，突水状态持续近4h，出水点的涌水量在$200m^3/h$以下；同日上午8时到下午14时左右为第二个突水状态阶段，突水点涌水量迅速增大，水量从$200m^3/h$升至$2400m^3/h$，突水状态由中等突水点演变为大突水点，出水点涌水量最高达$2400m^3/h$；下午14时到晚22时50分为第三个突水状态阶段，持续8h左右，突水点单位涌水量增长速度逐渐减缓，但仍持续增加，最后涌水量增至$2800m^3/h$，该突水状态达到了特大突水点的类型。

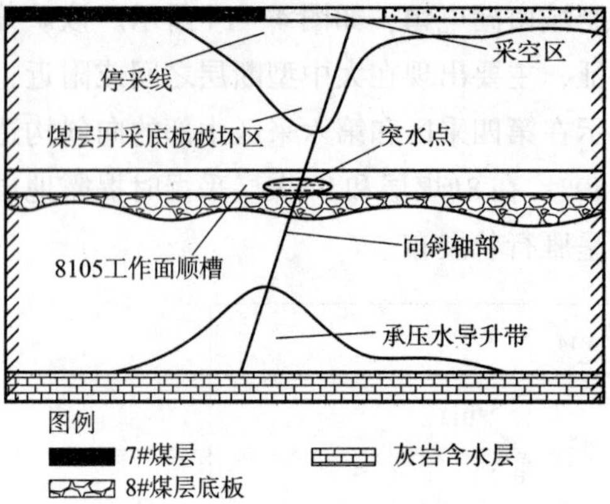

图4-15 突水点位置图

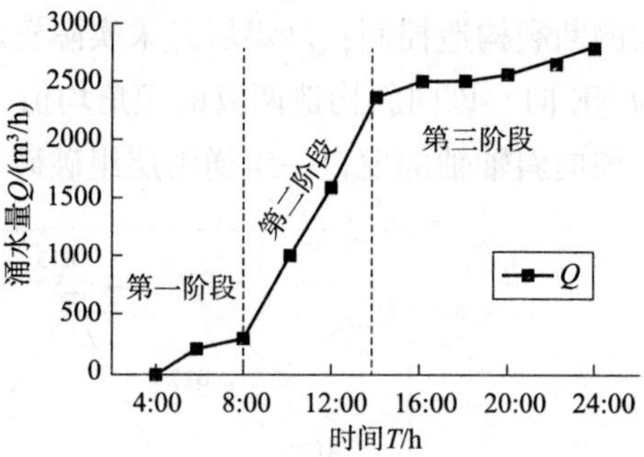

图4-16 白庄煤矿突水过程水量变化图

模型实验向斜轴构造破碎带原型为白庄煤矿7101工作面底板向斜轴构造破碎带。向斜轴构造破碎带位置如图4-17所示，破碎带充填物为砾岩、泥岩及煤粉等。

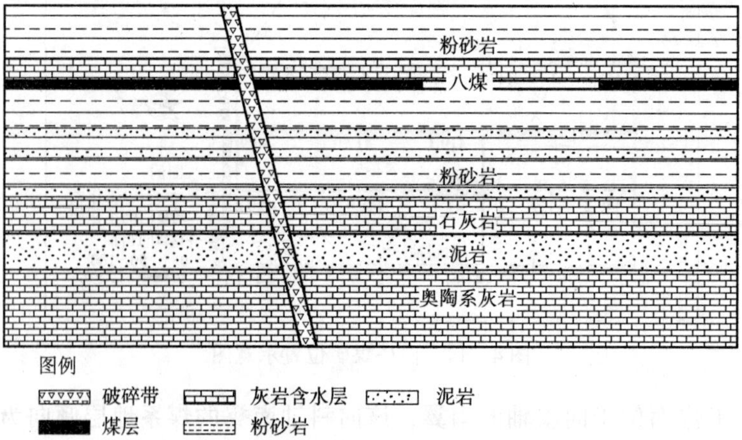

图4-17 模型实验区地层示意图

根据7101工作面底板钻孔资料及8105轨道顺槽掘进巷道揭露的向斜轴隐伏构造破碎带岩石现场取样，构造破碎带岩性主要为页岩和泥岩，通过对岩样物理力学性质测试，获得岩样密度、含水量、单轴抗压强度、泥岩(页岩)的粒度分布和矿物成分等参数。经现场观测取样，测定破碎带砾岩与泥岩的体积比约为3：2。

模型以白庄煤矿7101工作面底板向斜轴破碎带为原型设计，如图4－17所示。向斜轴破碎带核部宽度为10～20m，8105轨顺揭露向斜轴破碎带时无水；说明向斜轴破碎带开始不导水，由于矿压采动影响，底部承压水由于水劈裂作用对向斜轴破碎带产生导水渗流。

4.2.1.2 构造破碎带突水过程相似实验装置设计

根据矿井综合柱状图，7101工作面附近钻孔揭露7#煤层距奥灰顶界为77m，7101工作面停采线正下方的出水点(8105轨道顺槽里)距离奥灰顶界为47m，奥灰水压约为5.20MPa，奥灰水位高度为24.60m。相似材料实验模型比例按几何1：100设计，煤层底板向斜轴构造破碎带突水实验模型由加压设备和断层破碎带突水通道模拟组成。

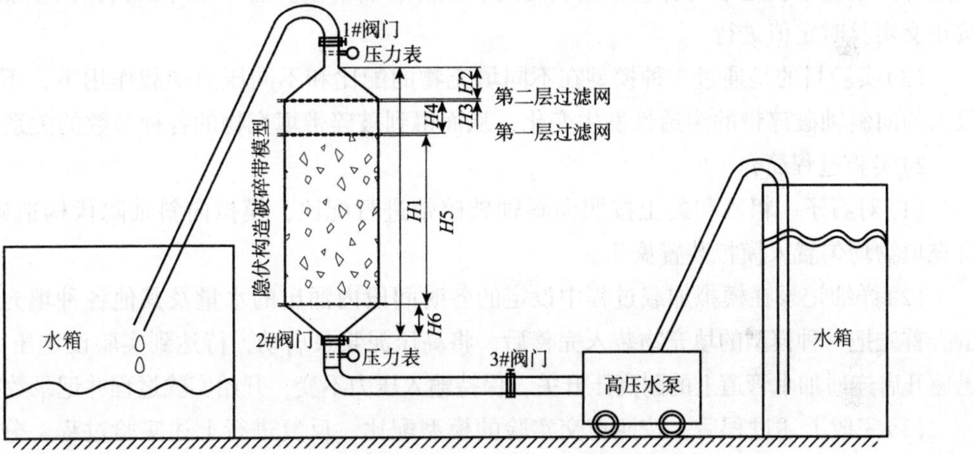

图4－18 隐伏构造破碎带突水实验模型

1)模拟向斜轴破碎带突水通道的设备

(1)连接设备。

一是连接高压泵与主突水通道装置，二是连接突水通道与出水管。

(2)涌水渗流设备。

根据模型实验相似比例、相似运动、相似动力等相似比例尺和地质力学模型实验的所有无量纲物理量的相似比等于1；对白庄煤矿7101工作面底板向斜轴构造破碎带岩石现场取样、室内实验的各项参数进行模拟，作为涌水通道的模型，如图4－18所示，其中H_1、H_2、H_3和H_6分别为1640mm、200mm、20mm和200mm。

(3)破碎带涌出物分离设备。

分离设备的上口安装两套过滤装置，第一套过滤装置仅允许粗砂石粒径小于2mm的填充物进行分离，过滤装置的孔经为2mm；第二套过滤装置的孔经设定为0.075mm，在实验加压突水模拟过程中仅允许泥质物质进行分离。

2）系统加压加载设备

模拟实验系统压力加载过程利用高压管路与泥浆泵连接，在管路上安装一个耐高压的给水开关和一个量程达到15MPa的压力检测装置。

4.2.1.3 实验方案设计

实验模型模拟向斜轴破碎带突水过程为：7101工作面底板向斜轴破碎带在回采矿压作用下，导致向斜轴轴部断层破碎带活化，加之底板奥灰在高压水的耦合作用下，由向斜轴轴部破碎带形成导水通道，导致7101工作面停采线的正下方8105轨道顺槽突水。

1）相似材料模拟实验设置

（1）首先在模拟装置中按照正交实验配比加入模拟7101工作面底板向斜轴破碎带的相似试验材料，按照不同类型的配比分为1#模型、2#模型、3#模型，对3种类型的配置分别填充。

（2）分别对3种模型的实验配比进行模拟压力加载，加载过程中对设定的不同加载时间进行详细记录，纪录内容包括加载时间、压力、涌水量、涌砂量等数据，模拟加载压力按正交实验时定值进行。

（3）实验目的是通过3种模型在不同填充物的配比和不同压力加载作用下，不同时间段内的向斜轴破碎带的渗透性发生变化，从而得到破碎带填充物的各种参数的关系。

2）实验过程简介

（1）对石子、粗砂和黏土按照向斜轴破碎带进行配比，模拟向斜轴隐伏构造破碎带，将充填物均匀置入模拟装置捣实。

（2）详细记录在模拟加载过程中设定的各时间段内涌出的水量及其他各种填充物的含量。首先把一种模型的填充物装入完善后，将高压泥浆泵启动，待达到实验设定压力值后，迅速开启连通加水管道上的耐高压开关，保持输入压力不变，开始实验过程并记录数据。

（3）完成上述过程后，按照正交实验的模型配比，反复进行上述实验过程，分别记录数据。

1#模型、2#模型、3#模型的填充物配比数据如表4-3所示。

①1#模型。充填物体积比，黏土：粗砂：石子=1：1：3，以大颗粒充填为骨架的构造破碎带，为松散填充构造破碎带。

②2#模型。充填物体积比，黏土：粗砂：石子=2：1：2，以大颗粒和黏土颗粒充填各占一半的隐伏导水通道，为较密实填充构造破碎带。

③3#模型。充填物体积比，黏土：粗砂：石子=7：2：1，以黏土为骨架的构造破碎带，为密实填充构造破碎带。

表4-3 模拟向斜轴破碎带充填物质配比

模型编号	黏土体积/m^3	粗砂体积/m^3	石子体积/m^3
1#	0.0033	0.0033	0.0099
2#	0.0070	0.0035	0.0070
3#	0.0112	0.0032	0.0016

按照不同水压(1.50MPa、3.50MPa、5.50MPa)进行设计，得到三因素三水平 $L_9(3^3)$ 参数，如表4-4所示，实验照片如图4-19所示。

表4-4 正交实验数据

实验编号	突水压力/MPa	隐伏构造破碎带性质
1	1.50	1#
2	3.50	1#
3	5.50	1#
4	1.50	2#
5	3.50	2#
6	5.50	2#
7	1.50	3#
8	3.50	3#
9	5.50	3#

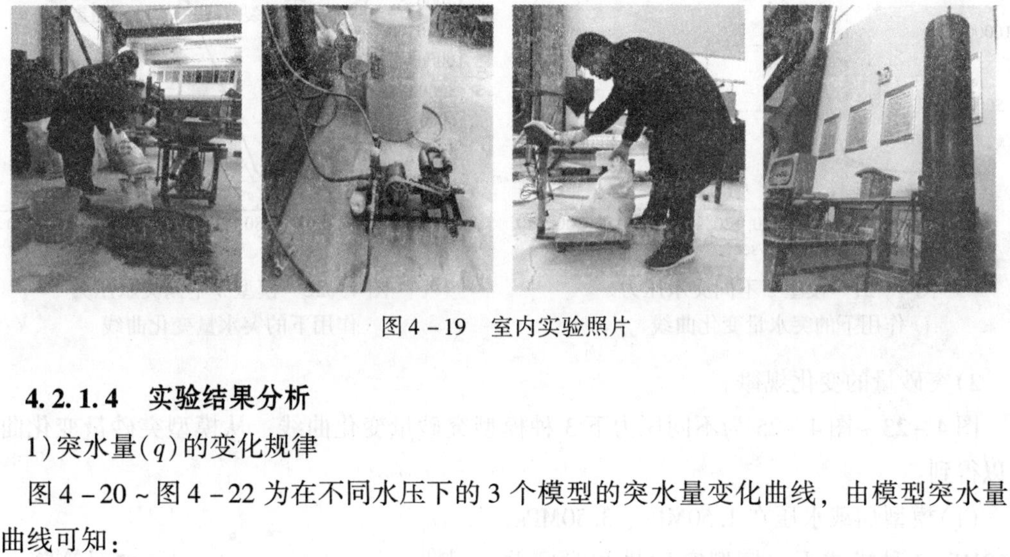

图4-19 室内实验照片

4.2.1.4 实验结果分析

1)突水量(q)的变化规律

图4-20~图4-22为在不同水压下的3个模型的突水量变化曲线，由模型突水量变化曲线可知：

(1)突水的初始阶段，水量较小，随着承压水对向斜轴破碎带的不断冲刷和扩径作用，突水量开始递增灾变，当向斜轴破碎带中的泥、砂等细粒被冲刷掉，由于突水通道不再变化，突水量增幅趋于稳定，不再出现跳跃式增大。

(2)突水量变化曲线中，每一条曲线均有水量增幅的跳跃，对应的是流经通道变化导致水量变化的时间段。1#模型涌水压力为1.50MPa时的60s、120s；3.50MPa时的40s、100s；5.50MPa时的40s、100s分别为流经通道由小孔隙到小裂隙和小裂隙到大裂隙的发育转换点。2#模型涌水压力为1.50MPa时的80s、120s；3.50MPa时的80s、100s；5.50MPa时的60s、80s分别为流经通道由小孔隙到小裂隙和小裂隙到大裂隙的发育转换点。3#模型涌水压力为1.50MPa时的80s、120s；3.50MPa时的80s、100s；5.50MPa时的

60s、80s 分别为流经通道由小孔隙到小裂隙和小裂隙到大裂隙的发育转换点。同时突水量随涌水压力的增大而增大，随着涌水压力的增大，3 种流经通道方式相互转换的时间明显缩短。

通过以上数据可以看出，突水量增幅过程中存在明显的跳跃点(曲线上的拐点)，对应的时间点为突水过程中流经通道模式变化的时间点，说明突水中存在由小孔隙－小裂隙－大裂隙流经通道的变化过程。

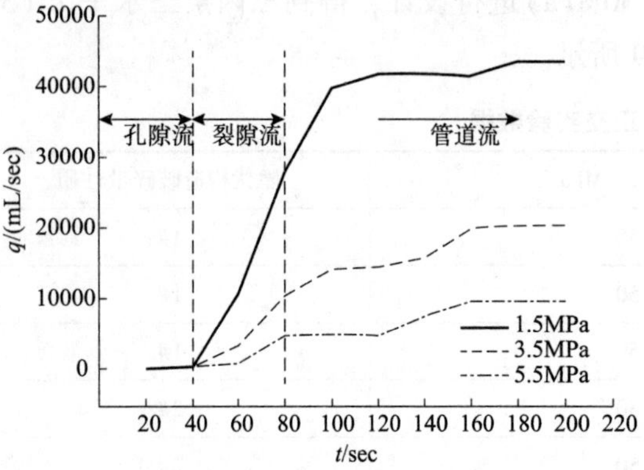

图 4－20　模型 1 不同突水压力作用下的突水量变化曲线

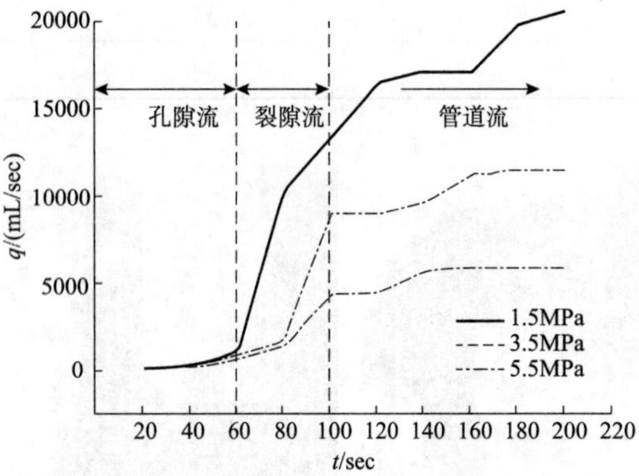

图 4－21　模型 2 不同突水压力作用下的突水量变化曲线

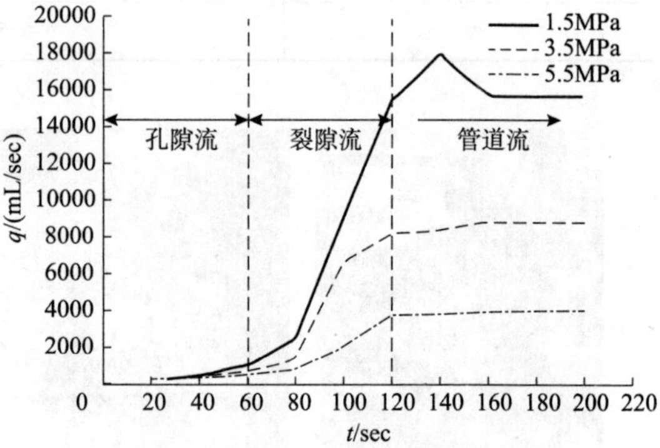

图 4－22　模型 3 不同突水压力作用下的突水量变化曲线

2)突砂量的变化规律

图 4－23～图 4－25 为不同压力下 3 种模型突砂量变化曲线，从模型突砂量变化曲线可以得到：

(1)模型加载水压在 1.50MPa、3.50MPa、5.50MPa 3 种模式下，模型突砂量和时间关系曲线显示，随着时间的推移突砂量均经历小－大－小的过程，且均存在峰值；原因为突水的过程中的持续冲刷作用使黏土和砂的含量不断减小。

(2)突砂量和水压的关系为在突砂量达到峰值之前在单位时间内水压越大突砂量越大，水压越大突砂量达到峰值的时间越短。

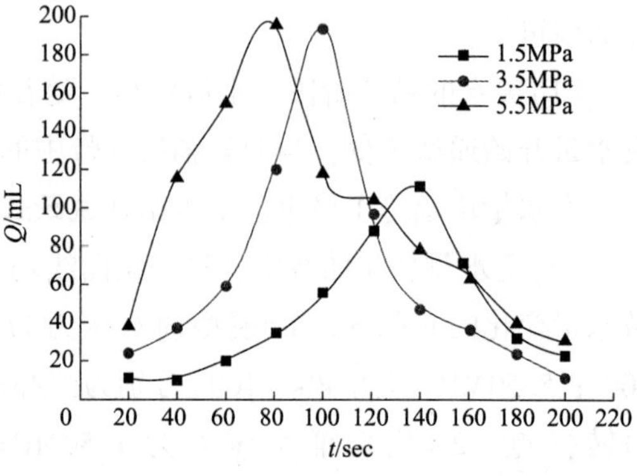

图 4－23　模型 1 不同突水压力作用下的突砂量变化曲线

由突砂量的变化规律可以看出，随着突水时间的增加，突砂量均经历由小到大再到小的变化，颗粒粒径较小的物质在逐渐涌出、冲刷流经通道，也改变流经通道模式的转换，当突砂量达到一定的峰值时大裂隙逐渐形成，所以该流经通道的形成也同时经历了3个阶段由小孔隙到小裂隙再到大裂隙的转换过程。

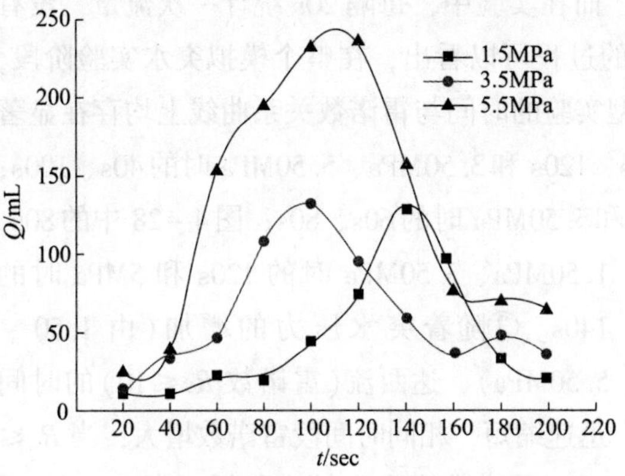

图4-24 模型2不同突水压力作用下的突砂量变化曲线

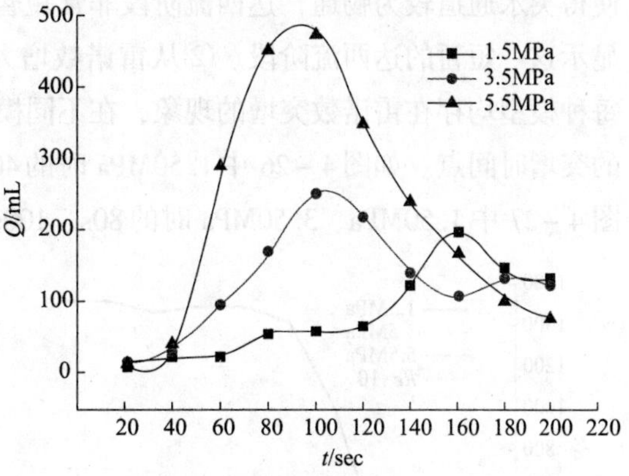

图4-25 模型3不同突水压力作用下的突砂量变化曲线

3）雷诺数分析

实验数据和有关理论表明，在不同模型的正交实验数据得到的雷诺数与时间的关系曲线上，不同模型实验装置内的多孔介质的渗流状态均存在3个明显分区：首先是模拟实验介质渗流的线性层流区，在该区域内雷诺数上限约为10，该状态下达西定律成立；其次是模拟实验介质渗流的非线性层流区，该区域雷诺数上限约为100，该状态下达西定律不成立；最后是模拟实验介质的湍流区，该区域状态下达西定律不成立。

如图4-26～图4-28所示，相同时间间隔的涌水量逐渐增大，由于充填物渗透系数的变化，渗流速度增大，涌水量增加，使 Re 增大，而 Re 是判别渗流流态的重要指标。同时水流带出大量泥和砂，使突水通道的孔隙度增加，导致雷诺数迅速上升（雷诺数 $Re>10$），突水的渗流不再符合多孔介质的达西定律，而是发生流态的转换。

以上述三个模型为例，根据实验所得原始数据计算 Re，通过雷诺数的变化分析突水过程中渗流的转换规律，其表达式为：

$$Re=\frac{\rho vd}{\mu} \tag{4-13}$$

$$v=\frac{Q}{T} \tag{4-14}$$

$$Re=\frac{\rho Qd}{T\mu} \tag{4-15}$$

式中，v 为流场的特征速度，cm/s；d 为特征长度；μ 为水流的动力黏滞系数，与温度有关，15℃时的 $\mu=0.01\text{cm}^2/\text{s}$。

依据以上公式计算雷诺数，绘制不同压力下3种模型雷诺数变化曲线，由图4-25～图4-27可知：①3种模型在突水开始时均存在一定阶段的层流，并符合达西定律，称达西流（雷诺数 $Re\leqslant10$）。如1#模型突水压力为1.50MPa、3.50MPa时的20s内；2#模型突水压力为1. 50MPa、3. 50MPa 时的 40s 内和 5. 50MPa 时的 20s 内；3#模型突水压力为1. 50MPa、3. 50MPa 时的 80s 内和 5. 50MPa 时的 60s 内。只有 1#模型突水压力为 5. 50MPa 时，初始状态为非达西流，原因是当突水压力较大时，模型中的黏土、砂等细颗粒物质很快被大量冲出，使得突水通道较为畅通，达西流阶段非常短暂，而在实验中，每隔 20s 统计一次流量，没有显示这一短暂的达西流阶段。②从雷诺数增大的过程可以看出，在整个模拟突水实验阶段，每种模型均存在雷诺数突增的现象，在不同模型实验的时间与雷诺数关系曲线上均存在显著的突增时间点。如图4－26 中1. 50MPa 时的40s、120s 和3. 50MPa、5. 50MPa 时的40s、100s；图4－27 中1. 50MPa、3. 50MPa 时的80s、100s 和5. 50MPa 时的60s、80s；图4－28 中的80s，1. 50MPa、3. 50MPa 时的 120s 和 5MPa 时的 140s。③随着突水压力的增加（由 1. 50 ~ 5. 50MPa），达西流（雷诺数 $Re \leqslant 10$）的时间迅速缩短，相同时间段雷诺数增大；当 $Re \leqslant 10$ 时雷诺数增大的幅度很缓，当 $Re > 10$ 时雷诺数增大的幅度很大。

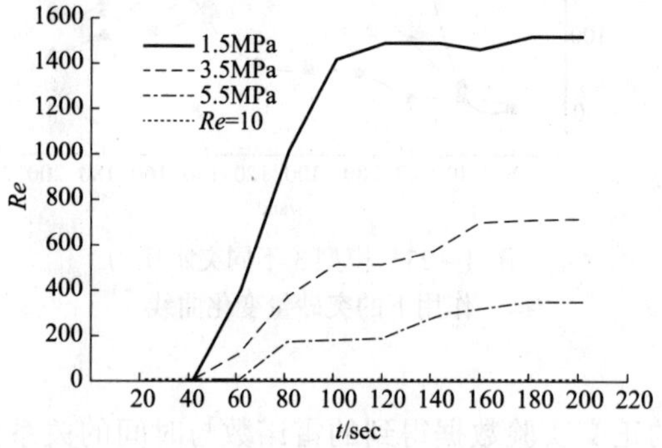

图4－26　1#模型不同突水压力作用下的雷诺数的变化曲线

在 Re 增幅过程中存在明显的异常点（曲线上的拐点），即为涌水过程中渗流方式变化（由孔隙流－裂隙流－管道流）的标志点。

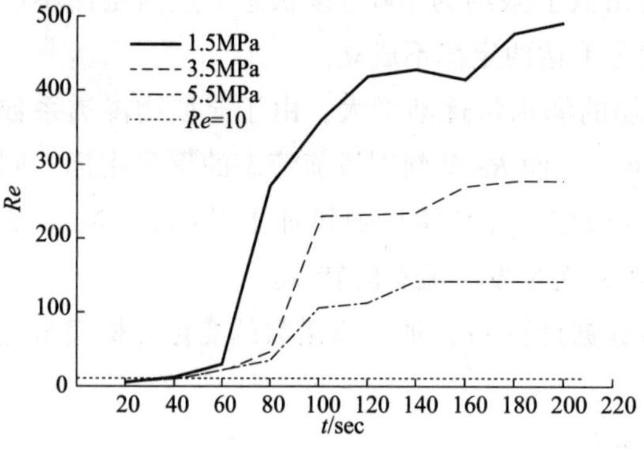

图4－27　2#模型不同突水压力作用下的雷诺数的变化曲线

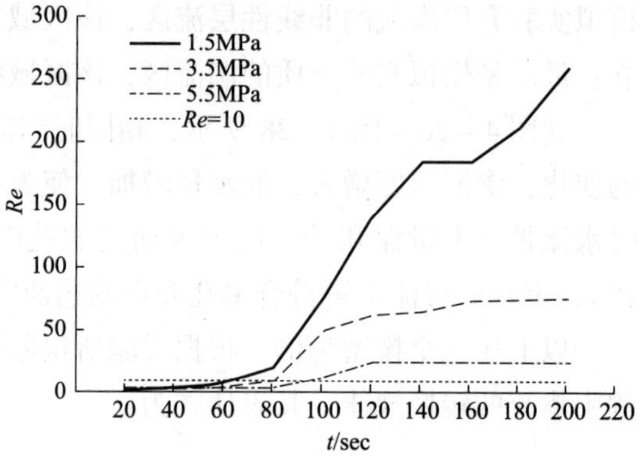

图4－28　3#模型不同突水压力作用下的雷诺数的变化曲线

4）孔隙度的变化规律

根据实验所得原始数据计算孔隙度（n），通过孔隙度的变化分析突水过程中渗流的转换规律。孔隙度计算公式如下：

$$n = \frac{V_s}{V_d}$$

$$V_s = V_{d\tau} - V_\rho$$

$$V_{d\tau} = \frac{\pi d^2 (H_1 - H_2 - 2H_3 - H_4 - H_6)}{4}$$

$$V_{\rho}=\frac{m-m_{\tau}}{\rho_{\partial}}$$

$$n_{\tau}=\frac{\pi d^{2}\rho_{\partial}(H_{1}-H_{2}-2H_{3}-H_{4}-H_{6})-4m+4m_{\tau}}{4\rho_{\partial}}$$

式中，V_S 为孔隙体积，mL；$V_{d\tau}$ 为单位时间段填充物总体积，mL；d 为渗流圆柱形通道直径，取 200mm；H_1、H_2、H_3、H_4、H_6 为定量值；H_4、H_5 为因变量；m 为加压前破碎带填充物质量，g；m_{τ} 是加压后单位时间段冲出填充物的质量，g；ρ_{∂} 为填充物平均密度，g/cm^3。

由 3 个模型突水过程孔隙度变化曲线，如图 4－29～图 4－31 所示，可以得到以下结论。

(1)在相似材料模拟实验阶段，模型内断层破碎带受到下部模拟水压的作用，模拟断层破碎带的填充物不断被涌水携出，破碎带内的导水通道逐渐刷扩，突水通道的较大裂隙转化为管道，导致模拟的断层破碎带的孔隙度逐渐增加。经整个实验过程数据分析，认为模拟断层破碎带的孔隙度变化存在由孔隙－裂隙－管道 3 种状态依次转换的规律。1#模型在 40s 内孔隙的变化趋势较平缓，孔隙度值较小，主要表现为孔隙阶段的特征；40s 到 120s 孔隙度的变化幅度较大，且持续增大，主要表现为裂隙不断增大阶段的特征；到 120s 后孔隙度的变化趋于平缓，主要表现为管道流阶段的较稳定特征。2#模型和 3#模型总体变化趋势与 1#模型相似，仅孔隙度变化的时间及孔隙度的大小不同。

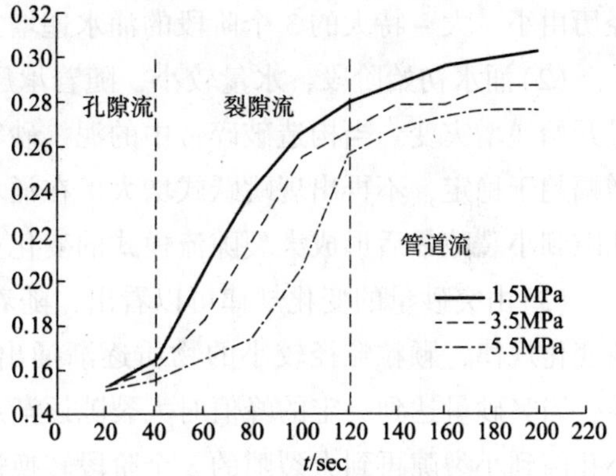

图 4－29 模型 1 不同压力作用下的孔隙率和时间的变化曲线

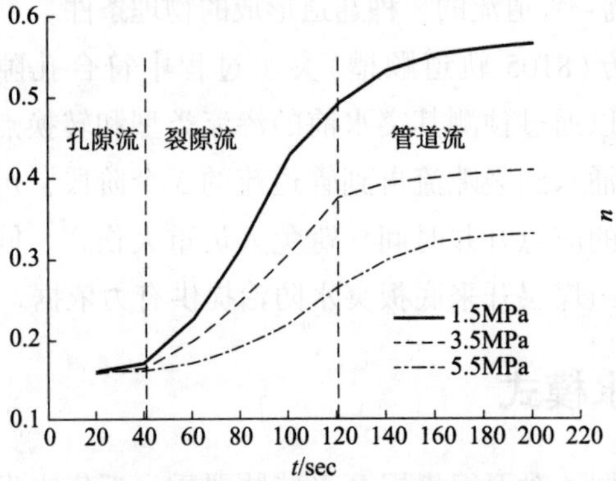

图 4－30 2#模型不同压力作用下的孔隙率和时间的变化曲线

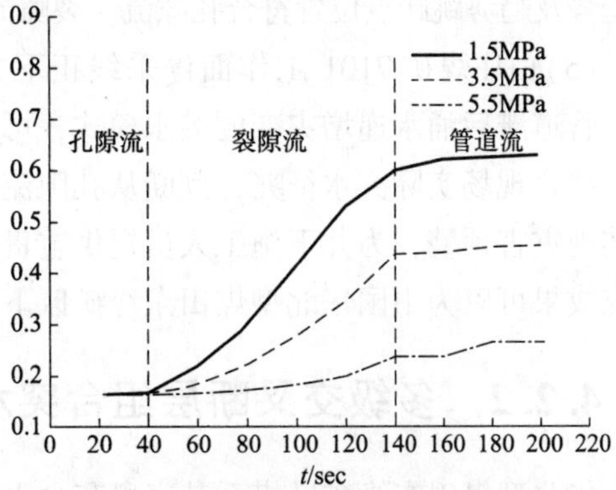

图 4－31 3#模型不同压力作用下的孔隙率和时间的变化曲线

(2)由于黏土和砂子不断被冲刷出向斜轴破碎带，主体突水通道发生变化，向斜轴破碎带充填物的孔隙度发生变化，孔隙度与雷诺数及突水量的变化一样，随着水压的增大，孔隙度不断增大；多孔介质的渗流态和渗流方式一般均由介质的渗流系数起主导作用，所以模拟断层破碎带的孔隙度变化量亦是介质渗流态和渗流方式的主要因子；孔隙度的变化趋势及趋势跳跃点位置符合孔隙流－裂隙流－管道流的3种通道形成的物理条件。

4.2.1.5 隐伏构造破碎带滞后突水模式特征总结

以典型的肥城矿区白庄煤矿煤层开采底板突水为例，制作承压水构造破碎带突水实验装置，根据实测参数和相似理论，模拟不同高度水头压力和不同构造带性质作用下的向斜轴构造破碎带底板突水过程，得出结论如下。

(1)白庄煤矿7101工作面停采线正下方(8105轨道顺槽)突水量经历由小－大－特大的3个阶段，由收集到的突水过程实例及相似模拟实验结果显示：底板隐伏构造突水水量经历由小－大－特大的3个阶段的涌水递增灾变的突水模式。

(2)涌水初始阶段，水量较小，随着承压水对向斜轴破碎带的不断冲刷和扩径，涌水量开始递增灾变。当构造破碎带中的泥、砂等细粒被冲刷掉，涌水通道不再变化，突水量增幅趋于稳定，不再出现跳跃式增大。在涌水量曲线上的拐点为涌水过程中流经通道由小孔隙到小裂隙最后形成大裂隙流模式的变化点。

(3)由突砂量的变化规律可以看出，随着突水时间的增加，突砂量呈由小到大再到小的变化规律，颗粒粒径较小的物质逐渐涌出冲刷流经通道，从而改变流经通道模式的转换，当突砂量达到一定的峰值时大裂隙逐渐形成，所以该流经通道的形成也同时经历了由小孔隙到小裂隙再到大裂隙的3个阶段转换过程。

(4)3种模型在突水的开始时均存在一定阶段的层流，并符合达西定律，称达西流(雷诺数≤10)。从雷诺数增大的过程可知，在整个涌水的过程中均有两个较显著的突增时间点，在不同模型模拟的时间与雷诺数关系曲线上均有显著的增量突变点，雷诺数增幅的异常点，即为涌水过程中渗流方式变化的标志点。结合涌水砂量变化曲线规律，形成了由孔隙流－裂隙流－管道流的流态转换导致的涌水量递增灾变的突水模式；同时实验研究表明孔隙度的变化趋势及趋势跳跃点位置符合孔隙流－裂隙流－管道流的3种通道形成的物理条件。

(5)白庄煤矿7101工作面停采线正下方(8105轨道顺槽)突水过程中符合孔隙－裂隙－管道滞后涌水递增灾变的突水模式，可以通过预测其突水前的渗流类型和转换点的水量，结合现场实际突水征兆，判断从孔隙流涌水到裂隙流再到管道流的3个阶段，可以成功实现灾害预警，为井下施工人员提供宝贵的应急升井时间，避免人员重大伤亡。同时本研究成果可以为中国华北型煤田东缘矿区下组煤层开采底板突水防治提供有力依据。

4.2.2 多级交叉断层组合突水模式

华北型煤田东缘矿区煤系基底奥灰含水层，对下组煤层开采威胁严重，近年来发生的奥灰突水案例中出现侧向远距离多级交叉断层组合突水的模式，由于在煤层开采过程中注重工作面底板隔水层及附近断层构造的治理工作，而对于距离工作面较远的连通奥灰的断层未引起重视，造成重大事故。本节主要介绍多级交叉断层组合突水模式的两个案例，为深部煤层开采底板水害治理提供参考。

华北型煤田东缘矿区 X-1 煤矿于2008 年开始建设，2013 年7 月投产；矿区东西走向长度为 8.10km，南北宽度为 2.90km，井田面积为 23.43km²。矿井设计生产能力为 900kt/y，2018 年1~8 月份累积生产原煤产量为 587.50kt。矿井水文、地质类型均为中等类型，煤矿自建井以来，未发现涌水量超过 60m³/h 的突水点。建井期间在轨道石门迎头超前探放水过程中钻孔出水，最大出水量为 65m³/h，出水水源为石盒子组奎山段砂岩水；一采区上部轨道大巷掘进期间发生底板出水，最大出水量为 35m³/h，出水源为底板三灰水；奥灰突水前，矿井涌水量平均为 125m³/h(包含矿井生产用水)。

该矿 1313 采煤工作面，走向长度为1240m，倾向长度为64m，煤层厚度为3.80m，综采一次采全高，煤层底板标高为 -595 ~ -670m，采深约为 700m，距奥灰约为 202m，奥灰突水系数为 0.033MPa/m。2018 年9 月10 日22 时45 分，工作面推进 90m 时，底板渗水，出水量约为 10m³/h；水量逐渐增至 1500m³/h 左右，峰时突水量达 3673m³/h，到 2018 年9 月11 日21 时56 分，矿井中央泵房失守，造成淹井事故。该事故直接经济损失约为2566.14 万元，无人员伤亡。通过收集到的相关资料，初步分析认为，突水通道应为多级交叉组合断层：从主断层 DF61 通过分支断层 XF7 先后进入二级分支断层 XF8 和三级分支断层 XF11，最后因采动影响奥灰水头突破 1313 工作面与三级分支断层之间的煤柱进入工作面，如图 4-32 所示。

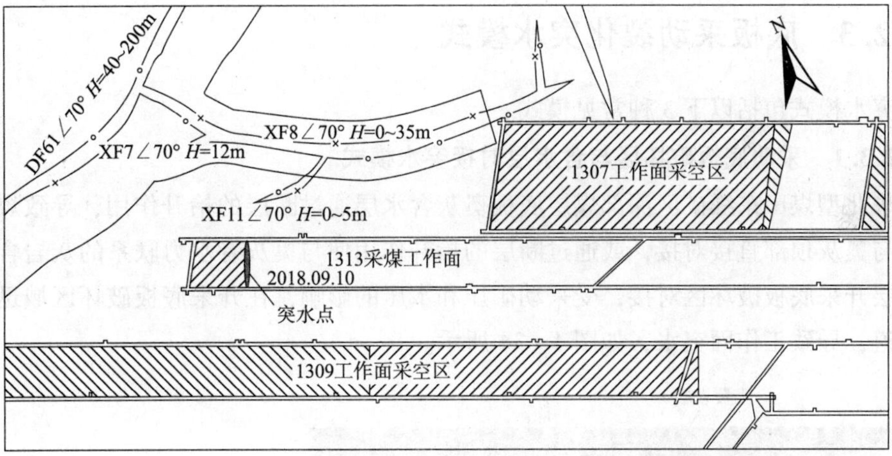

图 4-32 多级交叉组合断层突水案例 I 示意图

华北型煤田东缘矿区 X-2 煤矿隶属济宁市汶上县南站镇，位于济宁三号煤矿北约 60km。2010 年4 月29 日上午9 时，632 综放工作面推进到 40m 时，采深约为 700m，顶板初次来压，靠近轨道顺槽侧 6 号支架老塘后方来水，初期涌水量为 40m³/h，并逐渐增大，45h 后最大涌水量达 426m³/h，最后稳定在 400m³/h 左右，淹没采区。通过取水样化验分析及附近奥灰长观孔水位观测，各项指标与奥灰水接近，长观孔水位突然下降，确认突水水源为奥灰水。分析出水原因：由于工作面切眼处的小断层 F30 与外围大断层 DF5 相交，在采动影响下断层活化，成为导水通道，造成工作面初次来压期间底板奥灰水通过活化的小分子断层破碎带导出，如图 4-33 所示。

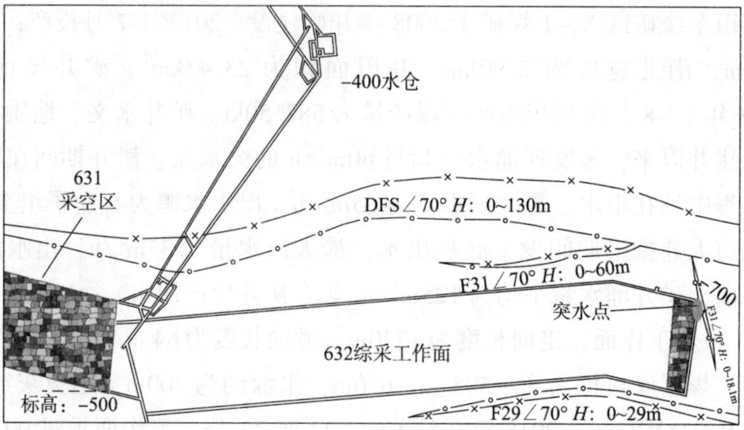

图 4-33　多级交叉组合断层突水案例Ⅱ示意图

由以上两个案例可知，在采煤工作面的外围断层导通奥灰，与工作面附近小断层通过多级连通导致工作面奥灰突水，因此，在华北型煤田东缘矿区进行煤层底板水害防治时一定要勘探工作面附近是否存在组合断层奥灰突水的模式，对存在多级交叉断层的隐患区域进行排查，对重点地面受控定向钻进，进行注浆改造，并通过注浆改造序列验证法进行重点区域安全评价。

4.2.3　底板采动裂化突水模式

该突水模式包括以下 3 种常见模式。

4.2.3.1　采动底板破坏区与含水层对接突水模式

在华北型煤田东缘矿区深部煤层底板奥灰含水层通过断层的抬升作用，导致煤层底板破坏区与奥灰顶部直接对接，或通过断层的抬升作用使与奥灰有水力联系的灰岩含水层与深部煤层开采底板破坏区对接，受采动矿压和水压的影响，在开采底板破坏区域迅速形成导水通道，导致工作面突水，如图 4-34 所示。

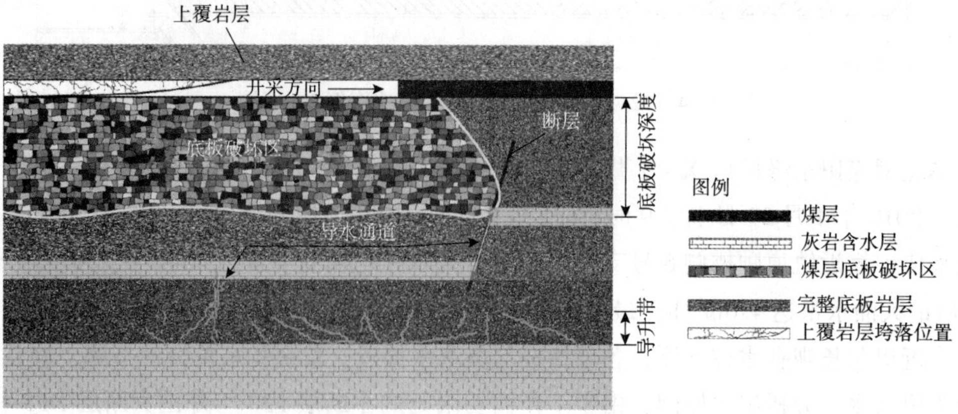

图 4-34　煤层开采底板裂化突水模式Ⅰ

4.2.3.2 采动底板破坏区与导水构造对接突水模式

采动底板破坏深度与导水隐伏构造对接也是深部煤层开采底板裂化突水模式的一种，是在华北型煤田东缘矿区深部煤层开采底板突水最为常见的一种模式，该区域绝大部分矿井都存在采动底板破坏区与导水构造对接突水的危险；经过近些年的案例收集与研究，认为该突水模式还可以具体分为开采底板破坏区与导水断层对接突水和开采底板破坏区与导水陷落柱对接突水等2种常见的突水模式。本节主要对以上两种突水模式特征进行简要分析，为深部煤层底板承压水害治理提供参考。

采动底板破坏区与导水断层对接突水模式是华北型煤田东缘矿区近年来致灾频率最高的突水模式，现阶段针对断层的物探技术发展迅速，对于5m以上的断层基本上能够探查并显示，但是对于3m以下的断层仍存在技术难题，因此，要想全部查清断层的产状和组合还需进一步物探研究。

开采底板破坏区与导水陷落柱对接致灾，陷落柱是岩溶发育的结果，由流动的地下承压水长期对石灰岩地层进行溶蚀作用形成岩溶。石灰岩中古代溶洞较为发育，受地质构造和上覆岩层的应力长期作用，岩溶会发生坍塌，随着地下水不断溶蚀，其灰岩层溶洞越来越大，上覆岩层会逐渐坍塌，最后形成圆柱形或不规则的椭圆柱状体。

如图4－35所示，华北型煤田东缘矿区揭露的陷落柱基底均在奥灰含水层内，大小不一，陷落柱被岩煤碎块填充，有效探查难度大，在陷落柱的探查现阶段，尚不能有效地全部查明，这也是华北型煤田东缘矿区下组煤层开采水害防治的难点。因此，在华北型煤田东缘矿区下组煤层底板水害治理的过程中利用三维地震、钻孔揭露、矿井电法等手段进行勘探、分析，对疑似陷落柱的区域须进行井下钻孔勘察，对该区域奥灰顶界30～50m进行注浆封堵、加固。

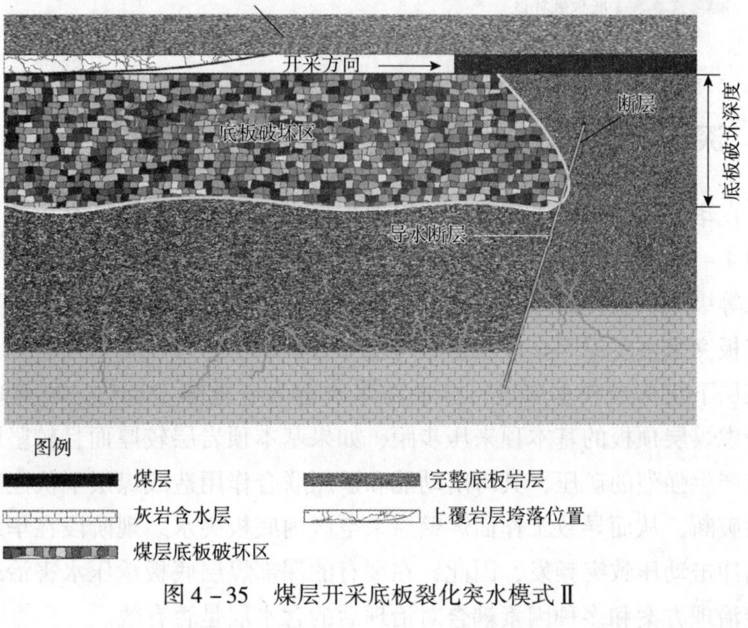

图4－35　煤层开采底板裂化突水模式Ⅱ

4.2.3.3　采动底板破坏区与底板高承压水耦合突水模式

深部煤层开采存在着高地压、高水压、高温、深部开采扰动强烈等“三高一扰动”的特点，如图4-37所示。高地压和开采底板的强烈扰动导致深部煤层开采底板破坏深度增大，有效隔水层厚度相对减小；深部煤层底板下伏含水层高水压和开采底板的强烈扰动会使承压水导升带高度增大，导致有效隔水层厚度减少，从而增大深部煤层开采底板突水的危险性。

有效防治采动底板破坏区与底板高承压水耦合突水，首先必须对深部煤层开采底板破坏深度进行有效控制，对底板下伏含水层顶界进行有效封堵；增加煤层底板与含水层之间的有效隔水层的厚度，才能达到防治的目的。

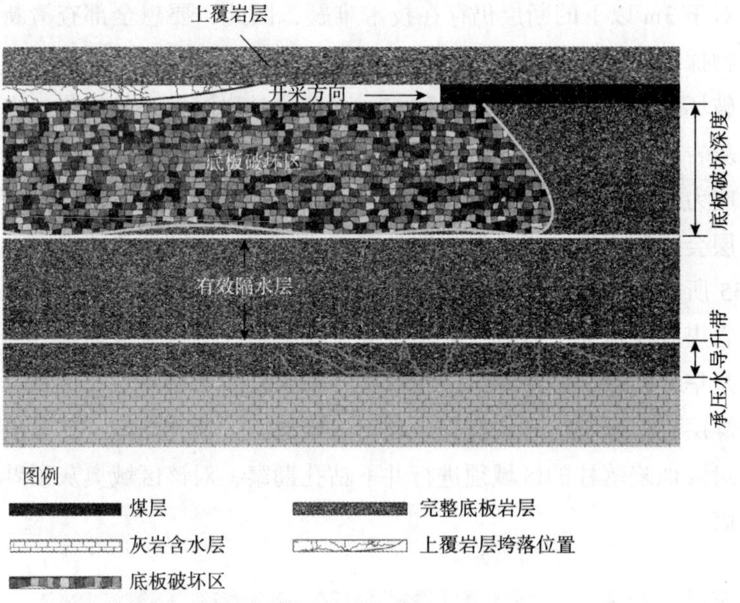

图4-36　煤层开采底板裂化突水模式Ⅳ

4.2.4　深部采动冲击动压致突模式

近年来，在华北型煤田东缘矿区除了以上几种底板突水模式，还有一些比较特殊的突水案例，如图4-37所示。在煤层底板下伏的薄层灰岩经过地面受控定向钻进进行全面注浆改造微透水等级后，工作面煤壁后方采空区底板突水。经深部煤层底板注浆改造后，工作面采空区底板突水主要原因是煤层顶板垮落导致。

对深部煤层下伏灰岩含水层进行全面注浆改造为有效隔水层后，可实现正常安全开采，但是要考虑煤层顶板的基本顶来压步距，如果基本顶岩层较厚而且较坚硬，初次来压步距较大，会产生强烈的矿压，其垮落动能和矿压联合作用造成煤层下伏注浆改造后的隔水层产生二次破断，从而导致工作面煤壁后采空区内底板突水。现阶段在华北型煤田东缘矿区深部采动冲击动压致突频发，因此，在现有的深部煤层底板承压水害治理技术基础上还需考虑完善治理方案和多种因素耦合对治理后的含水层是否有效。

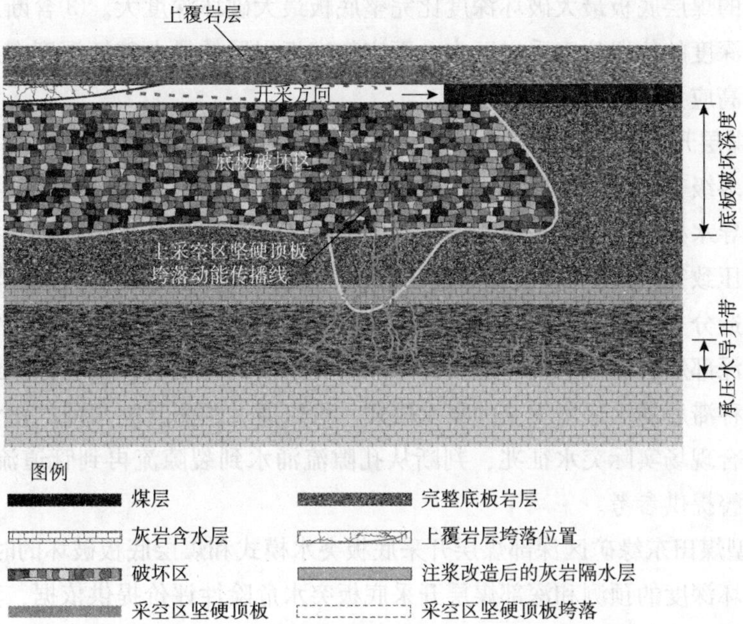

图 4－37　深部采动冲击动压致突模式

4.3　小结

(1)本章通过数学模型解析及预埋光纤传感系统实测等方法，揭示深部煤层开采完整底板破坏的时空演化特征：①采前高应力区超前影响范围约在煤壁前方 38m 附近。②开采底板岩层第一破断点的位置在采煤工作面煤壁前方 29.07m，煤层下方垂距 9.24m 处，该点位于细砂岩层位，上部为泥岩，证明煤层底板破坏应从脆性岩层开始破断。③开采底板破断发展趋势是从第一破断点先向上破断，再同步向下破断。④煤层开采底板破断的最大深度处于采前高应力区内，并且最大破断深度在采前高应力区内的应力峰值传播线附近。

(2)根据分布式光纤实测和数值模拟煤层开采底板破坏的时空演化特征，揭示煤层开采底板岩层破坏规律，完整底板一般情况下(开采煤层基本顶周期来压步距不大于 60m)煤层底板最大破坏深度的位置在煤壁前方的峰值应力传播线附近，破坏形态为“马鞍”型；同时对煤层开采底板进行横向分区，区域名称依次为原岩应力平衡区、采前高应力区、采后应力释放区和采后应力再平衡区。

(3)在煤层底板岩层存在断层与完整底板两种条件作用下，根据光纤传感器的实测数据及煤层开采底板的破坏规律，对底板的破坏机理、深度、岩层破断的发育趋势等进行对比分析，认为两种条件作用下均为开采底板在采前高应力区开始破断，采后应力释放区均处于拉伸－破断状态，采空区底鼓的主要因素均由地应力再平衡过程中各组岩层破断后，发生堆叠－隆起－变形形成。两种条件作用下的不同点有：①含断层的煤层底板岩层从断层附近开始破断，之后逐渐向上和向下同步发育；而完整底板则从第一破断点逐渐向下发展。②含断层的煤层底板最大破坏深度比完整底板最大破坏深度大。③含断层的煤层底板岩层最大破坏深度的位置位于采空区内，而完整底板岩层的最大破坏深度在应力传播线附近，位于采前高应力区内。

(4)深部煤层开采底板突水的6种主要突水模式为：深部煤层底板隐伏构造破碎带滞后突水模式、多级交叉组合断层突水模式、采动底板破坏区与含水层对接突水模式、采动底板破坏区与导水构造对接突水模式、采动底板破坏区与底板高承压水耦合突水模式、深部采动冲击动压致突模式，以上6种突水模式中共同点均包含开采底板破坏深度、含水层水压、断层构造分布、开采深度(矿压)、有效隔水层厚度等关键因素。通过室内实验及案例剖析，揭示深部煤层底板隐伏构造破碎带滞后突水模式的机理，由孔隙流经裂隙流演变成管道流的一种滞后涌水递增灾变的突水模式，可以通过预测其突水前的渗流类型和转换点的水量，结合现场实际突水征兆，判断从孔隙流涌水到裂隙流再到管道流的3个阶段，为实现灾害预警提供参考。

(5)华北型煤田东缘矿区深部煤层开采底板突水模式和煤层底板破坏的时空演化特征，首先为底板破坏深度的预测和深部煤层开采底板突水危险性评价提供依据，其次为结合区域水文地质特征准确查找开采底板突水通道形成的区域位置提供重要的判据，同时也为深部煤层开采底板承压水害防治提供重要依据。

5 深部开采底板突水危险性非线性预测评价方法

深部煤层开采底板承压水害治理前期需进行有效的采煤工作面突水危险性评价，根据本书的第3、第4章可知，深部煤层开采底板突水是多种因素综合作用的结果，其中主要影响因素包括煤层深度、开采底板破坏深度、有效隔水层厚度、含水层水压、煤层底板隐伏构造破碎带的性质、工作面倾向长等，据此可概括为两大方面：一是采煤工作面与底板含水层存在导水通道，二是含水层水源的富水性及水头高度。煤层开采底板的破坏深度是导水通道形成的重要指标，因此，要对深部煤层开采底板突水危险性进行有效评价，必须首先对深部煤层开采底板破坏深度进行有效预测。本章先利用BP神经网络、煤层开采底板应力螺旋线解析、多因素回归等方法对深部煤层开采底板破坏深度进行有效预测；之后利用层次分析法、熵权法、地理信息系统等手段对深度煤层开采底板突水危险性进行综合评价，从而为华北型煤田东缘矿区下组煤开采底板水害治理提供重要的参考数据。

5.1 深部煤层开采底板破坏深度预测

5.1.1 BP神经网络和应力螺旋滑移解析预测开采底板破坏深度

能够及时，有效地预测采煤工作面的底板破坏深度是有效评价和治理底板水害的重要因素。以华北型煤田东缘矿区为例，采用理论解析、BP神经网络算法、现场实测及经验公式4种方法对深部开采煤层底板破坏深度进行研究，结果表明本次提出的新理论计算方法和BP神经网络算法更接近深部煤层开采条件下的真实底板破坏深度。

随着华北型矿井资源深度分布的加深，威胁下组煤层安全开采的主要因素来自奥陶系灰岩及煤层上覆灰岩岩溶承压水，其中威胁深部煤层开采的底板高承压水压普遍已达5～10MPa，煤层底板有效隔水层的厚度随着深部开采底板破坏深度的增加而减小；根据突水系数公式 $T_s = P/(\sum M_i a_i - C_p)$（$M_i$ 为煤层底板岩层第 i 分层的隔水层厚度，a_i 为煤层底板隔水层第 i 分层的等效隔水厚度的转换系数，C_p 为开采底板岩层的破断深度）可知，底板的有效隔水层厚度的一个重要组成因素是煤层底板的破坏深度。

因此，本章主要结合华北型矿井实例，研究煤层底板破坏深度。国内诸多学者在本领域已进行大量研究，1980年以来，关于煤层底板破坏深度研究的方法大致有以下几种：①钻孔应变法，通过煤层底板铺设应变传感器实测岩层的变形程度。②钻孔超声成像法，采后通过向采空区底板施工有效钻孔，再通过超声波成像法，取得钻孔在不同深度的成像画面分析岩层不同的破坏程度。③CT 电法成像，通过采煤工作面底板埋设电极设备，测试采前与采后电阻率的变化分析底板的破坏深度。④微震监测法，通过人工微震，收集振波信号分析底板的破坏深度。⑤气囊－溶液测漏法，通过对工作面底板监测采前和采后底板钻孔注液漏失量分析煤层底板的破坏深度。⑥相似材料模拟，制作相似材料模型，运用伺服控制模拟采煤过程，取得模拟数据再进一步分析。⑦数值模拟，运用计算机装载模拟软件，进行测试数据加载，从而模拟真实有效的采煤场景，进行数值分析。⑧数学模型的解析计算，通过采集大量的相关数据，进行数据拟合，从而对底板的破坏深度进行预测计算。

通过以上对煤层底板破坏深度的研究方法发现，①～⑤的实测方案相对有效，但是现场投入大，施工难度高，不能在采前获得有效的预测数据；⑥～⑧是通过大量室内实验及数据拟合的结果，相对于①～⑤的实测法，模拟和计算的底板破坏深度的准确度有待提高。

因此，本章利用数学建模和矿区的实际资料进行数值解析，结果与深部煤层开采条件下的实测底板破坏深度接近，这为深部开采煤层底板破坏深度预测提供理论分析的参考数据。同时，随着计算能力和人工智能的快速发展，用于计算煤层底板破坏深度的人工神经网络算法在不断完善和发展，网络模型的科学性和模拟能力得以提高。本章利用 BP 神经网络建立深部煤层开采底板破坏深度预测模型，并与矿区实测数据进行对比，结果表明该模型具有较高的预测精度，既是一种能够有效预测深部煤层底板破坏深度的人工智能算法，也是一项煤矿安全预测领域的创新成果。

5.1.1.1 底板应力螺旋滑移解析煤层底板岩体的最大破坏深度

在煤层采动过程中，由于采动矿压的影响煤层底板岩层会出现不同程度的破坏，当作用在煤层底板岩层的支撑压力达到岩石屈服极限的临界值时，岩体将产生破断－变形，形成采前应力集中区；随着采煤工作面的推进，采前应力集中区和采后应力释放区的应力模式布局形成，底板岩体的支撑压力发生螺旋滑移，导致采空区底板岩层凸起，形成煤层底板应力螺旋滑移区；之后，煤层顶板岩体的破断与采空区底板接触，顶底板压力逐渐趋于平衡，形成采后应力释放区，如图 5－1 所示。

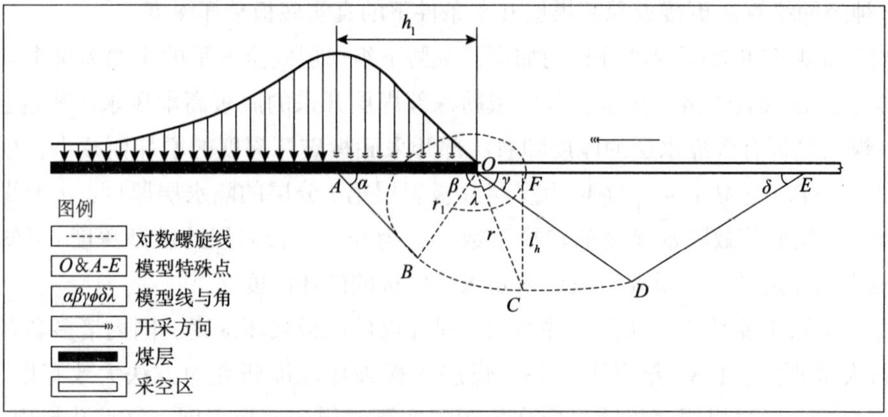

图 5－1　煤层底板采动破坏数学模型示意图

在△FOC 中：

$$l_h = r\cos\angle OCF \tag{5-1}$$

线段 OB、OD 为煤层采动底板岩体位移对数螺旋线半径，根据对数螺线方程可知：

$$r = r_1 e^{\lambda\tan\varphi} \tag{5-2}$$

$$r_1 = OB = \frac{h_1}{2\cos\beta} \tag{5-3}$$

根据岩体屈服极限剪切破断角度可知：

$$\angle DEO = \angle EOD = 45° - \frac{\varphi}{2};\ \angle BAO = \angle AOB = 45° + \frac{\varphi}{2} \tag{5-4}$$

$$\angle OCF = 90° - \left[90° - \lambda + \left(45° - \frac{\varphi}{2}\right)\right] = \lambda + \frac{\varphi}{2} - 45° \tag{5-5}$$

根据极限条件$\frac{dl_h}{d\lambda} = 0$，得出：

$$\frac{dl_h}{d\lambda} = r_1 e^{\lambda\tan\varphi}\cos\left(\lambda + \frac{\varphi}{2} - 45°\right)\tan\varphi - r_1 e^{\lambda\tan\varphi}\sin\left(\lambda + \frac{\varphi}{2} - 45°\right) = 0$$

$$\tan\varphi = \tan\left(\lambda + \frac{\varphi}{2} - 45°\right)$$

$$\lambda = 45° + \frac{\varphi}{2} \tag{5-6}$$

将式(5－2)～式(5－6)同时代入式(5－1)得：

$$l_h = \frac{h_1\cos\varphi\ e^{(45° + \frac{\varphi}{2})\tan\varphi}}{2\cos\left(45° + \frac{\varphi}{2}\right)} \tag{5-7}$$

根据 A H Wilson 提出的煤层屈服长度可计算 h_1 的长度：

$$h_1 = \frac{m}{F}\ln(10\,\gamma_0 H) \tag{5-8}$$

$$F = \frac{k-1}{\sqrt{k}} + \left(\frac{k-1}{\sqrt{k}}\right)^2 \tan^{-1}\sqrt{k} \tag{5-9}$$

根据煤层达到极限平衡条件时满足的 Mohr－Coulomb 准则得：

$$k = \frac{1+\sin\varphi}{1-\sin\varphi} \tag{5-10}$$

将式(5－10)代入式(5－9)得：

$$F = \frac{2\sin\varphi\sqrt{\frac{1+\sin\varphi}{1-\sin\varphi}}\left(1 + \frac{2\sin\varphi\sqrt{\frac{1+\sin\varphi}{1-\sin\varphi}}\tan^{-1}\sqrt{\frac{1+\sin\varphi}{1-\sin\varphi}}}{1-\sin\varphi}\right)}{1+\sin\varphi} \tag{5-11}$$

将式(5－11)代入式(5－8)得：

$$h_1 = \frac{m\ln(10\,\gamma_0 H)(1+\sin\varphi)}{2\sin\varphi\sqrt{\dfrac{1+\sin\varphi}{1-\sin\varphi}}\left(1+\dfrac{2\sin\varphi\sqrt{\dfrac{1+\sin\varphi}{1-\sin\varphi}}\tan^{-1}\sqrt{\dfrac{1+\sin\varphi}{1-\sin\varphi}}}{1-\sin\varphi}\right)} \tag{5-12}$$

将式(5－12)代入式(5－7)得：

$$l_h = \frac{m\ln(10\,\gamma_0 H)(1+\sin\varphi)\cos\varphi\, e^{\left(45^\circ+\frac{\varphi}{2}\right)\tan\varphi}}{4\sin\varphi\sqrt{\dfrac{1+\sin\varphi}{1-\sin\varphi}}\left(1+\dfrac{2\sin\varphi\sqrt{\dfrac{1+\sin\varphi}{1-\sin\varphi}}\tan^{-1}\sqrt{\dfrac{1+\sin\varphi}{1-\sin\varphi}}}{1-\sin\varphi}\right)\cos\left(45^\circ+\dfrac{\varphi}{2}\right)} \tag{5-13}$$

式中，m 为煤层开采厚度，m；γ_0 为上覆岩层的容重均值，N/m³；H 为开采深度，m；φ 为煤层底板岩层内摩擦角均值，(°)。

令 $\gamma_0 = a$，$\varphi = b$，利用 Matlab 程序求解，即为深部煤层开采底板破坏最大深度的预测值。

5.1.1.2　煤层底板破坏深度的 BP 神经网络模型

1) BP 神经网络算法原理

BP 即反向传播的简称，反向传播是人工神经网络如何执行给定任务的一种常用方法。是一种监督学习方法，是增量规则的推广，也是一种按误差反向传播算法训练的前馈系统，可分为输入层、输出层及隐含层。要求模型知道或能够计算训练集中任何输入所需的输出；反向传播要求人工神经元使用的激活函数可微。具体计算过程分为两个阶段，如图 5－2 所示。

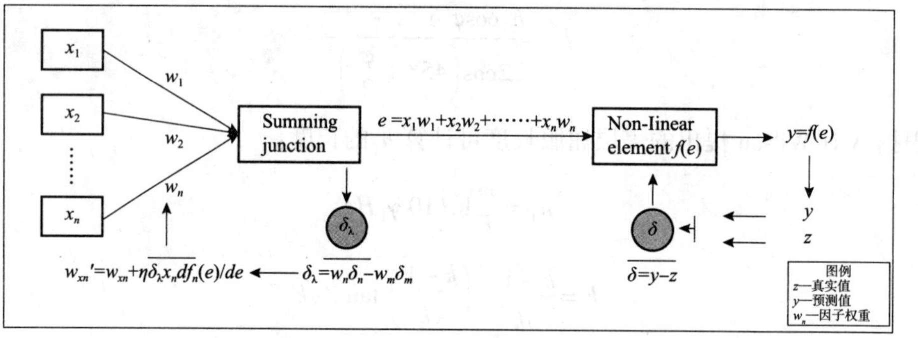

图 5－2　BP 神经网络算法原理图

第一个阶段首先是传播方式，训练样式的输入是经神经网络进行正向传播，以激活正向传播的输出，然后采用既定的训练样式的目标样本数据，再经神经网络对激活的传播输出进行反向传播，从而得到输入变量和隐藏神经元的增量。第二个阶段是权重的更迭，首先将其输出增量和输入激活值相乘以获得权重的梯度。其次从权重中减去一定比例使权重朝梯度的相反方向移动。

BP 神经网络的模型结构和权值通过学习得到的，学习过程的两个阶段分别为多层前馈阶段(即传播阶段)和反向误差修正阶段；其两个阶段的数学模型分别构建如下：

多层前馈数学模型为：

$$\begin{cases} y_m^n = f(x_m^n) \\ x_m^n = \sum_{d=1}^{k_{n-1}} w_{md}^n y_d^{n-1} + u_m^n \end{cases} \quad (n=1,\ 2,\ 3,\ \cdots N) \tag{5-14}$$

式中，x_m^n为第 n 层第 m 个节点的激活值；y_m^n为第 n 层第 m 个节点的输入值；w_{md}^n为第 $n-1$ 层第 d 个节点到第 n 层第 m 个节点的链接权值；u_m^n为第 n 层第 m 个节点的阈值；k_n为第 n 层节点数；N 为总层数；f 为神经元激活函数。

在正向前馈传播过程中，按照式(5－14)计算各层的输出值，当输出层神经元的输入误差大于 BP 神经网络结构设置误差精度要求时，则会进入误差反向传播计算阶段；误差反向传播阶段采用梯度递降的算法，调整各层神经元之间的连接权值，直到误差达到网络允许的精度为止。

误差反向传播数学模型为：

$$\Delta w_{md} = -\mu \frac{\partial E}{\partial w_{md}} \tag{5-15}$$

$$w_{md}(t+1) = w_{md}(t) - \mu \frac{\partial E}{\partial w_{md}} \tag{5-16}$$

2）深部煤层开采底板破坏深度的主要影响因素

根据第 3、第 4 章的研究确定 BP 神经网络输入层的影响因素，分别为采深、煤层倾角、煤层开采厚度、工作面倾斜长度和煤层底板抗损伤能力 5 种。

随着华北型煤田东缘矿区的开采深度逐渐增加，导致矿压随着开采深度的增加而增大，同时结合我国国家安全监管总局和国家煤矿安监局等单位联合制定的《建筑物、水体、铁路及主要井巷煤柱留设与压煤开采规范》（简称“三下规程”）中的煤层开采底板破坏深度预测公式可知，煤层开采深度、煤层倾角和工作面倾斜长度 3 个因素与回采工作面底板的破坏深度成正比。煤层的开采高度越大，导致煤层顶板岩层的破裂程度和崩落带的高度越大，产生的动压越大，因此，煤层开采高度与煤层底板的破坏深度成正比；煤层底板的抗破坏能力与煤层底板岩性组合具有密切关系，底板岩性组合的普氏系数越高，抗破坏能力越强，因此，煤层底板的抗破坏能力与煤层底板的破坏深度成反比。

3）学习样本和测试样本

根据 BP 神经网络的原理，构建网络性能的优劣因素，关键在于网络输入层的影响因子的准确性，即网络训练样本的真实性和等值性（区域地质情况的相似性），因此，只针对华北型矿区的 44 个矿井回采工作面进行统计，作为本网络的训练样本，如表 5－1 所示，收集了多个矿井采煤面的煤层底板岩层的抗破坏能力系数（ARD）、煤层的埋藏深度（H）、开采煤层的倾角均值（a）、采煤面的宽度（L）、煤层的开采厚度（M）、实测底板的破坏深度（FD）等指标，利用 BP 神经网络算法进行迭代训练，得到深部煤层开采底板破坏最大深度的 BP 神经网络预测模型。

表 5-1 学习和测试的实测样本数据

样本编号	工作面	H/m	a/(°)	M/m	L/m	ARD	FD/m
1	井陉一矿 4707-2	400	9	4.00	34	0.40	6.00
2	井陉一矿 4707-1	400	9	7.50	34	0.40	8.00
3	邢台煤矿 7802	259	4	3.00	160	0.60	16.00
4	邢台煤矿 7607 窄	320	4	5.40	60	0.60	9.70
5	邢台煤矿 7607 宽	320	4	5.40	100	0.60	11.70
6	井陉三矿 5701(1)	227	12	3.50	30	0.40	3.50
7	赵各庄煤矿 1237(1)	900	26	2.00	200	0.60	27.00
8	赵各庄煤矿 1237(2)	1000	30	2.00	200	0.60	38.00
9	鹤壁三煤矿 128	230	26	3.50	180	0.40	20.00
10	新庄孜煤矿 4303(1)	310	26	1.80	128	0.20	16.00
11	华丰煤矿 41303	520	30	0.94	120	0.60	13.00
12	峰峰二矿 2701(1)	145	16	1.50	120	0.40	14.00
13	峰峰三矿 3707	130	15	1.40	135	0.40	12.00
14	峰峰四矿 4804	110	12	1.40	100	0.40	10.00
15	马沟梁煤矿 1100	230	10	2.30	120	0.60	13.00
16	澄合二矿 22510	300	8	1.80	100	0.40	10.00
17	王凤煤矿 1951	123	15	1.10	100	0.20	13.40
18	王凤煤矿 1830	123	15	1.10	70	0.20	7.00
19	良庄煤矿 51101	640	15	1.10	70	0.20	20.10
20	白庄煤矿 7406	225	14	1.90	130	0.80	9.75
21	曹庄煤矿 9203	148	18	1.80	95	0.80	9.00
22	双沟煤矿 1204	308	10	1.00	160	0.60	10.50
23	吴村煤矿 32031(1)	375	14	2.40	70	0.60	9.70
24	吴村煤矿 32031(2)	640	13	1.50	196	0.60	26.40
25	吴村煤矿 3305	327	12	2.40	120	0.60	11.70
26	陈四楼煤矿 21301	584	10	2.70	149	0.50	14.00
27	邢东煤矿 2121	1000	10	3.75	150	0.80	32.50
28	董家河煤矿 507	350	7	3.00	114	0.50	10.80
29	兴隆庄煤矿 10302	466	7	8.91	200	0.60	16.00
30	东庞煤矿 9103	237	12	6.19	70	0.40	12.43
31	双沟煤矿 1208	287	10	1.00	130	0.60	9.50
32	新庄孜煤矿 4303(2)	310	26	1.80	128	0.20	29.60
33	王凤煤矿 1930	118	18	2.50	80	0.80	10.00
34	阳煤五矿 8403	520	8.5	8.74	220	0.30	20.00
35	赵固一矿 111111	570	2	3.50	175	0.30	23.48
36	赵固一矿 11011	710	3	3.60	180	0.30	25.80
37	潘三煤矿 37-1	590	15	3.00	205	0.50	14.60

续表

样本编号	工作面	H/m	a/(°)	M/m	L/m	ARD	FD/m
38	东滩煤矿 1305	598	6	8.78	223	0.40	20.00
39	钱营孜煤矿 13	630	9	3.50	200	0.50	17.00
40	钱营孜煤矿 12	650	9	3.50	150	0.30	24.30
41	良庄煤矿 51302－1	640	12	1.00	165	0.20	35.00
42	新集二矿 1 煤首采面	650	10	4.50	150	0.40	19.17
43	赵各庄煤矿 1304－2	985	4	4.81	205	0.30	22.60
44	赵各庄煤矿 12－1237	1056	26	10.00	200	0.20	35.00

4)网络结构的确定

BP 神经网络模型结构如图 5－3 所示，利用 Tansig 函数、Logsig 函数、Traingdx 函数依次作为 BP 神经网络隐含层、输出层及训练的函数模型进行计算，同时采用 Levenberg－Marquardt Back-propagation 作为阀值和权值的学习函数，Mean Squared Error(MSE)为性能函数。BP 神经网络算法中隐含层内神经元数目的设定是一个非常重要的变量因子，神经元的数目设定太多或太少均会对网络的自由度、系统的容错性能、学习空间等产生重要的影响。Hecht Nielsen(1987)指出，一个隐含层可能足以解决多数问题，隐含层设定为1 时，隐含层的节点个数在 BP 神经网络训练中采用公式(5－17)进行动态设置。

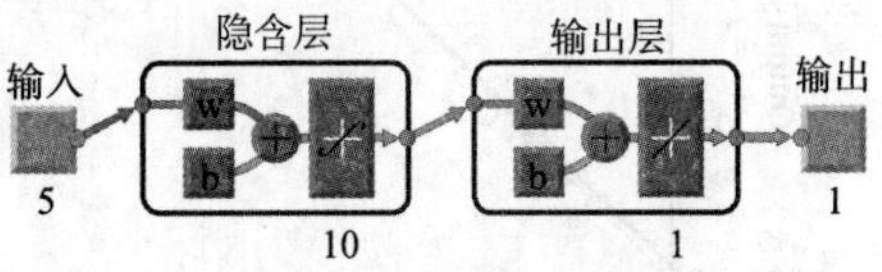

图 5－3　BP 神经网络模型结构

$$L = \sqrt{n+m} + \alpha \tag{5-17}$$

式中，L 为隐含层内的节点个数；n 为输入层的节点个数；m 为输出层的节点个数；a 为调节常量，一般取值为 1～10。

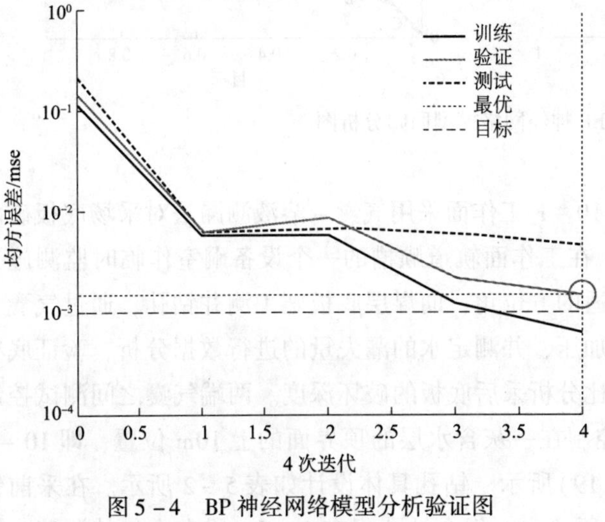

图 5－4　BP 神经网络模型分析验证图

将收集到的 44 组样本数据输入以上设定的 BP 神经网络运行训练，通过不断调整网络的调节常量和其他参数，最后得到该网络的隐含层节点个数、网络最大训练的次数、样本学习率、误差允许阈值等参数，分别取值为 10、1000、0.001、0.0001 时，通过 4 次迭代计算后收敛得到最优解，如图 5－4 所示。

5)模型预测结果与检验

本次研究共采集华北型矿井回采工作面 44 组实测有效数据，利用 34 组数据归一化后对网络模型进行训练及验证，再用10组数据对网络模型进行测试。

网络模型训练回归值衡量产出和目标之间的相关性，如图5－5所示，该网络模型的训练、验证、测试的回归值分别为97.471%，94.018%，93.381%；因此，该网络模型能达到预测要求。保存训练后的网络模型为华北型煤田煤层底板破坏深度预测网络模型。

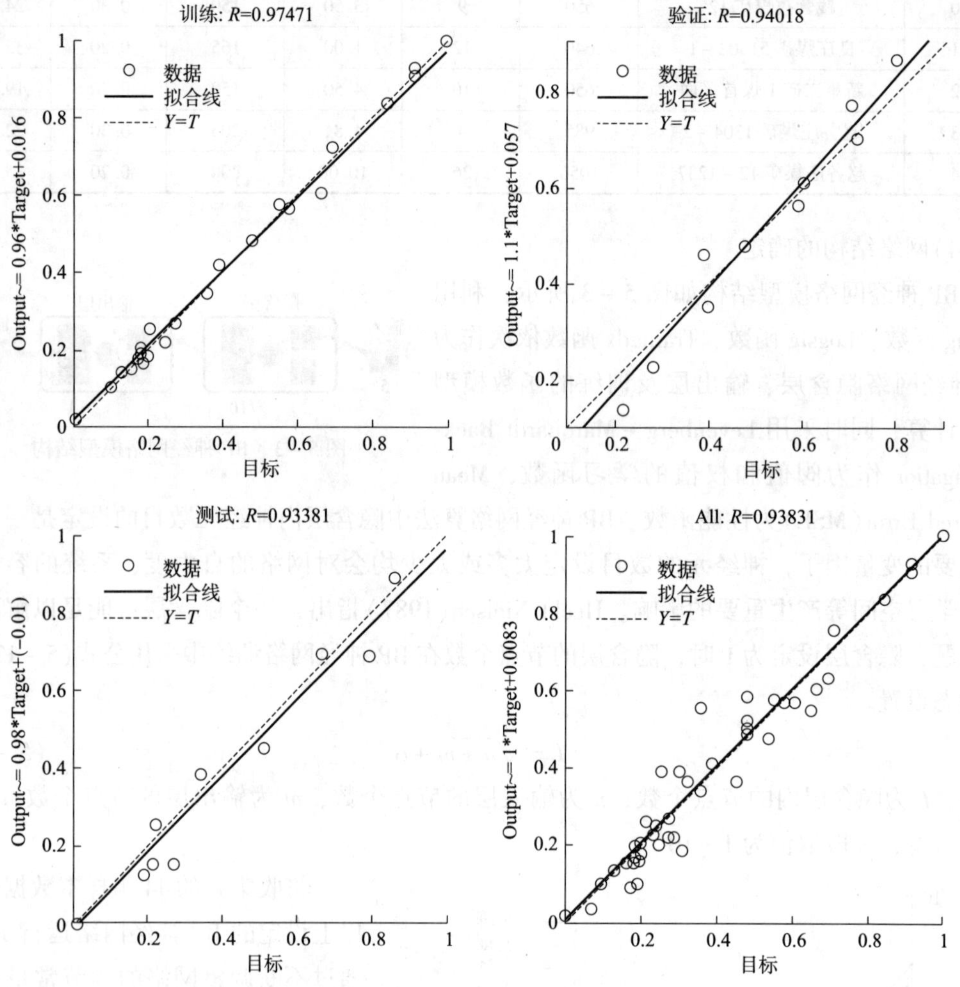

图5－5　BP神经网络模型回归分析图

5.5.1.3　原位测试法

在华北型煤田东缘矿区杨柳煤矿10－F工作面采用气囊－溶液测漏法对采场底板破坏深度进行现场实测。如图5－6所示，在工作面轨道顺槽的一个设备硐室作临时监测施工硐室，向工作面推进的反方向选择合适的方位角，向煤层底板施工测井钻孔，通过气囊－溶液测漏装置分别对采前和采后分段加压，并测定水的漏失量的进行数据分析，验证底板岩层的原始裂隙的发育情况，以及对比分析采后底板的破坏深度。两端气囊之间测试控制长度设置为2m，测井钻孔垂直深度控制在一灰含水层的顶界面的上10m位置，即10－F工作面底板向下54m以内，如式(5－19)所示。钻孔具体设计如表5－2所示。在采前钻孔漏失量测试过程中以0.10MPa的水压注水，每个钻孔仅在1～5m段有少量的漏液，最大漏失量不超过1.20L/s，证明该工作面煤层底板采前原始裂隙发育较小，因此可忽略不计，按密实煤层底板分析采后测试漏失量，确定该工作面底板破坏深度，如图5-7所示。

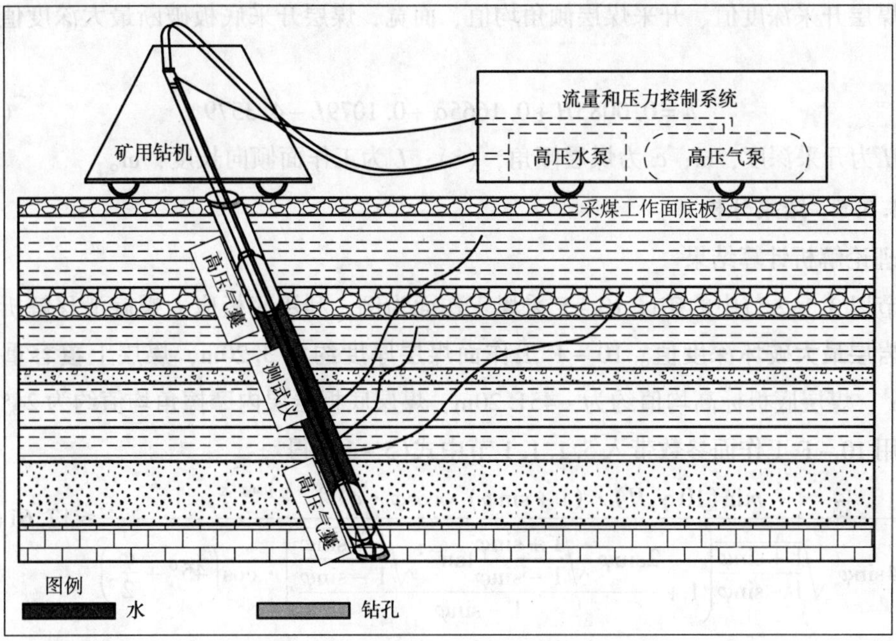

图5-6 气囊-溶液测漏示意图

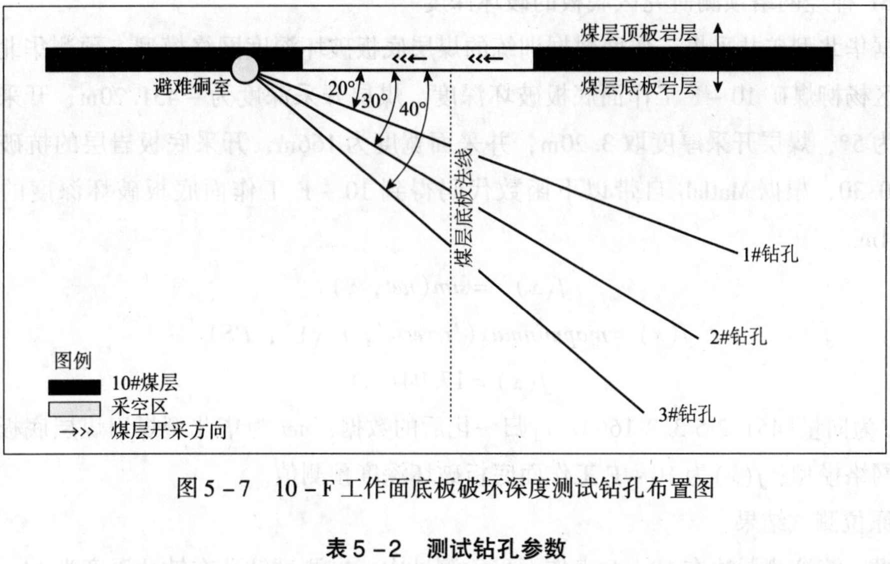

图5-7 10-F工作面底板破坏深度测试钻孔布置图

表5-2 测试钻孔参数

监测点	硐室	钻孔编号	方位角/(°)	倾角/(°)	钻孔深度/m	孔尺寸
10-F工作面	安全硐室	1#	260	-20	83	Ø89
		2#	265	-30	82	Ø89
		3#	270	-40	83	Ø89

5.1.1.4 经验公式法

根据我国国家安全监管总局和国家煤矿安监局等机构联合制定的“三下规程”的规定，仅考虑煤层开采深度值、开采煤层倾角均值、面宽，煤层开采底板破断最大深度值计算公式为：

$$h = 0.0085H + 0.1665\alpha + 0.1079L - 4.3579 \tag{5-18}$$

式中，H 为开采深度，m；α 为煤层倾角，(°)；L 为工作面倾向长度，m。

5.1.5.5 结果分析

1)理论解析计算结果

本节以 3.1.2 节中的矿区 10－F 采煤工作面为例，利用底板应力螺旋滑移解析计算开采底板岩层最大破坏深度值。10－F 工作面煤层厚度约为 3.20m，煤层上覆容重均值为 25kN/m^3，煤层底板标高均值约为－451.20m，煤层底板岩层内摩擦角均值约为 24°。

利用 10－F 工作面参数带入 5.1.1.1 节中式(5－13)得：

$$l_h = \frac{m\ln(10\gamma_0 H)\cdot(1+\sin\varphi)\cdot\cos\varphi\cdot e^{\left(45°+\frac{\varphi}{2}\right)\tan\varphi}}{4\sin\varphi\sqrt{\frac{1+\sin\varphi}{1-\sin\varphi}}\left(1+\frac{2\sin\varphi\sqrt{\frac{1+\sin\varphi}{1-\sin\varphi}}\tan^{-1}\sqrt{\frac{1+\sin\varphi}{1-\sin\varphi}}}{1-\sin\varphi}\right)\cdot\cos\left(45°+\frac{\varphi}{2}\right)} \approx 17.61(\text{m})$$

令 $\gamma_0 = a$，$\varphi = b$，利用 Matlab 程序求解得 $l_h \approx 17.61$(m)。

2)BP 神经网络预测研究区底板的破坏深度

根据华北型矿井采煤工作面数据训练的煤层底板破坏深度网络模型，预测华北型煤田东缘矿区杨柳煤矿 10－F 工作面底板破坏深度，煤层开采深度为－451.20m，开采煤层倾角均值为 5°，煤层开采厚度取 3.20m，并采面宽度为 166m，开采底板岩层的抗破坏能力系数为 0.30，根据 Matlab 自带以下函数代码得到 10－F 工作面底板破坏深度的预测值为 17.94m。

$$f(x)' = sim(net,\ x)$$

$$f(x) = mapminmax('reverse',\ f(x)',\ PS)$$

$$f(x) = 17.94(\text{m})$$

式中，x 为向量[451.2 5 3.2 166 0.3]归一化后的数据；net 为华北型煤田煤层底板破坏深度预测网络模型；$f(x)$ 为 10－F 工作面底板破坏深度预测值。

3)原位测试结果

气囊－溶液测漏法在 10－F 工作面采后测试中，1#测试钻孔在钻孔深度为 14～15m 和 45～46m 处漏失量出现了两个峰值，在钻孔深度为 47～48m 处急剧下降，之后漏失量趋于稳定，分析认为在孔深 48m 处为底板破坏深度的测点，如图 5－8(a)所示，经过式(5－20)斜率换算，得到 1#钻孔测试底板的破坏深度约为 16.42m。2#测试钻孔在孔深 5～12m 处，漏失量趋于急剧上升阶段，在 13～31m 之间漏失量出现间断性峰值，在 32～33m 处漏失量急剧下降，之后基本趋于稳定，如图 5－8(b)所示，分析认为在孔深为 33m 处为底板的破坏深度的测点，经过式(5-21)计算，得到2#钻孔测试底板的破坏深度约为16.50m。3#测试钻孔在深度为13~14m处漏失量达到峰值，在14~25m之间漏失量一直居于高位，波动幅度不大，在26~27m时，测井漏失量急剧下降，之后趋于稳定，如图5-8(c)所示，说明在测井27m处为底板的破坏深度的测点，经过式(5-22)计算，得到3#测试钻孔的底板的破坏深度的测试值约为17.36m。

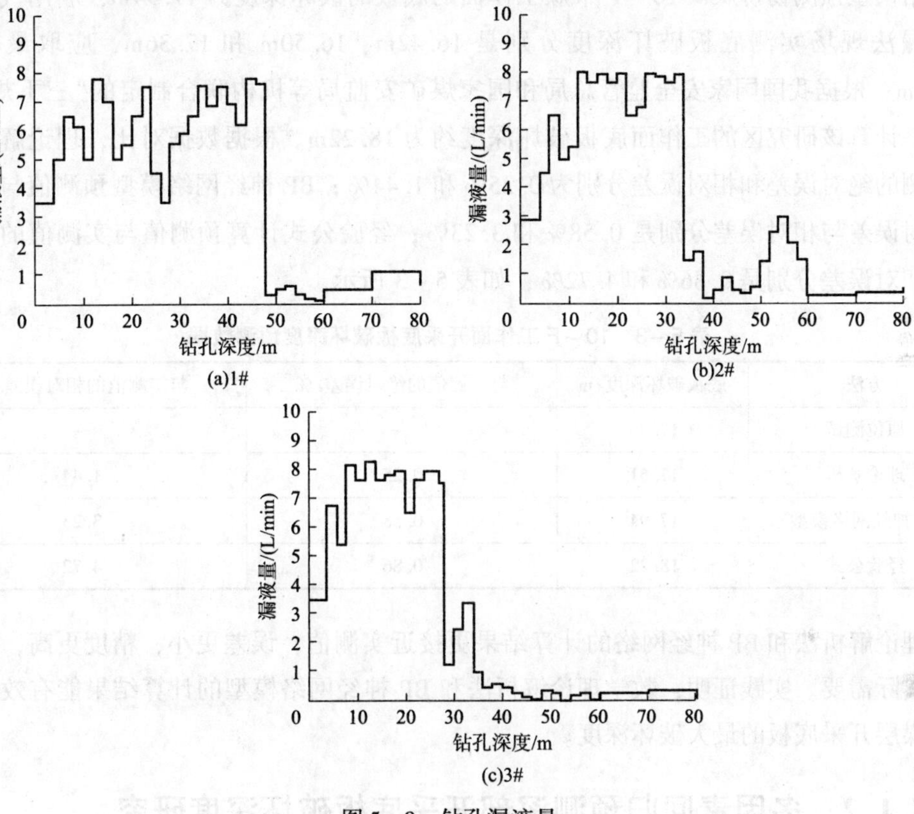

图5-8 钻孔漏液量

$$H_C = H_3 \sin 40° \approx 53.3(\mathrm{m}) < H_\delta \quad (5-19)$$

$$h_1 = 48 \sin 20° \approx 16.42(\mathrm{m}) \quad (5-20)$$

$$h_2 = 33 \sin 30° \approx 16.50(\mathrm{m}) \quad (5-21)$$

$$h_3 = 27 \sin 40° \approx 17.36(\mathrm{m}) \quad (5-22)$$

式中，H_c为测井最大垂直深度，m；H_3为3#测井的钻孔深度，m；H_δ为10-F工作面底板到一灰的距离为64m；h_1为1#测井测试底板的破坏深度，m；h_2为2#测井测试底板的破坏深度，m；h_3为3#测井测试底板的破坏深度，m。

4)经验公式的计算结果

杨柳煤矿10-F工作面的深度为451.20m，煤层倾角为5°，工作面倾向长度为166m，根据5.1.1.4节式(5-18)计算可知：

$$h_1 = 0.0085H + 0.1665\propto + 0.1079L - 4.3579 \approx 18.22(\text{m})$$

式中，h_1为煤层开采底板最大破坏深度，m；L为工作面倾向长度，m；α为煤层倾角，(°)；H为开采深度，m。

5)对比分析

根据5.1.1节可知，理论解析计算的煤层底板岩体的最大破坏深度为17.61m；BP神经网络模型预测杨柳煤矿10－F采煤工作面的底板的破坏深度为17.94m；利用气囊－溶液测漏法现场实测底板破坏深度分别是16.42m、16.50m和17.36m，应取最大值为17.36m；根据我国国家安全监管总局和国家煤矿安监局等机构联合制定的“三下规程”的规定，计算该研究区的工作面底板破坏深度约为18.22m。根据数据对比，理论解析计算和实测的绝对误差和相对误差分别为0.25%和1.44%；BP神经网络模型预测值与实测值的绝对误差与相对误差分别是0.58%和3.23%；经验公式计算预测值与实测值的绝对误差与相对误差分别是0.86%和4.72%，如表5－3所示。

表5－3　10－F工作面开采底板破坏深度预测数据

方法	底板破坏深度/m	与实测值的绝对误差/%	与实测值的相对误差/%
原位测试	17.36	—	—
理论解析	17.61	0.25	1.44
BP神经网络模型	17.94	0.58	3.23
经验公式	18.22	0.86	4.72

理论解析法和BP神经网络的计算结果更接近实测值，误差更小，精度更高，更能够满足实际需要。实践证明，数学理论解析法和BP神经网络模型的计算结果能有效地预测深部煤层开采底板的最大破坏深度。

5.1.2　多因素回归预测深部开采底板破坏深度研究

5.1.2.1　深部煤层开采底板岩层破坏的影响因素分析

正常条件下，深部煤层开采底板破坏的影响因素主要有以下5种；但是在深部煤层开采顶板来压步距超过100m条件下的开采底板的破坏深度不在本研究范围内。

(1)煤层埋深。

根据岩石力学和地质工程理论可知，地下工程的开挖深度与其深部空间围岩的地应力呈正比关系，而地下工程的深部空间开挖对围岩的破坏程度与开挖空间围岩地应力亦呈正比关系，所以煤层埋深对采煤工作面底板破坏深度成正比。

(2)煤层倾角。

根据倾斜煤层的力学分析，煤层倾角越大，在开采的过程中，采煤工作面煤壁顶部受到煤层顶板下滑力(重力的分量)影响越大，煤壁受到顶板重力和下滑力共同作用，工作面煤壁集中应力增加，导致开采底板破坏深度增大。

(3)开采煤层厚度(简称采厚)。

根据地下空间开挖的力学分析及煤矿工程的经验数据，开采煤层厚度增加会导致煤层开采速度减慢，延长采空区底板岩层应力释放的过程，使采空区底板破坏裂隙充分发育，导致底板破坏深度增大；同时，根据实测数据底板破坏深度与开采高度呈正比关系，张文泉对缓倾斜煤层底板采动破坏深度与回采参数关系的研究中亦是如此。

(4)采煤工作面宽度。

根据目前经验认为，开采底板破坏深度与采煤工作面宽度关系非常密切，工作面斜面长度的增加，使工作面控顶面积增加，导致采煤工作面围岩压力的变化，从而影响开采底板的破坏深度。

(5)煤层底板岩层硬岩系数。

煤层开采底板破坏机制是由于地下空间开挖导致原岩应力平衡被打破，通过采煤工作面回采工艺的循环过程，使地下开挖空间的围岩应力进行再平衡，在这一过程中的底板岩层的破断与受到围压及底板岩层的极限抗拉强度有直接关系，为此，提出一个新的指标即硬岩岩性比例系数(硬岩系数β)。硬岩岩性包括细砂岩、中砂岩、粗砂岩、混合岩、火成岩、灰岩等。

煤层底板硬岩系数计算公式如下：

$$\beta = \frac{\sum h_n}{H/(30 \sim 35)} \tag{5-23}$$

式中，Σh_n为估算的开采底板破坏深度范围内的硬岩岩层的累积厚度(据分析，煤层埋深对开采底板的破坏深度的偏相关系数达0.701，说明两因素之间关系密切；因此，本研究根据实测数据进行统计分析，开采底板的破坏深度一般近似为煤层埋深的1/35～1/30)；H为煤层埋深，m。

综上所述，在正常条件下深部开采底板的破坏深度的主要影响因素为煤层埋深(H)、煤层倾角(α)、开采煤层厚度(M)、采煤工作面宽度(L)、煤层底板岩层硬岩系数(β)等。

5.1.2.2 煤层采动底板破坏带的实测数据

收集开采深度大于400m的华北型矿井底板破坏深度实测数据共计39例，采用多因素指标进行综合数据分析，如表5-4所示。

表5-4 底板破坏深度实测值及相关影响因素数据

样本编号	工作面	埋深H/m	煤层倾角α/(°)	采厚M/m	面宽L/m	硬岩系数β	破坏深度h/m
1	井陉一矿(4707-1)	400.00	9	7.50	34	0.44	8.00
2	井陉一矿(4707-2)	400.00	9	4.00	34	0.41	6.00
3	井陉一矿(4707-3)	400.00	9	4.00	45	0.41	6.50
4	肥城某矿(9507)	400.00	7	1.30	120	0.81	20.40
5	董家河煤矿(22507)	408.00	7	3.00	114	0.49	10.80

续表

样本编号	工作面	埋深 H/m	煤层倾角 α/(°)	采厚 M/m	面宽 L/m	硬岩系数 β	破坏深度 h/m
6	告成煤矿(21021)	415.00	11	4.70	154	0.45	10.00
7	宁国一矿(213)	416.00	18	1.50	115	0.69	16.50
8	曹庄煤矿(8812－1)	420.00	20	2.00	120	0.85	18.50
9	邱集煤矿(1102)	428.63	8	2.02	60	0.69	16.00
10	超化煤矿(22121)	430.00	17	10.00	101	0.59	15.00
11	曹庄煤矿(8812－2)	442.00	20	2.00	125	0.93	36.50
12	刘桥一矿(Ⅲ423)	450.00	9	1.90	170	0.79	21.00
13	孙疃煤矿(1028)	466.00	17	3.40	180	0.59	17.00
14	兴隆庄煤矿(10302)	467.00	7	8.90	200	0.84	19.00
15	肥城某矿(8203)	468.00	7	1.90	85	0.91	27.40
16	临沂某矿	470.00	15	4.00	120	0.21	13.00
17	青东煤矿(104)	489.00	15	2.80	321	0.35	16.90
18	桃园煤矿(1066)	500.00	28	3.40	112	0.45	16.00
19	刘桥二矿(2614)	500.00	9	2.90	160	0.21	14.90
20	华丰煤矿(41303)	520.00	30	0.90	120	0.51	13.00
21	白庄煤矿(7105)	520.00	10	1.50	80	0.81	21.60
22	杨煤五矿(8403)	520.00	9	8.80	220	0.75	20.00
23	赵固一矿(11111)	570.00	2	3.50	175	0.68	23.50
24	陈四沟煤矿(21301)	584.00	10	2.70	149	0.51	14.00
25	潘三煤矿(37－1)	590.00	15	3.00	205	0.61	14.60
26	东滩煤矿(1305)	598.00	6	8.80	223	0.81	20.00
27	钱营孜煤矿(13)	630.00	9	3.50	200	0.43	17.00
28	良庄煤矿(51302－1)	640.00	12	1.00	165	0.84	35.00
29	良庄煤矿(51101W)	640.00	15	1.50	165	0.81	20.10
30	新集二矿	650.00	10	4.50	150	0.75	19.20
31	钱营孜煤矿(12)	650.00	9	3.50	150	0.78	24.30
32	赵固一矿(11011)	710.00	3	3.60	180	0.76	25.80
33	华丰煤矿(2－41303)	721.00	30	0.90	120	0.61	12.00
34	赵各庄矿(1237－1)	900.00	26	2.00	200	0.83	27.00
35	赵楼煤矿(1304－2)	985.00	4	4.80	205	0.75	22.60
36	赵各庄矿(1237－2)	1000.00	30	2.00	200	0.82	38.00
37	邢东煤矿(2121)	1000.00	12	3.70	150	0.69	32.50
38	邯邢地区某矿(1212)	1000.00	10	3.50	150	0.72	33.80
39	赵各庄矿(1237)	1056.00	26	10.00	200	0.78	35.00

5.1.2.3　多元回归分析煤层底板的破坏深度

多元回归分析是指在相关变量中将一个变量视为因变量，其他多个变量视为自变量，建立多个变量之间线性或非线性数学模型量关系式，并采用多个已知样本进行分析的统计学计算方法。采用多个自变量和一个因变量经分析或计算得到两者的相关性，从而建立预测数据的函数模型。通过多个样本分析后，当因变量和自变量具有线性相关时，可运用多元线性回归分析模型进行计算；当自变量与因变量存在曲线关系时也可以将曲线模型转换成线性模型解决实际问题。

多元线性回归分析基本模型如下：

$$y=\varphi_0+\varphi_1x_1+\varphi_2x_2+\cdots+\varphi_nx_n \tag{5-24}$$

利用最小二乘法得到回归系数：

$$D=\sum(y_i-\hat{y}_i)=\sum(y_i-\hat{\varphi}_0-\hat{\varphi}_1x_1-\hat{\varphi}_2x_2-\cdots-\hat{\varphi}_nx_n)^2=\min \tag{5-25}$$

D 分别对$\hat{\varphi}_0$，$\hat{\varphi}_1$，$\hat{\varphi}_2$，$\cdots\hat{\varphi}_n$求偏导数，令其等于 0 得：

$$\begin{cases}\dfrac{\partial D}{\partial\hat{\varphi}_0}=\sum(y_i-\hat{\varphi}_0-\hat{\varphi}_1x_1-\hat{\varphi}_2x_2-\cdots-\hat{\varphi}_nx_n)(-1)=0\\ \dfrac{\partial D}{\partial\hat{\varphi}_1}=\sum(y_i-\hat{\varphi}_0-\hat{\varphi}_1x_1-\hat{\varphi}_2x_2-\cdots-\hat{\varphi}_nx_n)(-x_1)=0\\ \vdots\\ \dfrac{\partial D}{\partial\hat{\varphi}_n}=\sum(y_i-\hat{\varphi}_0-\hat{\varphi}_1x_1-\hat{\varphi}_2x_2-\cdots-\hat{\varphi}_nx_n)(-x_n)=0\end{cases} \tag{5-26}$$

式中，自变量与因变量均为已知的数据，对方程式(5-26)求解得到参数$\hat{\varphi}_0$、$\hat{\varphi}_1$、$\hat{\varphi}_2\cdots\hat{\varphi}_n$的估计值。

判断回归方程中自变量与因变量拟合关系的相关性时，根据方程式(5-27)所示：

$$R^2(y,1,2,\cdots,n)=\frac{\sum(\hat{y}_i-\bar{y})^2}{\sum(y_i-\bar{y})^2} \tag{5-27}$$

R^2越接近 1，说明预测的回归方程越准确。

利用 Statistical Product and service solutdons(简称 SPSS)实现各因素对深部煤层开采底板的破坏深度的回归分析预测，同时分析煤层埋藏深度、开采煤层倾角均值、开采煤层厚度、面宽、底板硬岩系数等因素对开采底板破坏深度的影响。

利用 SPSS 对各因素与深部开采底板破坏深度的偏相关性进行分析，如表 5-5 所示，为了提高多因素回归方程预测的准确性，在多因素分析中选取 Pearson Correlation 系数较大的 4 种因素，进行逐步拟合分析，根据多元回归的不同因素拟合得到的预测方程进行对比分析，选取拟合程度最优值。

表 5-5　影响底板破坏深度各因素的相关性分析

自变量	H/m	α/(°)	d/m	L/m	β/%
皮尔逊相关系数	0.701 **	0.221	0.081	0.511 **	0.708 **
显著性	0.000	0.051	0.480	0.000	0.000

(1)考虑采煤工作面宽度及煤层底板硬岩系数两因素回归分析底板破坏深度。利用SPSS分析得到两因素与底板破坏深度呈多项式关系，根据表5-5数据拟合得到三维关系，如图5-9所示；两因素拟合底板破坏深度预测模型Ⅰ如方程式(5-28)所示。

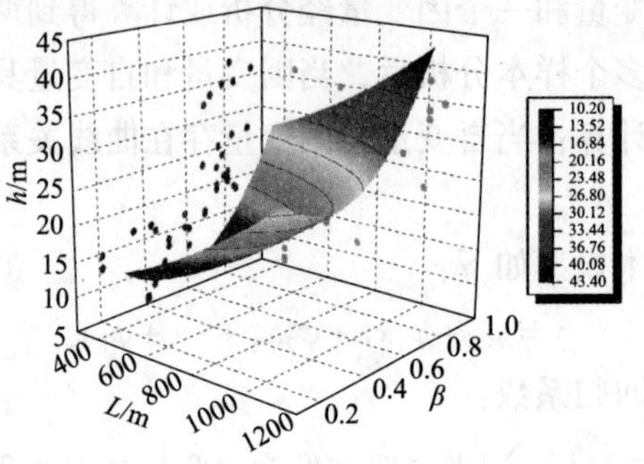

图5-9　两个自变量和一个因变量的模型图

$$h_1 = 1.237 \times 10^{-5} L^2 + 0.005L + 70.361\beta^2 - 59.665\beta + 18.883 \quad (5-28)$$

(2)考虑煤层埋深、采煤工作面宽度、煤层底板硬岩系数3个因素，得到深部煤层开采底板破坏深度预测模型Ⅱ。

$$h_2 = 0.014H + 0.789L^{0.436} + 0.056e^{6.282\beta} \quad (5-29)$$

(3)考虑煤层埋深、煤层倾角、采煤工作面宽度、煤层底板硬岩系数4个因素，得到深部煤层开采底板破坏深度预测模型Ⅲ。

$$h_3 = 0.014H + 0.09\alpha + 0.453L^{0.516} + 0.068e^{6.062\beta} \quad (5-30)$$

式中，h_x为预测的开采底板破坏深度，m；H为煤层埋深，m；α为煤层倾角，(°)；L为采煤工作面宽度，m；β为煤层底板岩层硬岩系数。

5.1.2.4　结果分析

1)对比分析以上方法预测开采底板破坏深度的准确性

根据本研究得到的3个多元回归预测底板破坏深度的模型及华北型煤田东部矿区的经验公式与实测数据进行对比分析，其结果如表5-6所示。

经验预测底板破坏深度如方程式(5-31)所示：

$$h = 0.0085H + 0.1665\alpha + 0.1079L - 4.3579 \quad (5-31)$$

表5-6　煤层开采底板破坏深度预测值与实测值之间的误差数据

样本编号	工作面	实测破坏深度/m	经验公式		Model Ⅰ		Model Ⅱ		Model Ⅲ	
			预测值	相对误差	预测值	相对误差	预测值	相对误差	预测值	相对误差
1	肥城某矿(9507)	20.40	13.16	-0.36	17.50	-0.14	21.04	0.03	20.81	0.02
2	邱集煤矿(1102)	16.00	7.09	-0.56	11.56	-0.28	14.98	-0.06	14.92	-0.07
3	超化煤矿(22121)	15.00	13.03	-0.13	8.80	-0.41	14.20	-0.05	14.88	-0.01
4	曹庄煤矿(8812-2)	36.50	16.22	-0.56	25.07	-0.31	31.96	-0.12	32.55	-0.11
5	刘桥一矿(Ⅲ423)	21.00	19.31	-0.08	16.87	-0.20	21.71	0.03	21.69	0.03

续表

样本编号	工作面	实测破坏深度/m	经验公式		Model Ⅰ		Model Ⅱ		Model Ⅲ	
			预测值	相对误差	预测值	相对误差	预测值	相对误差	预测值	相对误差
6	孙疃煤矿(1028)	17.00	21.86	0.29	9.47	-0.44	16.40	-0.04	17.09	0.01
7	肥城某矿(8203)	27.40	9.96	-0.64	23.37	-0.15	29.04	0.06	28.58	0.04
8	临沂某矿	13.00	15.08	0.16	10.23	-0.21	13.15	0.01	13.53	0.04
9	青东煤矿(104)	16.90	36.93	1.19	9.50	-0.44	17.12	0.01	17.66	0.05
10	刘桥二矿(2614)	14.90	18.65	0.25	10.57	-0.29	14.42	-0.03	14.27	-0.04
11	白庄煤矿(7105)	21.60	10.36	-0.52	17.20	-0.20	21.69	0.01	21.75	0.01
12	钱营孜煤矿(13)	17.00	24.08	0.42	7.73	-0.55	17.60	0.04	17.52	0.03
13	钱营孜煤矿(12)	24.30	18.85	-0.22	16.18	-0.33	23.63	-0.03	23.61	-0.03
14	赵各庄矿(1237-2)	38.00	30.72	-0.19	18.76	-0.51	31.62	-0.17	33.48	-0.12
15	邯邢某矿(1212)	33.80	21.99	-0.35	13.43	-0.60	26.17	-0.23	26.26	-0.22
16	赵各庄煤矿(1237)	35.00	30.53	-0.13	16.65	-0.52	30.25	-0.14	31.79	-0.09

由表5-6可知，传统经验公式已不适用深部煤层开采底板的破坏深度的预测；根据多因素回归预测的相对误差数据可知，选取煤层埋深、煤层倾角、采煤工作面宽度、煤层底板硬岩系数等4种因素对正常条件下的深部煤层开采底板破坏深度进行预测，其误差最小，因此，多因素回归分析预测模型Ⅲ为最优解。

2)实例应用与验证

利用5.1.2.3节所得到的深部开采底板的破坏深度多元回归预测模型Ⅲ，预测华北型煤田东缘矿区10-F采煤工作面开采底板的破坏深度。在矿区利用布里渊光时域反射技术的实测底板的破坏深度对预测结果进行验证。

根据3.1.2节矿区确定10-F采煤工作面各因子分别为：工作面地面标高为+25m，采煤工作面标高为-451.20m，工作面长度为1119.40m，工作面宽度为166.20m，煤层倾角为7°，煤层厚度为3.2m。

根据该矿区10煤的开采经验，开采底板的破坏深度正常情况下(底板不含断层)为埋深的1/35~1/30，因此，在计算硬岩岩性比例系数时，对煤层底板20m范围内的岩层进行计算，得到$\beta=18.4/20=0.92$。

利用模型Ⅲ预测10-F采煤工作面的底板破坏深度：

$$h_3=0.014H+0.09\alpha+0.453\,L^{0.516}+0.068\,e^{6.062\beta}\approx 17.35(\mathrm{m})$$

3)10-F工作面利用分布式光纤实测开采底板破坏深度

根据本书第3章所示，在矿区采煤工作面底板埋设分布式传感光纤传感器，连接光纤应变分布测试仪建立布里渊光时域反射系统；利用常规G.652单模光纤在1550nm探测波长下，注入光纤的泵浦光与光纤中介质晶体结构之间的相互作用，在入射光相反方向产生布里渊散射光；在传播介质产生应变或温度变化时，布里渊散射光会产生规律性的波动，光纤的布里渊频移与应变呈线性关系。

布里渊光时域反射技术对10－F工作面监测结果如3.2节的图3－20所示，在采煤工作面煤壁附近底板的破坏深度达最大值，为16.74m(*b*线)。

4)预测值与实测值对比分析

根据表5－7可知，深部煤层开采底板的破坏深度多因素回归预测模型Ⅲ的预测值与实测值相对误差为4%，说明模型Ⅲ预测结果符合实际，为深部开采底板水害预测与防治提供科学依据。

表5－7　矿区采煤工作面底板破坏深度预测与实测数据

工作面	实测最大破坏深度/m	预测模型Ⅲ	
		预测数据/m	相对误差/%
10－F工作面	16.74	17.35	4

5.2　下组煤层开采底板突水危险性评价及应用

5.2.1　基于GIS和AHP－EWM综合算法评价华北型煤田东缘矿区下组煤层开采突水危险性

随着华北型煤田东缘矿区开采深度的逐渐加大，影响煤层安全开采的因素越来越多，越来越复杂，其中底板的高承压水是威胁安全采煤的重要因素之一。因此，本节根据华北型煤田东缘矿区QJ煤矿1102及1101两个采煤工作面的工程地质条件，建立采煤工作面底板高承压水害评价的工程地质模型，模型选取6个评价因素包括煤层开采深度、煤层厚度、有效隔水层厚度(隔水层厚度减去底板破坏深度)、静水压力、脆性岩厚度、断层与褶皱分布指数等，利用层次分析和熵权法，得出6个因素的综合权重；建立深部煤层开采底板破坏"层次分析－熵权"(AHP－EWM)综合算法评价模型，评价模型利用GIS的数据归一化及影响因子的空间叠加功能，得到矿区底板高承压水害危险性评价分区图；最后运用该方法对华北型煤田东缘矿区白庄(BZ)煤矿8105工作面进行突水危险性评价，结果与该矿8105工作面顺槽发生的水害事故位置吻合；将该模型的评价结果与传统的突水系数法的进行对比分析，结果显示AHP－EWM综合算法评价模型对深部开采煤层底板突水危险性评价准确度较高，证明该方法具有一定的实用性，这为该矿区下组煤层开采防治高承压水害提供重要技术支持。

现阶段，该矿区下组煤层开采有些煤矿底板承压水已达8MPa，甚至更高，因此，对深部煤炭资源安全开采构成严重威胁。近30年来的煤矿开采实践表明，在煤层底板高承压水的作用下，隐伏构造集中破碎带突水，往往是灾难性的。开滦范各庄、皖北任楼矿、徐州张集、乌海骆驼山、峰峰梧桐庄、黄砂、淮北桃园等均发生过底板高承压水害淹井的重大事故。目前预报尚未完全解决该难题，因此，开展煤层底板高承压水水害的超前预报、研究，对深部煤层开采底板水害防治及矿井安全生产具有重要意义，同时对我国深部矿井水害防治体系的建设亦有重要价值。

近年来，已有诸多有关预报煤层底板高承压水水害研究的理论和方法，在中国应用最广泛的基础理论是焦作会战的突水系数法，突水系数定义为隔水层厚度与下伏含水层水压的比值。李文平等鉴于突水系数(Ts)法的局限性，在突水系数基础上，考虑突水含水层富水性(q)及底板隔水层厚度(M)不同，提出了 $Ts-q$ 法和 $Ts-M$ 法，对底板不同隔水层厚度、不同底板富水含水层上突水危险性评价。相关学者认为突水系数法为基础的计算，仅考虑两种因素，不能准确地反映一个区域的高承压水的水害预报。为更准确地描述突水的区域预报，武强等提出一种结合地理信息系统和逻辑回归分析的脆弱性指数法。

在 $Ts-q$ 法和 $Ts-M$ 法的基础上煤炭研究总院西安分院相关科研人员提出突水应考虑与包括隔水层的岩性及构造特性在内的地质条件之间的关系。同时，有关学者提出运用层次分析、遗传算法、网络神经、随机森林等数学及其他科学计算方法预报突水的方法；然而这些方法在实际应用均存在一定的局限性，构建数据模型需要大量的现场数据进行预处理、评估、训练，且易落入局部最优值的困境；有的模型存在学习过度，收敛速度慢，局部最小值不足等缺点。为此，提出在煤层底板突水模型建设中结合客观赋值的熵权法和主观评价层次分析法进行综合赋值影响因子权重。由于客观赋值的熵权法缺乏影响因子之间横向比较，同时各指标的权重系数随样本而变化，权重系数依赖于样本，在研究非线性问题时受限。

本节采用多指标综合评价确定影响因子权重系数的方法，分别利用层次分析法与熵权法对得到的影响因素的主观权重和客观权重进行综合分析，最终得到影响底板突水因素的综合权重，通过案例与传统突水系数法评价结果进行对比分析，结果显示，该评价模型能更准确全面地评估深部煤层开采底板的突水危险性。

5.2.1.1　评价因素

华北型煤田东缘矿区 QJ 煤矿面积为 36.14km²，开采 7#煤层、10#煤层、11#煤层、13#煤层；煤田境界的地理极值坐标为东经 116°26′10.54″～116°31′06.08″，北纬 36°26′57.92″～36°30′56.64″，如图 5－10 所示。

该煤矿 11#煤层位于太原组下部，直接顶板为四灰、五灰，底板多为细砂岩或泥岩；上距 10#煤层为 39.63～58.50m，平均为 50.47m，下距 13#煤层为 4.67～9.38m，平均为 7.44m。煤层厚度为 1.50～3.44m，平均为 2.04m，煤层厚度变异系数为 10%，点可采系数为 100%，原生沉积全区可采，且厚度稳定，多为 1.90～2.00m。11#煤层开采受底板徐灰、奥灰岩溶高承压水威胁严重。

图 5－10　QJ 煤矿位置图

徐灰是开采 11#煤层的直接充水含水层，徐灰厚度为 8.40～9.45m，褐灰—深灰色，含燧石结核，致密、坚硬，岩心见裂隙和小溶洞，上距11#煤层间距为30.62～39.14m，平均为36.21m，与奥灰相距平均为7～8m，精补勘探时对奥灰进行大口径群孔抽水实验，徐灰水位均有不同程度的下降，说明徐灰与奥灰存在一定的水力联系，11#煤层开采底板主要受徐家庄灰岩和奥陶系灰岩含水层的威胁，水文地质剖面如图5－12所示；煤田内主要煤层、含水层及间距关系如图5－11所示。

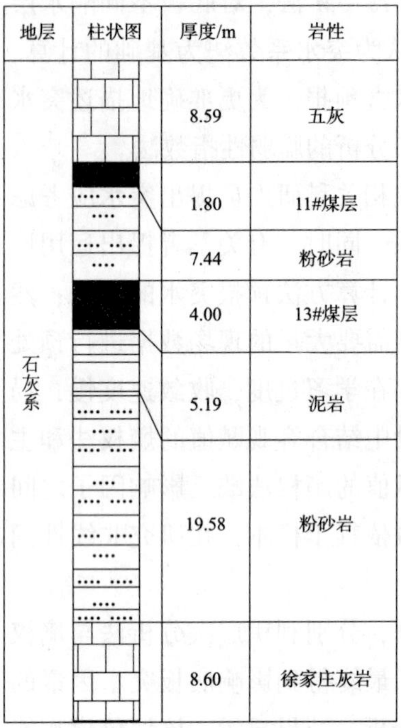

图5－11　QJ煤矿工作面地质柱状图

图5－12　QJ煤矿工作面地质剖面图

在该区域可能形成深部煤层底板突水的基本自然因素及条件有5种：①煤层底板存在导水通道；②煤层底板隔水层厚度小于安全隔水层厚度；③采动影响下煤层底板破坏深度加大；④存在构造破碎带；⑤有高承压水导致的渗流转换（孔隙流、裂隙流、管道流）的机制。根据华北型煤田东缘矿区下组煤层的突水特点，建立基础的煤层底板突水的工程地质模型，如图5－13所示。

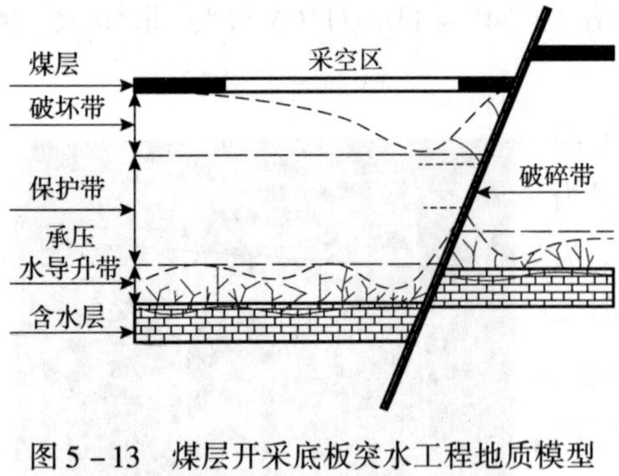

图5－13　煤层开采底板突水工程地质模型

本研究利用6个突水因子分别为采煤深度（*MD*）、煤层厚度（*CST*）、有效隔水层厚度（隔水层厚度减去采动底板破坏深度）（*TA*）、静水压力（*HP*）、脆性岩石厚度（*BT*）、断层与褶皱的分布指数（*DIFF*）。所选因素具体分析如下。

（1）采煤深度。

煤层的开采深度直接影响煤层采动产生的矿压及煤层底板破坏深度，煤层开采深度越大，煤层底板突水危险性越高，如图 5－14(a)所示。

(2)煤层开采厚度。

煤层开采厚度代表采煤过程中顶底板之间的空间，在特定的密闭地下空间中，采空区空间越大，顶底板膨胀压实后孔间隙系数均值越大，煤层底板膨胀压实后的孔间隙与煤层开采厚度成正比；因煤层底板孔隙率越大导水性越好，因此，煤层开采厚度越大，煤层底板突水危险性越高，如图 5－14(b)所示。

(3)有效隔水层厚度。

煤层底板与下覆灰岩含水层的距离为该煤层隔水层厚度，有效隔水层厚度为隔水层厚度减去开采底板破坏最大深度，根据突水系数法可知，煤层底板隔水层厚度越大，煤层底板突水危险性越低，如图 5－14(c)所示。

(4)煤层底板含水层静水压力。

煤层开采深度越深，底板含水层水头高度越高，煤层底板含水层顶界面的水压强度越大，煤层底板含水层静水压力越大，煤层底板突水危险性越高，如图 5－14(d)所示。

(5)煤层底板脆性岩层厚度。

脆性岩石厚度指煤层底板与含水层之间的脆性岩的厚度，根据隔水关键层理论，脆性岩石厚度越大，煤层底板突水危险性越低，如图 5－14(e)所示。

(6)断层和褶皱分布指数。

矿井内断层及褶皱的分布指数是影响矿井突水危险性的一个重要指标，因此，本研究根据取各钻孔附近直径 500m 范围内的构造长度作为一个独立的评价指标，实测概率汇总显示该指标越高，煤层底板突水危险性越高，如图 5－14(f)所示。

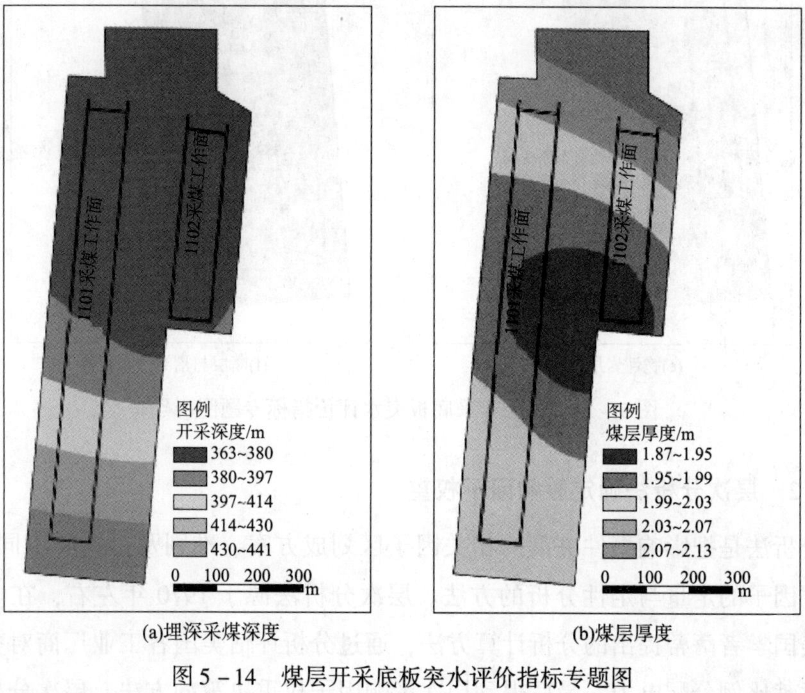

(a)埋深采煤深度　　(b)煤层厚度

图 5－14　煤层开采底板突水评价指标专题图

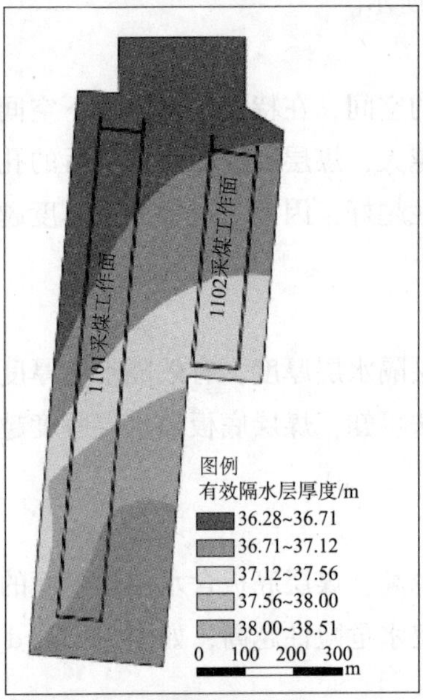

(c)有效隔水层厚度

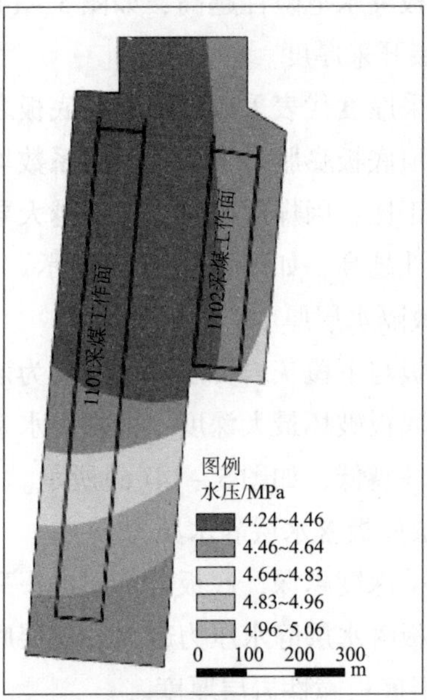

(d)含水层水压

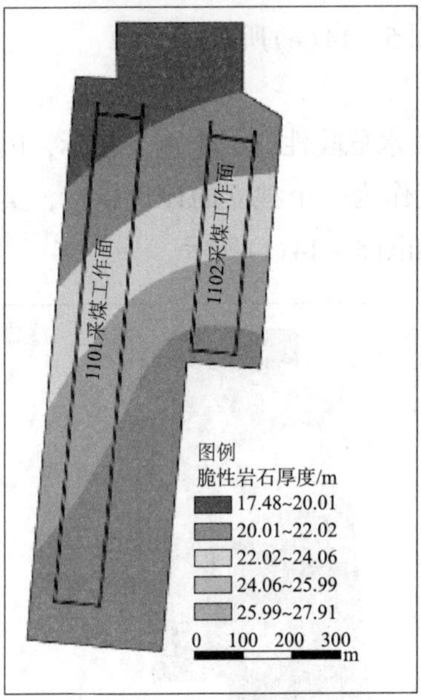

(e)脆性岩层厚度

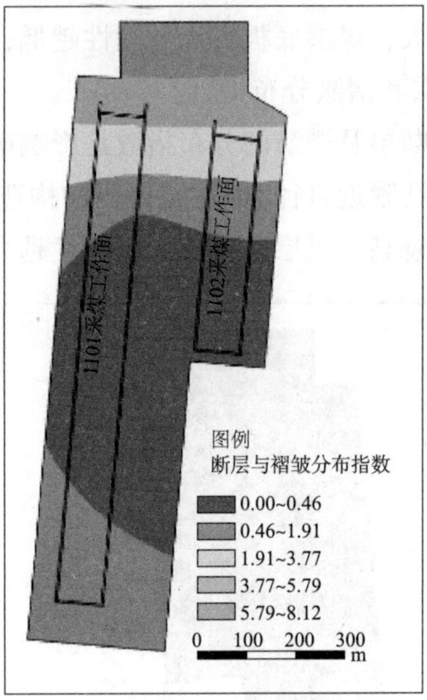

(f)断层与褶皱分布指数

图 5－14　煤层开采底板突水评价指标专题图(续)

5.2.1.2　层次分析法确定影响因子权重

层次分析法是把影响事件决策的相关因子区划成方案、准则及目标等不同的结构层，再采用事件因子的定量与定性分析的方法。层次分析法源于 1970 年左右，在电力分配研究中，由美国学者萨蒂提出的分析计算方法，通过分析评估美国各工业厂商对整个国家公民福利的贡献比例分配电力，最后得到层次影响因子权重决策的方法。层次分析法具有以下特点：①可对无结构定量特性、多目标、多准则的事件进行简单化处理；②可利用少量的定量数据进行决策；③可对复杂事件进行数学化决策分析；④可对影响事件决策的各种因子进行深度分析。

根据以上对影响深部开采底板突水的主要控制因子的分析，设定深部开采底板突水危险性指数为系统分析的目标层，开采煤层埋藏深度、开采煤层厚度、有效隔水层厚度(隔水层厚度减去开采底板破坏深度)、静水压力、脆性岩石厚度、断层与褶皱的分布指数等6个因子为系统分析的指标层；由此建立QJ煤矿1102采煤工作面和1101采煤工作面底板水害危险性评价的层次结构模型。

1)对比矩阵的建立

根据层次分析的基本原理，可以使用各因素量化后相对权重(a_{ij})对两个因素(i和j)之间相对与上一层次某一因素的重要性进行描述。根据1~9标度进行赋值，如表5-8所示，设共有n个元素参与比较，则$A=(a_{ij})_{n\times n}$称为成对比较矩阵。

表5-8 1~9标度

重要程度	释义
$a_{ij}=1$	同等重要
$a_{ij}=3$	略重要
$a_{ij}=5$	较重要
$a_{ij}=7$	非常重要
$a_{ij}=9$	绝对重要
$a_{ij}=2n$，$n=1，2，3，4$	介于($a_{ij}=2n-1$)和($a_{ij}=2n+1$)之间

$$\boldsymbol{A}=(a_{ij})_{n\times n}=\begin{pmatrix} a_{11} & a_{12} & \cdots & a_{1n} \\ a_{21} & a_{22} & \cdots & a_{2n} \\ \vdots & \vdots & \ddots & \vdots \\ a_{n1} & a_{n2} & \cdots & a_{nn} \end{pmatrix} \tag{5-32}$$

2)一致性检验

计算矩阵$\boldsymbol{A}$的特征根和特征向量，设$\lambda_{\max}(\boldsymbol{A})$为最大特征根；最大特征根对应的特征向量为$W$；$CI$为成对比较矩阵的不一致性指标，如果测试成对比较矩阵$\boldsymbol{A}$的一致性，需计算该矩阵的CI指标：

$$CI=\frac{\lambda_{\max}(\boldsymbol{A})-n}{n-1} \tag{5-33}$$

RI为根据某一定值n，且$n>1$阶方阵，其任意组成的成对比较矩阵$\boldsymbol{A}$，因素之间的量化权重从x数据集中任意选取，其中x数据集为{1，2，…，9，1/2，1/3，…，1/9}，该矩阵$\boldsymbol{A}$不一致，因此，需选较大的子样取得矩阵$\boldsymbol{A}$的最大特征值的均值。

表 5-9 平均任意一致性指数 *RI* 标准值

n	1	2	3	4	5	6	7	8	9
RI	0	0	0.58	0.90	1.12	1.24	1.32	1.41	1.45

由表 5-9 所示，利用式(5-34)对矩阵 **A** 的任意一致性比率 *CR* 进行计算：

$$CR=\frac{CI}{RI} \tag{5-34}$$

矩阵一致性判据：成对比较矩阵 **A** 的合格一致性判据为任意一致性比率的取值小于 0.1。因此，需不断调整矩阵 **A**，直到达到矩阵 **A** 具有满意的一致性。

根据 **A** 的最大特征值对应的特征向量 **W**，对 **W** 进行标准化处理，标准化后的向量称为权向量，权向量用 $\boldsymbol{W}_i$ 表示，其中权向量的各分量和为 1，且分量均大于 0。

5.2.1.3 熵权法确定影响因子权重

熵权法的基本思路是根据指标变异性确定客观权重。因子的样本差值越大，熵值越小；因此，说明该因子对决策贡献的有价值信息量越大，那么该因子在整个决策过程中所占的权重越高。

1) 数据标准化

假设 *n* 个评价对象，*m* 个评价指标得到原始数据矩阵为：

$$\boldsymbol{R}=(r_{ij})_{m\times n}=\begin{pmatrix} r_{11} & r_{12} & \cdots & r_{1n} \\ r_{21} & r_{22} & \cdots & r_{2n} \\ \vdots & \vdots & \ddots & \vdots \\ r_{m1} & r_{m2} & \cdots & r_{mn} \end{pmatrix} \tag{5-35}$$

对 *R* 矩阵标准化如下：

$$\boldsymbol{T}=(t_{ij})_{m\times n}=\begin{pmatrix} t_{11} & t_{12} & \cdots & t_{1n} \\ t_{21} & t_{22} & \cdots & t_{2n} \\ \vdots & \vdots & \ddots & \vdots \\ t_{m1} & t_{m2} & \cdots & t_{mn} \end{pmatrix} \tag{5-36}$$

式中，r_{ij}取值集合为[0, 1]，t_{ij}表示第 *j* 个评价对象在第 *i* 个评价因子上的标准值。

$$t_{ij}=\frac{r_{ij}-(r_{ij})_{\min}}{(r_{ij})_{\max}-(r_{ij})_{\min}} \tag{5-37}$$

2) 指标信息熵的定义

当存在 *n* 个被评价对象和 *m* 个指标的评估事件中，第 *i* 个指标的信息熵的定义如下所示：

$$\boldsymbol{v}_i=-\text{In}(n)^{-1}\sum_{j=1}^{n}f_{ij}\text{In}f_{ij};\quad i=1,2,\cdots,m;j=1,2,\cdots,n \tag{5-38}$$

$$f_{ij}=\frac{t_{ij}}{\sum\limits_{j=1}^{n}t_{ij}},\text{当} f_{ij}=0 \text{时,则} \lim_{f_{ij}\sim 0}f_{ij}\text{In}f_{ij}=0 \tag{5-39}$$

3)指标权重的确定

在为第 i 个指标信息熵定义后，可对第 i 个指标的信息熵的权重进行定义如下：

$$w'_i = \frac{1 - v_i}{m - \sum_{i=1}^{m} v_i}, \text{其中 } 0 \leqslant w'_i \leqslant 1, \sum_{i=1}^{m} w'_i = 1 \tag{5-40}$$

5.2.1.4 AHP－EWM 综合算法确定影响因子权重

由于利用熵权法建立的煤矿底板突水模型缺乏各因素之间横向比较，且权重依赖于样本，各项指标的权重随样本变化，这限制了其用于非线性问题的研究。为此，采用以下方法确定各指标综合评价的权重系数：如果客观权重与主观权重的排序不完全相同，但评价指标的重要性排序相同，则权重系数为0.5，即以主客观权重的均值作为各指标的综合权重。通过式(5－41)计算各主要影响因素的综合权重。

$$Z_i = \alpha w_i + (1-\alpha) w'_i (i = 1, 2, 3, 4, 5, 6) \tag{5-41}$$

式中，α 为权重系数；w_i为主观权重,%；w'_i为客观权重,%。

5.2.1.5 AHP－EWM 综合算法评价模型的建立

为了消除主控因素对不同量纲的数据评价结果的影响，对数据进行归一化处理，各项指标处于同一数量级条件下才能进行综合对比评估，因此，在评估之前，对样本数据进行数据标准化处理，其表达式为：

$$Q_i = a + \frac{(\beta - \alpha) \times [q_i - (q_i)_{\min}]}{(q_i)_{\max} - (q_i)_{\min}} \tag{5-42}$$

式中，α 为原始数据归一化范围的下限，本次取值为0；β 为原始数据归一化范围的上限，本次取值为1；q_i为标准化之前的原始数据；Q_i为进行归一化以后的数据；$(q_i)_{\min}$为各个主要控制因素原始数据量化后的最小值；$(q_i)_{\max}$为各个主要控制因素原始数据量化后的最大值。

对原始数据进行归一化时，首先判断各个影响因子与目标事件决策呈正相关还是呈负相关，根据相关性的正负性质分别进行标准化计算，正相关性的因子归一化如式(5－42)所示，负相关性的因子归一化需利用整数1减去式(5－42)的计算结果。本次归一化数据中有6个影响因子，其中对目标事件(深部开采底板突水危险性)呈正相关的因子有开采煤层深度、煤层开采厚度、煤层底板含水层水压、断层与褶皱分布指数等；对目标事件呈负相关的因子有有效隔水层厚度(煤层底板隔水层厚度减去开采底板破坏深度)和煤层底板脆性岩层的厚度等。

利用 GIS 的空间信息叠加处理功能，把各个主要控制因子的信息全部融合到一个目标图层，各个主要控制因素的归一化数据图需依照其综合权重值在 GIS 内进行处理。建立开采底板突水危险性预测分区模型如下：

$$e = \sum_{i=1}^{n} Z_i f_i(x, y) \tag{5-43}$$

式中，e 为深部煤层开采底板突水危险性指数；$f_i(x, y)$表示第 i 个主要控制因子在归一化之后对目标事件贡献值函数；Z_i表示各个贡献影响因子的综合权重值,%；n 代表目标事件影响因子的数目；x，y 代表各因子归一化后专题数据图的坐标，(°)，(″)。

5.2.1.6 AHP－EWM 综合算法评价结果与对比分析

1）层次分析法计算影响因子权重

根据影响煤层底板突水的6个影响因子进行两两层次对比分析建立比较矩阵 $\boldsymbol{A}$。

$$\boldsymbol{A}=\begin{pmatrix} 1 & 2 & 1/7 & 1/5 & 1/7 & 1/5 \\ 1/2 & 1 & 1/9 & 1/7 & 1/9 & 1/7 \\ 7 & 9 & 1 & 2 & 1 & 2 \\ 5 & 7 & 1/2 & 1 & 1/2 & 1 \\ 7 & 9 & 1 & 2 & 1 & 2 \\ 5 & 7 & 1/2 & 1 & 1/2 & 1 \end{pmatrix}$$

用 Matlab 编程计算矩阵 $\boldsymbol{A}$ 的最大特征根 $\lambda_{max}(\boldsymbol{A})$ 及对应的特征向量 $\boldsymbol{W}$：

$$\lambda_{max}(\boldsymbol{A})=6.0540$$

$$\boldsymbol{W}=[0.0839\ 0.0549\ 0.6109\ 0.3489\ 0.6109\ 0.3489]$$

用 Matlab 编程作一致性检验：

$$CI=\frac{\lambda_{max}(\boldsymbol{A})-n}{n-1}=0.0108$$

$$CR=\frac{CI}{RI}=0.0087$$

$CR<0.1$ 时，对比矩阵 $\boldsymbol{A}$ 通过一致性检验；对 $\boldsymbol{W}$ 进行标准化处理得出权向量 $\boldsymbol{W}_i$：

$$\boldsymbol{W}_i=[0.0407\ 0.0267\ 0.2968\ 0.1695\ 0.2968\ 0.1695]$$

得到相应指标的权重如下：

$\boldsymbol{W}_1=0.0407$；$\boldsymbol{W}_2=0.0267$；$\boldsymbol{W}_3=0.2968$；$\boldsymbol{W}_4=0.1695$；$\boldsymbol{W}_5=0.2968$；$\boldsymbol{W}_6=0.1695$

2）熵权法计算影响因子权重

采集 *QJ* 煤矿 11#煤层首采区内所有钻孔数据，包括 1101 工作面和 1102 工作面；其中评价指标和评价对象依次选择6个和16个，建立样本数据的矩阵 $\boldsymbol{R}$，采集数据统计如表5－10所示。运用 Matlab 编程由式（5－36）、式（5－37），对矩阵 $\boldsymbol{R}$ 进行标准化处理得到矩阵 $\boldsymbol{T}$。

表5－10　11#煤首采区内影响因素定量结果

钻孔编号	*MD*/m	*CST*/m	*TA*/m	*HP*/MPa	*BT*/m	*DIFF*
S1#	402.3500	2.0000	37.5600	4.2200	27.0700	81.5000
S3#	360.1800	2.0000	38.4500	4.2815	27.7000	51.5000
S4#	402.3600	2.0000	37.6500	4.7605	25.0500	62.3000
S5#	441.1300	2.1300	37.5300	5.0597	27.0600	42.1000
S6#	432.1500	1.9700	36.4400	5.0204	24.6500	44.0800
S7#	395.6500	2.1000	35.8300	4.1700	23.7400	64.1200
W－1#	337.2200	2.0000	33.6800	3.9061	20.9500	82.0900
W－4#	338.0900	2.2700	40.9100	3.9237	29.3500	60.0500
W－5#	332.9800	2.0000	35.1900	3.9232	26.6300	42.3000

续表

钻孔编号	*MD*/m	*CST*/m	*TA*/m	*HP*/MPa	*BT*/m	*DIFF*
W－7#	419.7900	2.1400	34.1700	4.7148	10.2000	80.0500
W－8#	360.1000	1.7400	22.1500	4.1618	18.5400	50.1200
W02	367.2000	2.2000	37.3700	4.0390	19.4600	44.3700
W03	318.9400	2.6000	32.6000	4.0144	29.0000	64.1400
WS1	269.3900	1.8000	36.2100	3.6704	27.0100	85.0400
WX1	299.9800	1.8000	34.3200	3.3598	31.2200	64.1900
Z11－1	338.8300	0.3300	32.8700	3.4670	7.0200	72.6000

$$\boldsymbol{T}=\begin{pmatrix}0.912 & 0.0038 & 0.0845 & 0.0088 & 0.0607 & 0.1841\\ 0.8164 & 0.0038 & 0.0865 & 0.0090 & 0.0621 & 0.1161\\ 0.9120 & 0.0038 & 0.0847 & 0.0101 & 0.0561 & 0.1406\\ 1.0000 & 0.0041 & 0.0844 & 0.0107 & 0.0606 & 0.0948\\ 0.9796 & 0.0037 & 0.0819 & 0.0106 & 0.0552 & 0.0993\\ 0.8968 & 0.0040 & 0.0805 & 0.0087 & 0.0531 & 0.1447\\ 0.7643 & 0.0038 & 0.0757 & 0.0081 & 0.0468 & 0.1855\\ 0.7662 & 0.0044 & 0.0921 & 0.0082 & 0.0658 & 0.1355\\ 0.7547 & 0.0038 & 0.0791 & 0.0082 & 0.0597 & 0.0952\\ 0.9516 & 0.0041 & 0.0768 & 0.0099 & 0.0224 & 0.1809\\ 0.8162 & 0.0032 & 0.0495 & 0.0087 & 0.0413 & 0.1130\\ 0.8323 & 0.0042 & 0.0840 & 0.0084 & 0.0434 & 0.0999\\ 0.7228 & 0.0051 & 0.0732 & 0.0084 & 0.0650 & 0.1448\\ 0.6104 & 0.0033 & 0.0814 & 0.0076 & 0.0605 & 0.1922\\ 0.6798 & 0.0033 & 0.0771 & 0.0069 & 0.0701 & 0.1449\\ 0.7679 & 0 & 0.0738 & 0.0071 & 0.0152 & 0.1640\end{pmatrix}$$

运用 Matlab 编程由式(5－38)、式(5－39)，得到熵值：

$v_1=0.9969$；$v_2=0.9742$；$v_3=0.9974$；$v_4=0.9971$；$v_5=0.9824$；$v_6=0.9897$

由式(5－40)得到熵权：

$w'_1=0.0496$；$w'_2=0.4143$；$w'_3=0.0416$；$w'_4=0.0464$；$w'_5=0.2827$；$w'_6=0.1653$

3）综合权重确定

根据5.2.1.2 节和5.2.1.3 节所述的方法，用层次分析法获得的权重和熵权法计算的权重将其结果代入式(5－41)，得到矿区工作面开采底板突水影响因素的综合权重，如表5－11 所示。

表5－11　影响因子综合权重

主要影响因素	*MD*/m	*CST*/m	*TA*/m	*HP*/MPa	*BT*/m	*DIFF*
主观权重 w_i	0.0407	0.0267	0.2968	0.1695	0.2968	0.1695
客观权重 w'_i	0.0496	0.4143	0.0416	0.0464	0.2827	0.1653
综合权重 Z_i	0.045	0.221	0.169	0.108	0.290	0.167

4）矿区深部煤层底板突水危险性评价

根据5.2.1.5节所示，将表5-10中各影响因素的定量数值代入式(5-42)，得到各因素的归一化权重，并在GIS中生成指标层6个主要控制因素的标准化专题图，如图5-15所示。

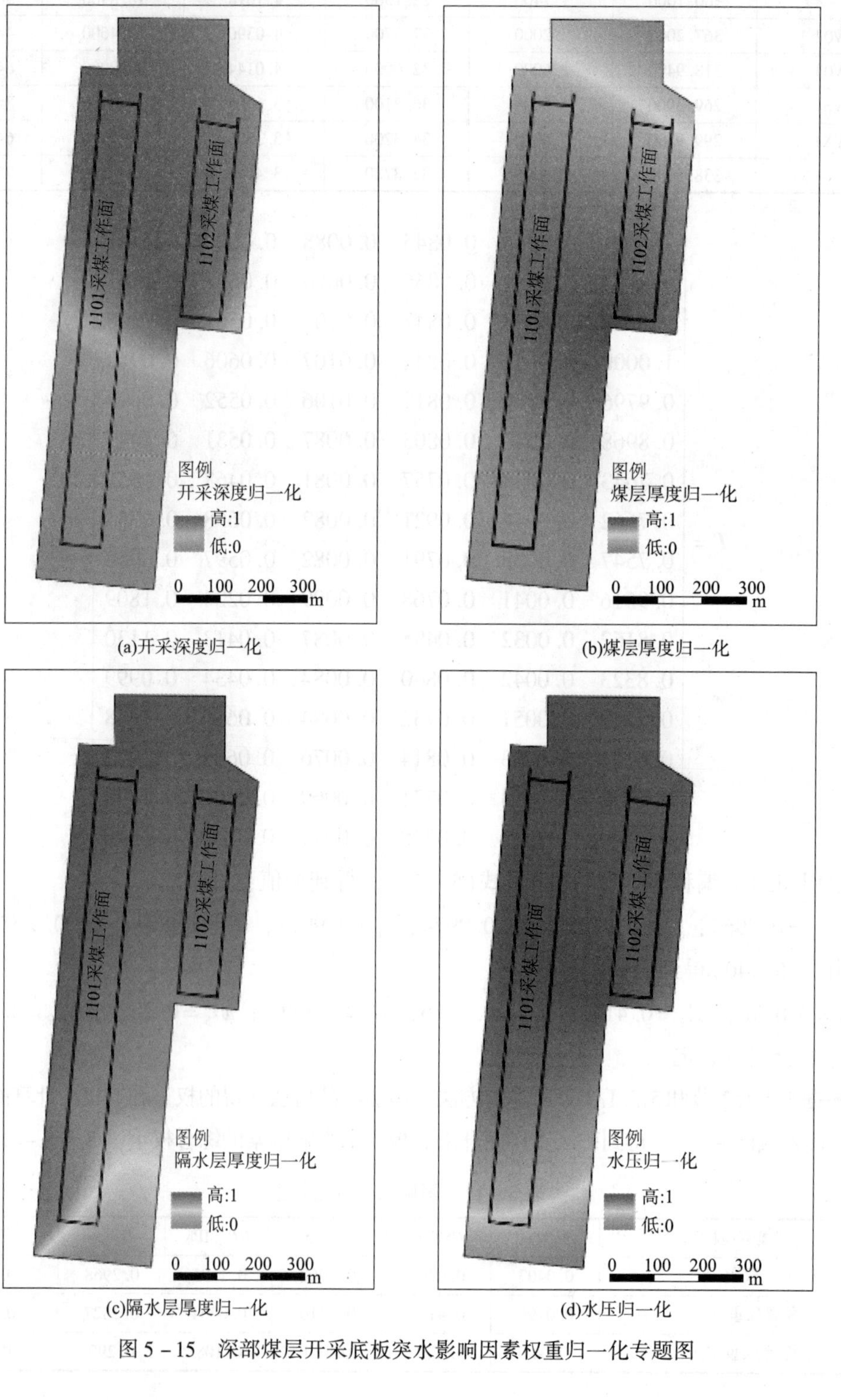

(a)开采深度归一化　(b)煤层厚度归一化

(c)隔水层厚度归一化　(d)水压归一化

图5-15　深部煤层开采底板突水影响因素权重归一化专题图

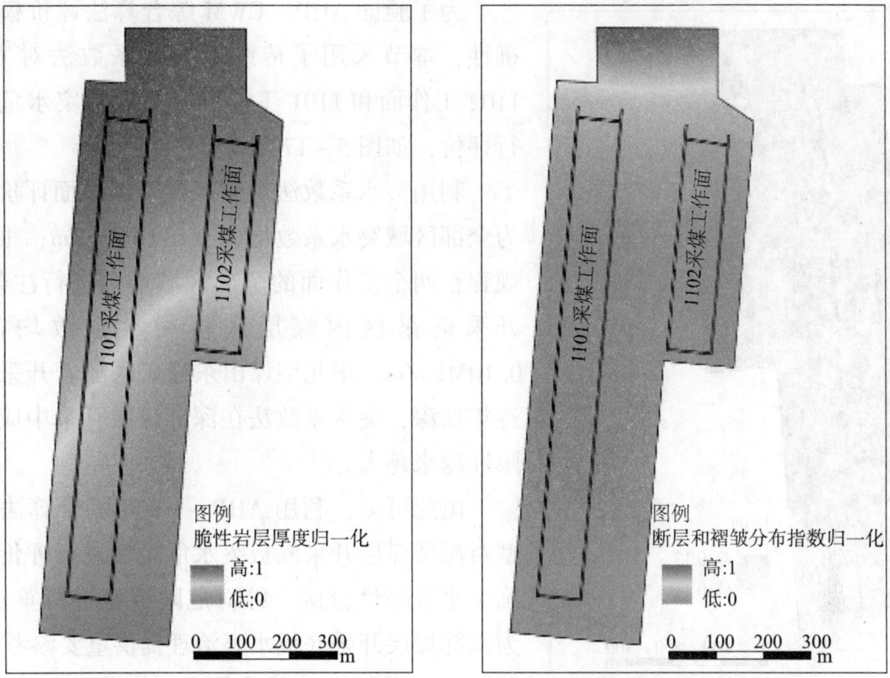

(e)脆性岩层厚度归一化　　　(f)断层和褶皱分布指数归一化

图 5-15　深部煤层开采底板突水影响因素权重归一化专题图(续)

根据 5.2.1.5 章所示，对矿区 QJ 煤矿两个工作面开采底板突水危险性进行评价，结合 AHP-EMW 综合算法确定的各因素的综合权重，由此得出 QJ 煤矿 1102 采煤工作面和 1101 采煤工作面开采底板突水危险性评价模型为：

$$e = 0.045 f_1(x, y) + 0.221 f_2(x, y) + 0.169 f_3(x, y) + 0.108 f_4(x, y) + 0.29 f_5(x, y) + 0.167 f_6(x, y)$$

根据上述模型，得到 QJ 煤矿首采 1102 工作面和 1101 工作面开采底板突水危险性评价图。通过 GIS 的自然分级法对深部煤层开采底板水害危险性指数进行处理，得到 QJ 煤矿 11#煤层首采区内 1101 工作面和 1102 工作面的开采底板突水危险性评价分区，依次为危险区(Fragile Area)、较危险区(Less Fragile Area)、过渡区(Transitional Area)、较安全区(Relatively Safe Area)、安全区(Safe Area)等，如图 5-16 所示。

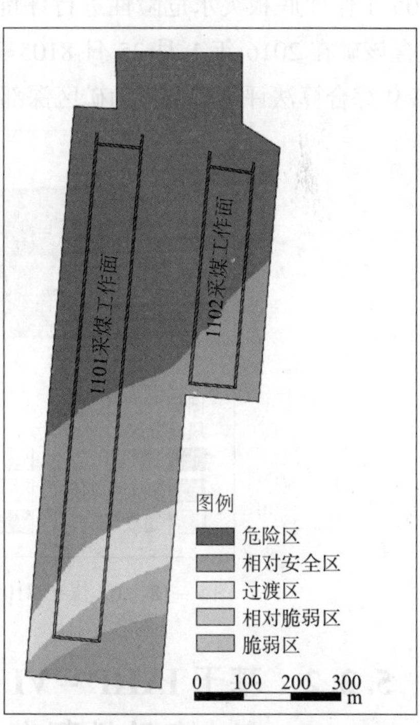

图 5-16　QJ 煤矿 1102 和 1101 采煤面开采底板突水危险性评价分区图

5) AHP-EWM 综合算法评价模型与突水系数法评价对比

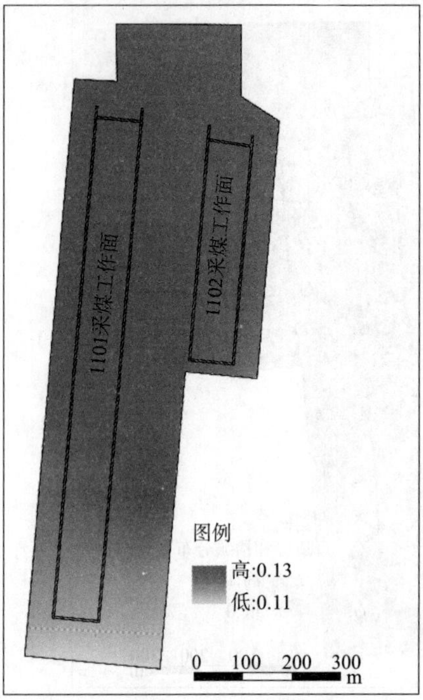

图 5－17　采用突水系数法进行评价

为了验证 AHP－EWM 综合算法评价模型的准确性，本节采用了传统的突水系数法对 QJ 煤矿 1102 工作面和 1101 工作面开采底板突水危险性进行评价，如图 5－17 所示。

利用突水系数法对矿区两个工作面评价的结果为全部区域突水系数均大于 0.10MPa/m；根据安全规程，两个工作面的全部区域均需进行注浆改造，开采前采区内煤层底板突水系数均需小于 0.10MPa/m。华北型煤田东缘矿区随着开采深度的逐年加深，突水系数法在深部煤层开采中应用的局限性越来越大。

由此可见，利用 AHP－EWM 综合算法评价模型对深部煤层开采底板突水危险性进行评价可以明确突水危险性分区，针对危险区域进行重点改造，为深部煤层开采底板水害治理提供重要参考。

6) AHP－EWM 综合算法评价模型实例验证

利用 AHP－EWM 综合算法评价模型对 BZ 煤矿 8105 工作面底板突水危险性进行评价，评价结果如图 5－18 所示。评价结果显示危险区域包含该矿在 2016 年 1 月 25 日 8105 工作面顺槽突水点位置，评价结果准确，说明 AHP－EWM 综合算法评价模型可为矿区深部煤层开采底板水害治理提供重要的参考数据。

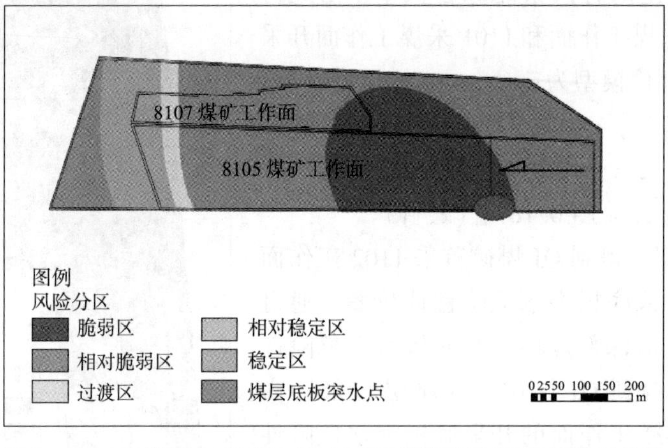

图 5－18　BZ 煤矿 8105 和 8107 工作面煤层底板突水风险评价图

5.2.2　基于 IAHP－VI 法评价华北型煤田东缘矿区下组煤开采突水危险性研究

本节在 5.2.1 节对深部煤层开采突水危险性评价研究的基础上，优化层次分析算法，利用改进新型层次分析－脆弱性指数(IAHP－VI)法对华北型煤田东缘矿区 QJ 煤矿 11#煤层首采区开采底板突水危险性进行评价分析，改进新型层次分析－脆弱性指数法是利用改进型层次分析算法综合计算煤层底板含水层水压、底板有效隔水层厚度(隔水层厚度减去开采底板破坏深度)、煤层采深、煤层采厚、煤层底板脆性岩层厚度及断层和褶皱的分布指数6个影响因素对深部煤层开采底板突水的影响权重，并建立脆弱性指数模型，运用GIS的数据处理及空间叠加功能，得到矿区底板高承压水害危险性评价分区图。通过改进新型层次分析－脆弱性指数法与传统突水系数法的对比分析，结果显示改进新型层次分析－脆弱性指数法优于传统的突水系数法评价结果，IAHP－VI法可结合5.2.1节评价方法，在评价结果的危险区域取其并集，综合运用在深部煤层开采底板突水危险性评价系统中，为深部煤层开采底板水害治理提供重要参考。

脆弱性指数法有多种类型，而传统层次分析(AHP)型脆弱性指数法是脆弱性指数法评价类型之一，其关键技术是层次分析法，然而传统的AHP方法对各层因素进行两两对比分析，构建判断矩阵时采用的1~9标度，在分析和处理问题时存在判断差异性不明显、判断标度不易确定、一致性效果不够理想等问题。为此，以QJ矿11#煤层首采区底板水害评价为例，将传统的AHP方法中1~9标度改进为10/10~18/2新标度，构建两两比较判断矩阵。应用基于GIS的改进新型层次分析－脆弱性指数法对QJ矿11#煤层首采区底板突水危险性进行预测评价，以期得到更为切合实际的科学评价结果。

5.2.2.1 改进新型层次分析－脆弱性指数法

1)脆弱性指数法

脆弱性指数法是指将可确定底板突水多种主控因素权重系数的信息融合，并与具有强大空间信息分析处理功能的GIS耦合于一体的煤层底板水害评价方法。

2)改进新型层次分析法的标度和平均随机一致性指标

IAHP关键技术主要包括两大方面：一方面是标度的改进；另一方面是平均随机一致性指标(*RI*)的调整。层次分析法一直采用1~9标度，存在判断的差异性不明显的问题，经过大量的研究分析，改进的10/10~18/2标度通过对比，认为性能优于1~9标度。结合深部矿井底板水害评价实际情况，本研究采用10/10~18/2标度，如表5－12所示。

表5－12 新标度与传统标度对照表

传统标度(1~9)	新标度(10/10~18/2)	定义
1	10/10	同等重要
3	12/8	略重要
5	14/6	较重要
7	16/4	非常重要
9	18/2	绝对重要
δ	$(9+\delta)/(11-\delta)$	

平均随机一致性指标(*RI*)的调整主要是对新标度建立的判断矩阵进行一致性检验，只有检验合格后判断矩阵才有效。现根据10/10~18/2新标度，对不同因素情况下的*RI*值进行相应调整，如表5－13所示。

表 5-13 *RI* 在 10/10~18/2 范围内的数值

n	1	2	3	4	5	6	7	8	9
RI	0.0000	0.0000	0.1690	0.2598	0.3287	0.3694	0.4007	0.4167	0.4370

3) IAHP 决策计算过程

IAHP 是一种多方案和多目标决策方法，包括分析主要影响因素；由专家对各种因素进行评分，并结合定性和定量进行决策。建立科学的层次分析结构和准确的数据判断矩阵是实现层次分析法的两个重要问题。

(1) 成对比较矩阵的建立。

根据 10/10~18/2 标度进行赋值，如表 5-14 所示，设共 n 个元素参与比较，则 $T=(a_{ij})_{n\times n}$ 称为成对比较矩阵，如式(5-44)所示。

表 5-14　10/10~18/2 的标度

重要程度	定义
$a_{ij}=10/10$	同等重要
$a_{ij}=12/8$	略重要
$a_{ij}=14/6$	较重要
$a_{ij}=16/4$	非常重要
$a_{ij}=18/2$	绝对重要
$a_{ij}=n$，$n=11/9$，13/7，15/5，17/3	反向比较

$$\boldsymbol{T}=(a_{ij})_{n\times n}=\begin{bmatrix} a_{11} & a_{12} & \cdots & a_{1n} \\ a_{21} & a_{22} & \cdots & a_{2n} \\ \vdots & \vdots & \vdots & \vdots \\ a_{n1} & a_{n2} & \cdots & a_{nn} \end{bmatrix} \tag{5-44}$$

(2) 作一致性检验。

计算矩阵 $\boldsymbol{T}$ 的特征根和特征向量值，设 $\lambda_{\max}(\boldsymbol{T})$ 为最大特征根；最大特征根对应的特征向量为 $\boldsymbol{D}$；*CI* 为成对比较矩阵的不一致性指标，如果需要测试成对比较矩阵 $\boldsymbol{T}$ 的一致性，需计算该矩阵的 *CI* 指标：

$$CI=\frac{\lambda_{\max}(\boldsymbol{T})-n}{n-1} \tag{5-45}$$

RI：根据某一定值 n，且 $n>1$ 阶方阵，其任意组成的成对比较矩阵 $\boldsymbol{T}$，因素之间的量化权重从 x_1 数据集中任意选择，其中 x_1 数据集为{10/10，11/9，…18/2，9/11，8/12，…2/18}，因此，该矩阵 $\boldsymbol{T}$ 是不一致的，需取较大的子样取得矩阵 $\boldsymbol{T}$ 的最大特征值的均值。根据 10/10~18/2 新标度调整的平均随机一致性指标(*RI*)如表 5-13 所示。

利用式(5-46)对矩阵 $\boldsymbol{T}$ 的任意一致性比率 *CR* 进行计算：

$$CR=\frac{CI}{RI} \tag{5-46}$$

矩阵一致性判据：成对比较矩阵 $\boldsymbol{T}$ 的合格一致性判据为任意一致性比率的取值小于

0.10。因此，需要不断调整矩阵 $\boldsymbol{T}$，达到矩阵 $\boldsymbol{T}$ 具有满意的一致性。

根据 $\boldsymbol{T}$ 的最大特征值对应的特征向量为 $\boldsymbol{D}$，对 $\boldsymbol{D}$ 进行标准化处理，标准化后的向量称为权向量，权向量用 $\boldsymbol{D}_i$ 表示，其中权向量的各分量和为 1，且分量均大于 0。

IAHP－VI 评价方法是基于 ArcGIS 作为操作平台，依赖于 GIS 的空间信息处理功能。该方法量化了突水的主要控制因素，并为每个因素建立专题图层。每个主要控制因素的权重由 IAHP 专家采样举证计算确定，而每个影响因素的专题图层利用 GIS 开发和叠加生成，频率直方图用于统计确定合理的突水危险性分区的阈值，最后通过 ArcGIS 进行各个因素图层的掩膜提取及叠加功能获得突水危险性评估的分区图。

5.2.2.2　IAHP－VI 评价矿区深部煤层开采底板突水危险性

1) 深部煤层开采底板突水主要控制因素的确定与分析

科学合理地选择煤层底板突水的主要控制因素决定着 IAHP－VI 底板突水危险性评价方法的可靠性。基于对影响底板突水的主要控制因素的系统性分析和水文地质条件的评估，选定了影响该矿井深部煤层开采底板突水的 6 个主要控制因素为：①埋深。根据矿区钻孔统计 11#煤层深度标高为 －346.66～－441.13m，随着开采深度的增加，矿压逐渐增大，开采深度与突水危险性指数成正比。②煤层采厚。根据 11#煤顶底板地质条件分析，在固定的单位空间内，开采煤层厚度越大，采空区冒落压实后孔隙越大，底板突水危险性越大。③有效隔水层厚度。有效隔水层厚度为隔水层厚度减去开采底板破坏深度，有效隔水层厚度直接影响突水危险性，有效隔水层厚度越大，突水危险性指数越小。④煤层底板含水层静水压力。静水压力指威胁 11#煤开采的底板含水层徐灰顶界面的水压，与煤层底板突水危险性指数成正比。⑤煤层底板脆性岩层厚度。根据关键层理论分析，底板突水危险性与底板隔水关键层有重要联系，而脆性岩层一般认为是关键层的组成部分，因此，脆性岩层厚度与底板突水危险性指数成反比。⑥断层、褶皱的分布指数。将矿区按 500m × 500m 进行网格化划分，根据断层与褶皱的分布及实测数据进行相对归一化处理，得到每个区域的地层构造指数及构造组合长度。

2) 主要控制因子的量化与专题图的建立

根据矿区地质条件和水文地质数据对选定主要控制因素进行定量化分析和计算；利用 ArcGIS 数据插值生成等高线图，然后构建每个主要控制因素的专题图，如图 5－19 所示。

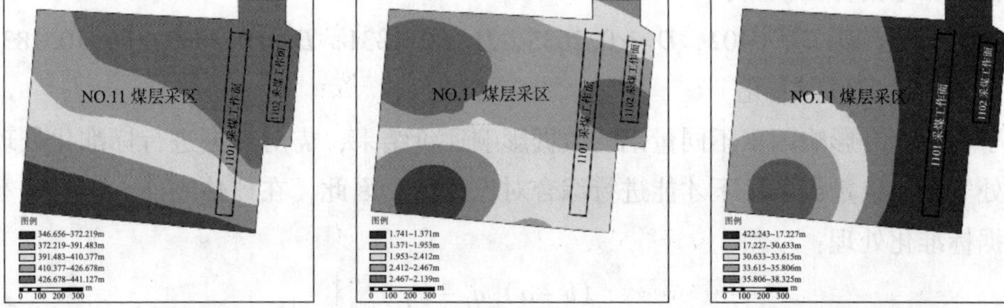

(a)埋深　(b)煤层厚度　(c)有效隔水层厚度

图 5－19　影响因子专题数据图

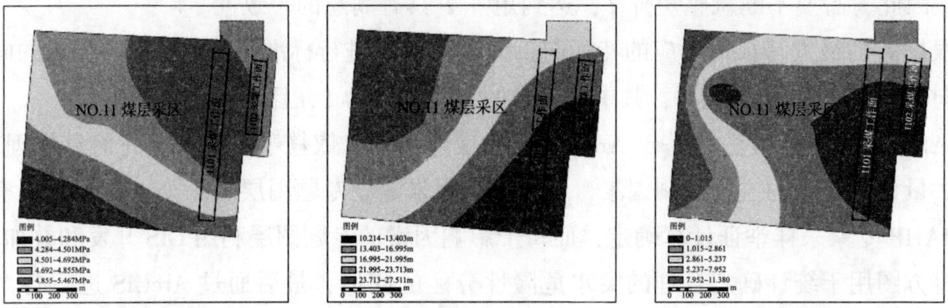

(d)静水压力　(e)脆性岩厚度　(f)断层和褶皱分布指数

图 5-19　影响因子专题数据图(续)

3)改进新型层次分析算法决策权重

根据影响煤层底板突水的 6 个影响因子进行两两层次对比分析，建立比较矩阵 $\boldsymbol{T}$：

$$\boldsymbol{T}=\begin{pmatrix} 10/10 & 11/9 & 4/16 & 6/14 & 4/16 & 6/14 \\ 9/11 & 10/10 & 2/18 & 4/16 & 2/18 & 4/16 \\ 16/4 & 18/2 & 10/10 & 11/9 & 10/10 & 11/9 \\ 14/6 & 16/4 & 9/11 & 10/10 & 9/11 & 10/10 \\ 16/4 & 18/2 & 10/10 & 11/9 & 10/10 & 11/9 \\ 14/6 & 16/4 & 9/11 & 10/10 & 9/11 & 10/10 \end{pmatrix}$$

用 Matlab 编程计算矩阵 $\boldsymbol{T}$ 的最大特征根 $\lambda_{\max}(\boldsymbol{T})$ 及对应特征向量 $\boldsymbol{D}$：

$$\lambda_{\max}(\boldsymbol{T})=6.0818$$

$$\boldsymbol{D}=[0.1444\ 0.0874\ 0.5724\ 0.3977\ 0.5724\ 0.3977]$$

用 Matlab 编程作一致性检验：

$$CI=\frac{\lambda_{\max}(T)-n}{n-1}=0.0164$$

$$CR=\frac{CI}{RI}=0.0443$$

$CR<0.1$，对比矩阵 $\boldsymbol{T}$ 通过一致性检验；对 $\boldsymbol{D}$ 进行标准化处理得出权向量 $\boldsymbol{D}_i$

$$\boldsymbol{D}_i=[0.0665\ 0.0402\ 0.2635\ 0.1831\ 0.2635\ 0.1831]$$

即得出相应指标的权重：

$\boldsymbol{D}_1=0.0665$，$\boldsymbol{D}_2=0.0402$，$\boldsymbol{D}_3=0.2635$，$\boldsymbol{D}_4=0.1831$，$\boldsymbol{D}_5=0.2635$，$\boldsymbol{D}_6=0.1831$

4)影响因素数值归一化

为了消除 6 个影响因素不同量纲的数据影响评价结果，需对数据进行标准化处理，各项指标处于同一数量级条件下才能进行综合对比评估，因此，在评估之前，需对样本数据进行数据标准化处理：

$$\tau_i=a+\frac{(b-a)[q_i-(q_i)_{\min}]}{(q_i)_{\max}-(q_i)_{\min}} \tag{5-47}$$

式中，a 为原始数据归一化范围的下限，本次取值为 0；b 为原始数据归一化范围的上限，本次取值为 1；q_i 为标准化之前的原始数据；τ_i 为进行归一化以后的数据；$(q_i)_{\min}$ 是各个主要控制因素原始数据量化后的最小值；$(q_i)_{\max}$ 为各个主要控制因素原始数据量化后的最大值。

对原始数据进行归一化时首先判断各个影响因子与目标事件决策呈正相关还是呈负相关，根据相关性的正负性质分别进行标准化计算，正相关性的因子归一化如式(5-47)所示，负相关性的因子归一化需利用整数 1 减去式(5-47)的计算结果。本次归一化数据中有 6 个影响因子，其中对目标事件(深部开采底板水害危险性)呈正相关的因子有开采煤层深度、煤层开采厚度、煤层底板含水层水压、断层与褶皱分布指数等；对目标事件呈负相关的因子为有效隔水层厚度(煤层底板隔水层厚度减去开采底板破坏深度)和煤层底板脆性岩层的厚度等。

各主控因素原始数据经归一化处理之后，需建立各个影响因素的数据集合，利用 GIS 自动生成各个影响因素的单个因子的归一化数据图，如图 5-20 所示。

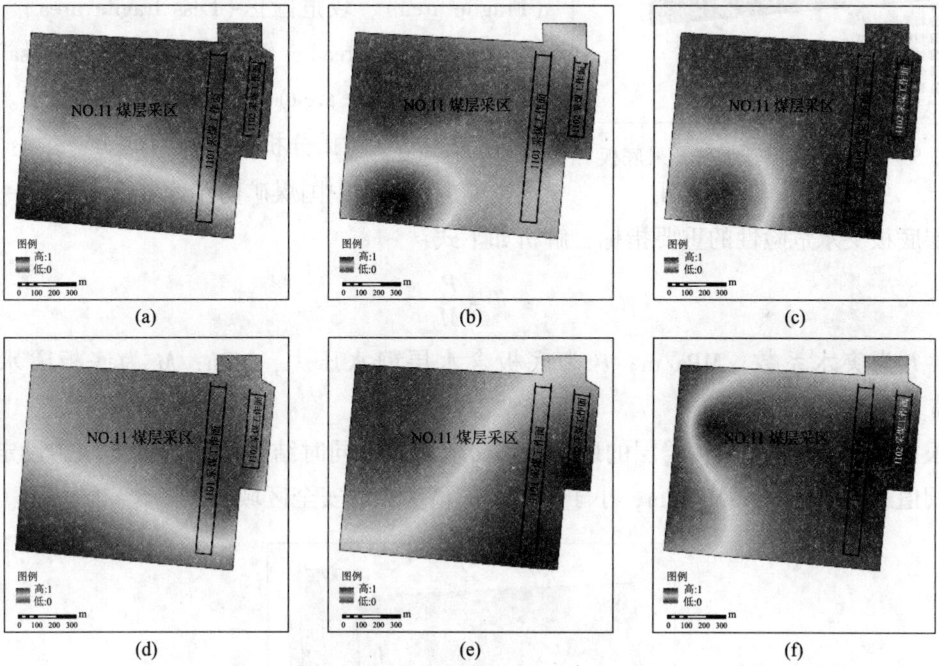

图 5-20　深部煤层开采底板突水影响因素数据归一化专题图

5) IAHP-VI 评价模型的建立

利用 GIS 的空间信息叠加处理功能，把各个主要控制因子的信息全部进行融合到一个目标图层，各个主要控制因素的归一化数据图需依照其综合权重在 GIS 内进行处理。建立煤层底板水害脆弱性指数评价模型为：

$$\varphi = \sum_{i=1}^{n} D_i f_i(x, y) \tag{5-48}$$

式中，φ 为深部煤层开采底板水害脆弱性指数；$f_i(x, y)$ 表示第 i 个主要控制因子在归一化之后对目标事件贡献值函数；D_i 表示各个贡献影响因子的综合权重；n 代表目标事件影响因子的数目；x，y代表各因子归一化后专题数据图的坐标。

结合IAHP确定的各因素的权重，得出QJ煤矿11#煤首采区煤层开采底板突水危险性评价模型为：

$$\varphi = 0.0665 f_1(x, y) + 0.0402 f_2(x, y) + 0.2635 f_3(x, y) + 0.1831 f_4(x, y) + 0.2635 f_5(x, y) + 0.1832 f_6(x, y)$$

6)矿区11#煤层首采区开采底板突水危险性评价

根据上述IAHP－VI评价模型，得到QJ煤矿11#煤层首采区煤层开采底板突水危险性评价模型；利用GIS内置自然间断点分级法对深部开采底板突水危险性指数进行处理，得到QJ煤矿11#煤层首采区开采底板突水危险性评价分区依次为危险区(Fragile area)、较危险区(Less fragile area)、过渡区(Transitional area)、较安全区(Relatively safe area)、安全区(Safe area)等，如图5－21所示。

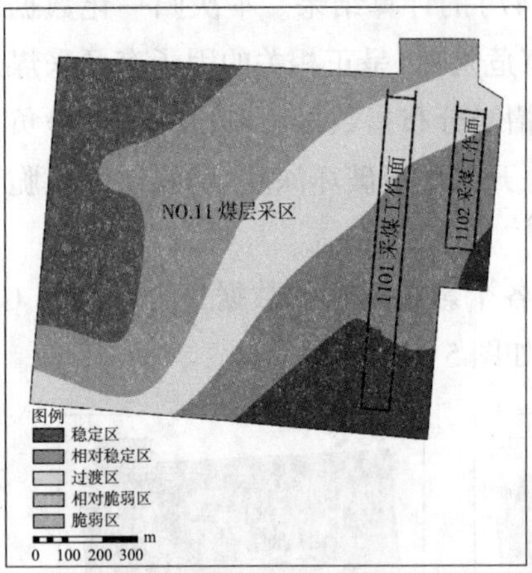

图5－21　11#煤层首采区开采底板突水危险性评价分区图

5.2.2.3　对比分析

突水系数是中国煤矿防治水规程规定的一项评价煤层底板突水危险性的重要指标，解析如下式：

$$T = \frac{P}{M}$$

式中，T为突水系数，MPa/m；P为底板含水层静水压力，MPa；M为底板隔水层厚度，m。

根据矿区11#煤层底板岩层的地质及水文地质条件同时结合按照规程要求，设定突水系数阀值最小值为0.06MPa/m，小于设定的阀值为相对安全区域，如图5－22所示。

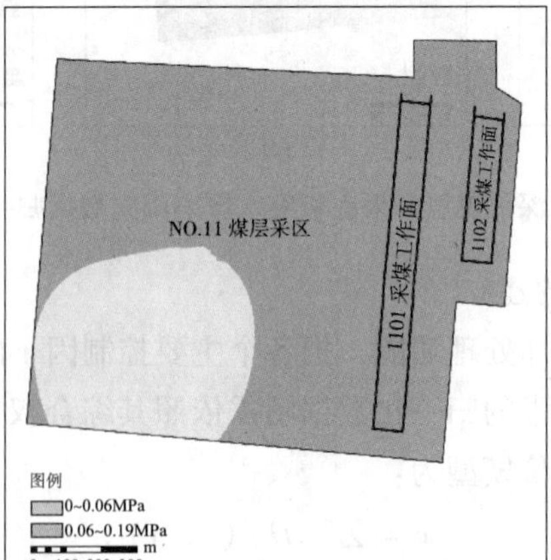

图5－22　突水系数法对11#煤层首采区开采底板突水危险性进行评价分区

采用 IAHP – VI 法预测的突水危险性评价结果与采用传统的突水系数法评价结果进行比较，认为采用突水系数法预测的承压水上方的煤层绝大部分处在安全区域，但是采用 IAHP – VI 法预测突水风险性评价分为 5 个等级。使用传统的突水系数法进行评价时仅用隔水层厚度和静水压力两个影响因素，而 IAHP – VI 评价方法用隔水层厚度和静水压力、煤层采深、煤层厚度、脆性岩层厚度及断层与褶皱分布指数 6 个影响因素。因此，IAHP – VI 法与传统的突水系数法相比，IAHP – VI 法可更准确地预测整个采区的突水危险性指数。

5.3 小结

本章首先对 BP 神经网络、煤层开采底板应力螺旋线解析、气囊 – 溶液测漏法、经验公式法、多因素回归分析法及分布式光纤实测等方法进行对比分析，得到对深部煤层开采底板破坏深度进行有效预测的模型，为深部煤层开采底板有效隔水层厚度的计算提供依据；其次利用层次分析法、熵权法、地理信息系统等手段结合考虑深部煤层开采底板破坏后有效隔水层厚度、底板灰岩含水层水压、煤层埋深、工作面宽度、底板脆性岩层厚度及断层与褶皱分布指数等底板突水因子，对深度煤层开采底板突水危险性进行综合评价；为华北型煤田东缘矿区下组煤层开采底板水害治理提供重要的参考数据。

(1) 研究表明：利用经验公式预测深部开采煤层底板最大破坏深度误差较大；在国内外学者研究的基础上，对理论计算进行改进；通过煤层开采厚度、煤层上覆岩体的容重均值、开采深度和底板岩层内摩擦角均值 4 个主要影响因素推导出煤层底板最大破坏深度的理论解析计算公式。同时，利用反向传播神经网络对华北型煤矿煤层底板破坏深度进行预测；选取导致煤矿底板破坏的关键因子，收集大量华北型煤矿深部煤层开采底板破坏深度的有效实测数据，通过学习和训练建立有效的 BP 神经网络预测模型。

(2) 利用多因素回归预测方法结合华北型煤田 39 个深部煤层开采案例分析，运用不同自变量的组合模型与因变量进行回归分析得到了深部开采煤层底板破坏深度与多因素结合的 3 个非线性预测模型；并对其预测值与实测值进行对比分析，结果表明模型Ⅲ的相对误差较小。多因素回归中模型Ⅲ预测值更接近分布式光纤监测和气囊 – 溶液测漏法等实测数据；其次预测误差较小的预测方法依次为新的数学理论模型解析法和 BP 神经网络预测模型，因为这 3 种深部煤层开采底板破坏深度预测模型中，运用的参数、预测原理及煤系地质条件等存在差异性，所以在实际工作中可根据不同条件进行选择。

(3) 根据煤层底板水害危险性评价的工程地质模型选取的 6 个因素，利用层次分析法和熵权法确定了各主控因素综合权重，建立了华北型煤田东缘矿区深部煤层开采底板突水危险性评价模型。

(4) 通过 AHP – EWM 综合算法评价模型对 QJ 煤矿 1102、1101 两个采煤工作面的底板水害危险性进行评价分区，得到了两个工作面的煤层底板水害危险性评价分区图，将采煤工作面按不同的突水危险性程度进行预警，分别为：安全区、较安全区、过渡区、较危险区、危险区等。将 AHP – EWM 综合算法评价模型与传统的突水系数法及深部开采底板突水案例进行对比分析，结果显示 AHP－EWM 综合算法评价模型评价的结果更详细、准确，实用性更强，同时对发生水害的工作面进行评价，结果与实际水害位置吻合。

（5）利用 IAHP－VI 方法确定影响底板突水的各个影响因素的权重，建立煤层底板水害危险性预测模型。将传统的突水系数法与基于改进型层次分析的脆弱性指数法进行对比分析，对比结果显示，IAHP－VI 法亦可以更准确地预测底板水害。

（6）AHP－EWM 综合算法评价模型和基于改进型层次分析的脆弱性指数法评价模型，两者均具有一定的实用价值，在运用过程中可根据矿区的实际情况择优选其一，也可根据两种模型的预测结果取并集，进一步提高评价的安全，可为矿区深部开采底板水害防治提供重要参考。

6 深部开采底板水害治理模式及评价方法

深部煤层开采底板突水危险性评价仅是实现安全开采的一个中间环节，也是区划采煤工作面底板突水危险性块段的一种手段，可为深部煤层开采底板水害的治理提供参考和依据。基于第5章对深部开采底板突水危险性评价的研究成果，本章对深部开采底板水害的防治模式和治理效果评价方法进行研究。

华北型煤田东缘绝大部分矿区深部煤层开采受煤系基底奥陶系灰岩含水层威胁严重，中奥陶统顶界与深部煤层底板的距离较近，其中一部分区域煤层底板奥灰含水层突水系数已远大于《煤矿防治水细则》的规定，而部分矿区深部煤层底板薄层灰岩含水层与奥灰含水层存在纵向或远距离横向通道，可对煤层底板薄层灰岩含水层进行补给，因此，为了解放华北型煤田东部矿区下组煤的资源，实现安全开采，须对深部煤层底板隔水层进行论证、分析及改造；在论证和分析阶段要根据深部煤层开采底板的破坏机理和破坏深度的研究，煤层底板有效隔水层厚度要减去深部煤层开采破坏深度的预测值；根据5.2节所示，利用深部煤层开采底板破坏深度预测的研究结果和底板开采突水的其他因素建立深部开采底板突水危险性评价模型。本章根据开采底板突水危险性的评价结果提出对矿区深部开采底板水害的治理模式，同时对治理后的区域进行治理效果评价研究，以确保华北型煤田东缘矿区下组煤的安全开采。

6.1 底板水害治理模式、钻孔的布设优化及效果评价方法

华北型煤田东缘矿区深部煤层底板隔水层因受采动以及各种构造破坏的空间分布情况复杂且各区域差异性较大的因素影响，特别是存在垂向强径流带的煤系地层，如含有构造破碎带、陷落柱及导水断层等构造情况下，太原组灰岩含水层或本溪组灰岩含水层与奥灰含水层会存在一定的联系，因现阶段的勘探方法对准确发现和定位隐伏构造仍有一定的差距，特别是华北型煤田东缘矿区采深逐年增大，灰岩含水层的水压不断增高，极易发生有奥灰水参与的矿井特大水害事故。

针对华北型煤田东缘矿区深部煤层开采底板太原组灰岩和奥陶系灰岩水害防治面临的问题，目前对单一采煤工作面注浆改造效果不甚理想，井下注浆压力小，浆液扩散半径小，下行注浆易出现返浆、底鼓和巷道漏浆等现象，因此，从华北型煤田东缘矿区下组煤层的区域开采有效衔接及矿井安全生产出发，本章提出充水含水层和导水构造协同超前块

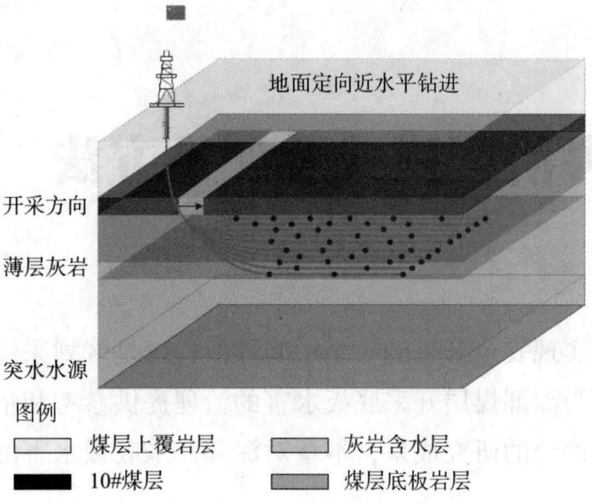

图 6-1　充水含水层和导水构造协同超前块段治理模式示意图

段治理模式，如图 6-1 所示，该模式利用地面受控定向钻进技术和井下补充钻孔的方式对超前块段进行注浆改造灰岩含水层，通过科学、安全评价完善后，可实现安全开采矿井的水害综合治理。

6.1.1　底板水害治理模式

充水含水层和导水构造协同超前块段治理模式根据矿区深部煤层开采底板突水危险性评价成果，按照先查明后治理的原则，在突水危险性评价阶段结合本文第 5 章的研究内容和物探成果进行查明和确定治理区域，再结合井下钻孔进行验证。

1) 高分辨直流电法和钻孔探查

在开采底板水害治理之前进行物探，可以采用高分辨直流矿井电法对评价区域的煤层底板含水层的富水性进行勘察，结合矿区现有的钻孔数据综合分析底板含水层富水性异常区的展布情况，再利用井下验证钻孔数据确定治理区域的各项参数，为深部煤层开采底板水害治理提供科学有效的数据基础，最后利用充水含水层和导水构造协同超前块段治理模式进行超前块段地面定向近水平钻进注浆改造。

2) 含水层和导水构造协同治理

常规井下钻探注浆总体近似垂直于底板，对竖向隐伏构造地查找和治理效果有限，而利用地面受控定向钻进高压区域注浆时，每个注浆主孔有多个顺层分支孔，钻孔造斜后进入目标层的分支孔以“带状、羽状或网状”等轨迹探查目标层中的隐伏断层、陷落柱和裂缝带等，可以根据分支钻孔浆液的漏失量和注浆量等指标确定附近是否存在陷落柱、断层等隐伏构造，进一步调整注浆骨料和注浆压力以达到有效封堵该区域内存在的垂向或纵向的隐伏导水构造体，从而切断与煤系各含水层的补给通道；同时协同多个顺层分支孔高压注浆，扩大浆液控制范围，提高目的层注浆改造效果，将目的层改造为有效隔水层，进而有效控制充水水源的导升，从而根治开采煤层的直接充水水源；这样既能对导水通道进行有效治理，亦能切断间接充水水源，达到含水层和导水构造协同治理的目的。

3) 超前块段治理

以往针对工作面底板水害治理，一般在采区或工作面辅助巷道形成之后，在井下进行注浆，加固底板岩层会出现注浆压力低，扩散半径小，常出现巷道漏浆、巷道底板隆起等现象，导致隐伏构造局部达不到改造截流的效果，造成底板突水的隐患来从本质上解决。因此，在含水层和导水构造的协同治理的基础上进行超前治理，在采区巷道掘进之前进行地面受控定向钻进高压区域注浆，以加固煤层底板隔水层。

矿区下组煤开采底板夹层灰岩含水层和中奥陶统灰岩水水压较高，中奥陶统与上覆本溪组和太原组灰岩含水层之间的隐伏构造复杂，准确探查定位非常困难，加之深部煤层开采矿压显现较严重，深部矿井一般存在冲击地压的隐患，强烈地开采扰动会增加煤层底板的破坏深度，进而与导水构造或含水层对接，因此，在深部煤层开采底板水害治理过程中需要大面积区段进行集中治理，不遗漏任何一个突水隐患点；同时要考虑矿井生产的接续工作，需要以具有封闭水文地质的区域或采区为治理单元，进行超前块段治理。

因此，本文提出充水含水层和导水构造协同超前块段治理模式，该模式的工艺为：①地面受控定向钻进高压区域注浆；②采煤工作面布置(可与地面注浆协同递进式施工)；③地面受控定向钻进高压注浆效果序列验证法进行评价；④井下局部补充注浆；⑤采前评价－安全开采。

6.1.2 地面受控定向钻孔的布设优化

深部煤层开采底板水害治理，采用浆液填充含水层，增加有效隔水层的厚度。准确选择煤层底板岩层改造的含水层层位，需满足以下几个基本条件：①选择加固层改造达到有效隔水层后，煤层开采底板突水水源突水系数一般情况下小于《煤矿防治水细则》的要求(可控疏水降压的突水源另解)。②注浆改造的含水层与煤层底板距离应大于煤层采动底板最大破坏深度。③选择的加固层应具有可改造性强，注浆体可大范围扩散，浆液利用率高等特点。④注浆加固后浆液可与目的层岩性有效胶结，改变岩层的物理力学性质，有效地提高岩体强度和隔水能力；对深部煤层开采底板水害能有效治理。地面受控定向钻进造斜到达改造目的层后，顺层水平钻孔的布设方位和间距的确定也是关系到注浆改造成败的关键因素之一。

6.1.2.1 煤系地层构造对顺层钻孔方位设定的影响

在改造目的层布设顺层钻孔时要充分考虑构造和层理结构面对改造效果的影响，还应考虑注浆钻孔尽可能地揭露断层和褶皱轴部裂隙。若顺层钻孔方位沿垂向裂隙的走向施工，则可能揭露的裂隙较少，对注浆改造加固效果不利，如图6－2(a)所示。若沿着垂向裂隙的倾向施工可能揭露更多的断层和褶皱裂隙，能提高钻孔注浆的利用率，起到事半功倍的效果，如图6－2(b)所示。因此，顺层注浆钻孔布设轨迹应与断层或褶皱轴部大角度相交，达到阻断导水通道和改造为有效隔水层的目的。

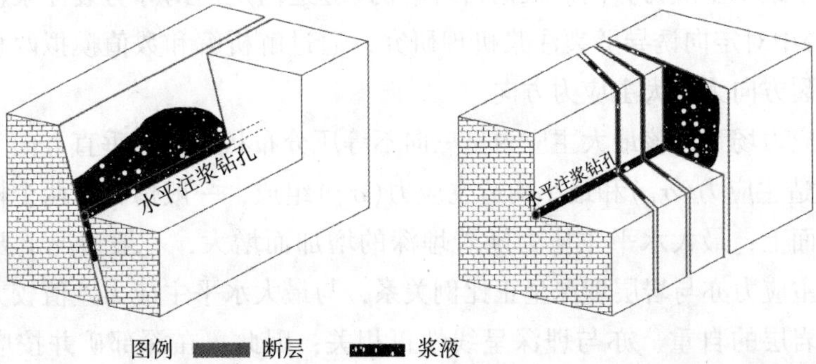

(a)沿顺层钻孔注浆　　(b)沿断层不同交角注浆

图6－2 地面受控定向顺层钻孔方位与断层不同交角注浆效果示意图

改造层的软弱层理结构面胶结强度相对较低，是地层沉积胶结过程中的薄弱面，一般在灰岩基质体之前被溶蚀，从而形成层面连通性好和层间溶蚀后的储水腔；在地质构造运动过程中，形成褶皱，在褶皱两翼层理面受沉积层间剪切作用发生层理错位，局部区域会形成破断夹层，发生溶蚀作用后亦成为储水空腔。因此，顺层钻孔与煤层底板断层构造大角度相交的前提下，尽可能上、下贯穿改造层内的层理结构面，使单个顺层注浆钻孔贯穿多个层理结构面，这样对层间隙大面积覆盖能够增强注浆效果，如图6－3所示。

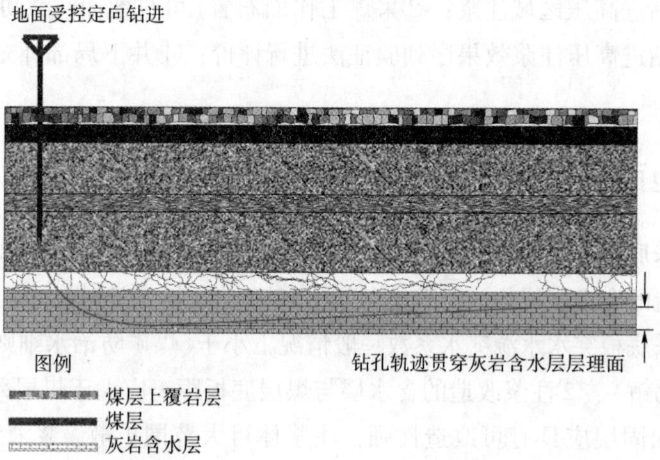

图6－3　定向近水平顺层钻孔贯穿改造层层理面示意图

6.1.2.2　改造块段地应力对顺层钻孔方位设定的影响

在地面受控定向钻进高压注浆对注浆改造层位的岩体会形成局部劈裂高压，促使高压劈裂产生的岩体破裂区与天然裂隙或地质构造连通，能够增加单分支注浆改造的区域面积，从而高效合理利用注浆材料的使用量，增加改造层的注浆封堵效果。而在复杂的地应力分布条件对高压劈裂产生岩体裂隙的方向具有较大的诱导作用，这决定高压注浆产生的劈裂裂隙能否较好的与天然构造沟通，所以地应力的分布条件亦是优化定向顺层钻孔轨迹的重要因素之一。

近年来，相关学者认为深部劈裂注浆起裂方向的初始裂隙是沿最大主应力方向，也就是劈裂面垂直于最小主应力方向。根据吕奇峰的《隧道内定向诱导劈裂注浆机理及其配套检测方法研究》中对定向诱导劈裂注浆机理研究，通过解析解和数值模拟两种方法得到劈裂注浆一次起裂方向为最大主应力方向。

在三维地应力场下，该最大主应力呈三向不等压分布状态，由垂直方向上的自重应力(σ_z)和最大构造主应力(σ_H)和最小构造主应力(σ_m)组成，一般情况下两个构造主应力分布在接近水平面上；最大水平主应力随着埋深的增加而增大，一般情况下要大于自重用力；最小水平主应力亦与岩层埋深呈正比例关系，与最大水平主应力差值较大；垂直应力一般等于上覆岩层的自重，亦与埋深呈线性正相关；因此，在深部矿井按应力大小可分为：最大水平主应力 > 自重应力 > 最小水平主应力和最大水平主应力 > 最小水平主应力 > 自重应力两种情况。

由以上分析可知，在深部煤层开采水害防治过程中，地面受控定向钻进的水平顺层段高压注浆产生的劈裂裂隙方位与最大主应力方位基本一致；所以在近水平顺层注浆改造的过程中，钻孔轨迹与最大主应力夹角的确定，对注浆裂隙的空间展布具有非常重要的影响。

在深部岩层顺层注浆时定向注浆钻孔的方位与最大主应力方位一般会存在两种极端条件下的高压注浆劈裂裂隙的类型，分别为横向裂隙和纵向裂隙。若顺层的水平钻孔的方向与最大主应力方向垂直的条件下，高压劈裂注浆应产生与顺层水平钻孔向垂直的横向裂隙，如图6－4(b)所示；如果顺层水平钻孔与最大水平主应力方向一致的条件下，高压劈裂注浆会产生与最大水平主应力方向相同的纵向裂隙，如图6－4(a)所示。纵向裂隙与横向裂隙相比，横向裂隙垂直于顺层的水平钻孔轨迹，劈裂范围相对较大；而纵向裂隙的形态较单一，沿最大水平主应力方向展布，裂隙范围较小。因此，在深部岩层定向顺层注浆改造时、顺层注浆要保证大范围覆盖，与天然裂隙尽可能贯通，以提高注浆改造效果，因此，顺层水平注浆应尽可能地产生横向裂隙，使高压劈裂注浆的浆体达到最大的扩散范围。

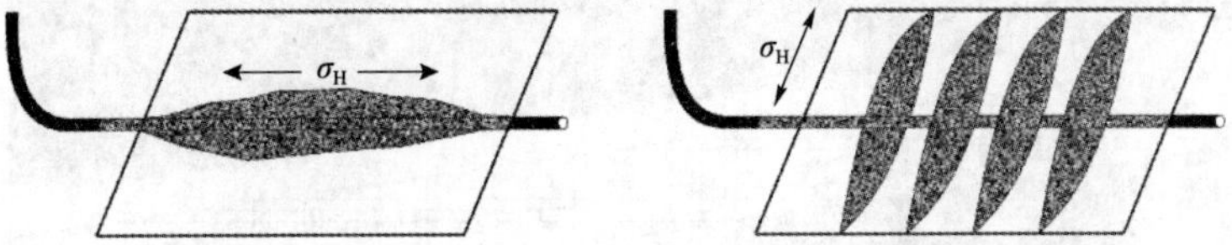

(a)横向裂隙　　(b)纵向裂隙

图6－4　顺层钻孔布设方向与最大水平地应力方向的关系图

在深部岩层实际注浆改造中，地应力场比较复杂，极端条件存在的情况较少，加之天然裂隙的存在和深部煤层底板改造层灰岩顺层钻孔错层率的存在，还有地面工程施工选址等原因，导致地面受控定向钻进的顺层钻孔轨迹很难达到与最大水平主应力方向一致或垂直，一般情况下会存在一定的夹角，最后形成了更为复杂的裂隙空间布展形态。当顺层注浆钻孔轨迹与最大主应力夹角较小时，劈裂注浆裂隙以缝宽较小的最大主应力轴向单裂隙为主，形态较单一，劈裂注浆裂隙受控范围整体较小，不利于顺层注浆改造裂隙含水层；但是当地面受控定向钻进的顺层钻孔轨迹与最大主应力呈大角度相交时，在顺层钻孔附近会产生多条单一狭长的裂隙，当两者的相交角度趋近于垂直时，一般会形成“十”字型和“T”字型裂隙分布，从而形成较大的裂隙范围，而部分裂隙可以与顺层钻孔附近的天然裂隙贯通，使浆液能够充分地填充含水层裂隙；因此，为了使高压劈裂注浆能够取得较大的破裂范围，与更多的天然裂隙贯通，获得更好的注浆改造效果，在深部岩层顺层注浆钻孔轨迹应该与最大水平主应力方向尽可能大角度相交。

6.1.2.3　改造层原岩水动力场对顺层钻孔方位设定的影响

对深部煤层底板灰岩含水层进行劈裂注浆改造时，改造层原岩水动力场的流向对顺层定向钻孔也存在一定的影响，为了有效填充含水层的天然裂隙和溶穴须保证顺层注浆浆液的大面积有效充填，在地面受控定向钻进过程中，首先对造斜段底部与近水平段附近进行有效封堵，形成改造层原岩水动力场流向的补给水源阻断墙，截断原岩水动力场流向的补给水源；其次沿改造层的倾向近水平钻进，形成天然水动力场流向与地面受控定向钻进的高压劈裂注浆两者的动力耦合，使浆液充分扩散。

因此，对深部煤层底板灰岩含水层改造中顺层定向近水平钻进轨迹在结合断层、褶皱轴部裂隙、改造层的软弱层理结构面及地应力等因素条件下，尽可能结合改造层水动力场对顺层钻孔方位设定的影响，使顺层定向近水平钻孔沿原岩水动力场的流向钻进，顺层钻孔的钻进方向和改造层的倾向近可能一致，如图 6－5 所示。

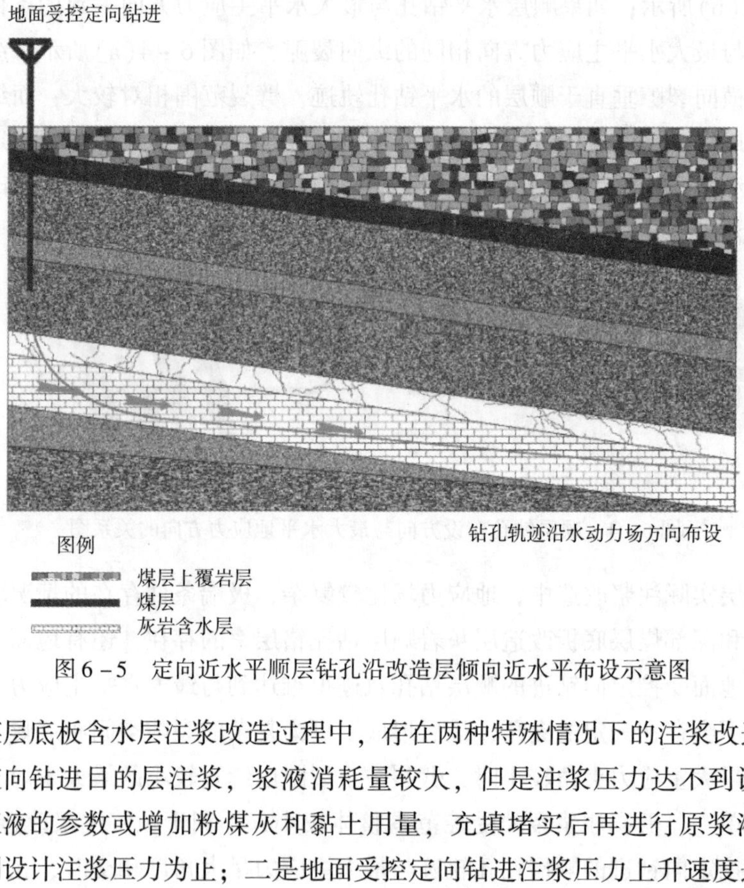

图 6－5　定向近水平顺层钻孔沿改造层倾向近水平布设示意图

在深部煤层底板含水层注浆改造过程中，存在两种特殊情况下的注浆改造难题：一是对地面受控定向钻进目的层注浆，浆液消耗量较大，但是注浆压力达不到设计值的情况下，可调整浆液的参数或增加粉煤灰和黏土用量，充填堵实后再进行原浆液二次加压注浆，直到达到设计注浆压力为止；二是地面受控定向钻进注浆压力上升速度过快，单孔注浆量极少，这种情况要特别重视。该情况说明注浆改造的含水层局部裂隙不发育或裂隙之间的连通性较差，但是该情况往往会漏掉个别导水裂隙，最后导致含水层局部改造失败，因此，在这种情况下应尽量缩短顺层定向钻孔的注浆间距，同时调整注浆压力，在原来设计压力的基础上增加 1～1.5 倍的目的层水压，增大劈裂注浆的覆盖面积。

6.1.2.4　顺层钻孔的间距优化方法

在深部煤层底板灰岩含水层劈裂注浆改造过程中，高压注浆会导致岩层产生变形和局部裂隙，而岩体的形变或劈裂裂隙直接影响浆液的扩散距离，最终影响注浆改造的效果；因此，可以根据矿区改造层的地质及水文地质条件，利用 RFPA^{2D}－FLOW 进行数值模拟，得到矿区改造层不同注浆压力下的浆液有效扩散半径，为设定深部煤层底板灰岩改造层的有效注浆压力和顺层钻孔的科学间距提供依据，达到注浆改造的目的。

如图6-6所示，$RFPA^{2D}$-FLOW数值模拟软件采用有限元解析法则，可以对岩体介质进行有效模拟加载分析，主要分析指标包含对加载过程中的力学响应、应力-应变、变形-破断、介质渗流、多条件耦合等。该数值模拟系统采用破坏准则对加载的每一步实施有效单元破断判别，对加载单元的分离和结合采用材料刚度退化和重建进行处理；对于介质在加载条件下的渗流分析和处理根据系统计算的每一步渗流边界的状态、水压、水头触及面等因子对渗流模型进行解析。$RFPA^{2D}$-FLOW中的多条件下耦合处理分析是对系统加载过程中的破坏单元的渗透性和加载应力进行解析，利用判别是否达到应力与介质渗透系数关系方程进行耦合解析。该系统模拟计算过程中的每一步均会自动进行各指标的循环加载迭代计算，直至达到迭代误差允许值结束；待系统再次迭代计算平衡后再进行第二步、第三步运行计算，依次迭代运行，直到设定的运行总步数结束为止。该系统能够真实模拟压力作用下流体的运动场，同时在渗流-应力耦合作用下，精确地显示岩体裂隙的产生和展布过程中裂隙流量的分布情况。

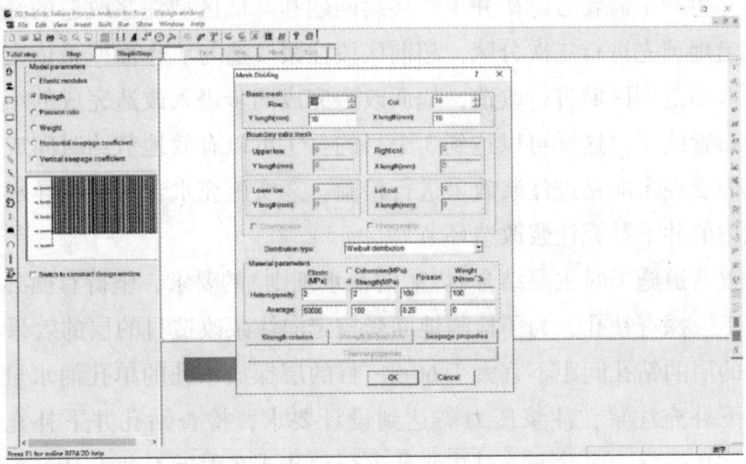

图6-6 $RFPA^{2D}$-FLOW建模示意图

利用$RFPA^{2D}$-FLOW进行间距优化的具体步骤包括：①建立数值计算模型，其模型边界条件需模拟真实埋深条件，参考矿区区域地应力实测结果，模型边界考虑岩体自重，设置上部边界的荷载，对模型的左、右边界和下边界进行固定设置，模型上、下边界设置为隔水边界。第一步模型运行达到稳定状态，第二步进行模拟注浆，在模拟系统中尽可能把注浆孔设置在改造层中部位置，设置两种地质条件下的注浆模拟：一是灰岩岩体内注浆模拟，二是顺层注浆钻孔穿过断层条件下的注浆模拟；这两种模式注浆模拟均设置两步完成，每步运行注浆段长度为20m；模拟注浆压力设定值一般取注浆点水压的2.5倍，为了分析模拟注浆状态下的浆液在目的层的扩散数据，结合现阶段华北型煤田东缘矿区的深部煤层开采情况，建议分别设置为8MPa、10MPa及12MPa的注浆压力条件下进行模拟浆液的扩散规律。再设定模型各层位的岩体参量，对模型进行数值分析时，模型参量的设定对运行结果有重要的作用，结合模型每层岩体的非均质性及其各项异性，其物理力学性质参量需全部服从韦布尔分布，为此，建立从微观与宏观介质力学性能的关联，同时模型设置的各层岩体采用 Mohr – Coulomb 屈服准则。②运行 RFPA^{2D} – FLOW 分析系统，对系统计算结果进行分析，得到 3 种注浆压力下在正常改造层中的浆液扩散半径，以及在注浆压力递增模式下的浆液扩散规律，同时也能够得到 3 种注浆压力模式下在穿越断层时的浆液扩散半径和过断层注浆，浆液扩散规律。③根据矿区改造层的静水压力值取 2 ~ 2.5 倍作为实际注浆改造的设计值，在 3 种注浆模拟压力中选取与注浆压力设计值趋近且小于设计值的模拟压力；根据选取的模拟注浆压力计算改造层正常段的扩散半径，确定顺层分支钻孔的间距；为了保证注浆能够全面有效地填充封堵含水层和层内裂隙，分支孔间距不得大于模拟扩散半径的 2 倍，同时为了综合考虑顺层注浆钻孔的高效利用率和经济合理性，顺层定向近水平分支钻孔的空间距应大于单孔注浆的扩散半径。

6.1.3 采区巷道施工与井下补充注浆协同

在实际矿井生产中需要考虑矿井生产接续问题和降低区域注浆改造的经济风险，一般情况下在区域治理预先进行二次分区，超前区段注浆改造与工作面回采依次进行，在二次分区内提前选取小范围区域进行改造，地面改造完成同步进入改造完成的小区域，进行井下工作面巷道布置施工，这样可以达到 3 个目的：①可以有效地节约时间成本；②可以对该小范围的地面受控定向钻进注浆效果进行检验；③实施充水含水层和导水构造协同超前块段治理模式中的井下补充注浆改造环节。

在井下布置巷道施工时主要结合《煤矿防治水细则》的要求，坚持有掘必探原则，在巷道掘进迎头施工、探查钻孔，为了检测地面受控定向注浆改造目的层的效果，建议在巷道施工到注浆目的层的钻孔间距不宜大于 60m，目的层探放水孔的单孔涌水量若大于 $5m^3/h$ 需立即进行井下补充注浆，注浆压力需达到设计要求，检查钻孔井下补充注浆完成 72h 后，对该注浆钻孔进行二次验证，对注浆孔进行扫孔或在附近不大于 10m 范围内进行施工到改造层的检测钻孔，最后要求深部煤层开采直接或间接充水含水层注浆改造后单孔涌水量原则上不得大于 $5m^3/h$。

深部煤层工作面巷道布置若需穿越断层，首先按照导水断层反向计算掘进巷道迎头到断层的安全距离，根据计算结果结合《煤矿防治水细则》，重新设计探放水方案，同时对断层进行超前加固处理。

6.1.4 采前底板水害治理效果序列验证评价方法

在深部煤层底板灰岩水害运用充水含水层和导水构造协同超前块段治理模式改造后，进行采区工作面的布置施工，亦可在已注浆改造后的区域内与块段地面治理同步进行（巷道施工时要在地面定向钻孔已改造区域内留设安全防水煤岩柱），条件允许的情况下在采区工作面巷道布置前，也应进行采区巷道掘进灰岩水害超前治理效果评价；待采区运用充水含水层和导水构造协同超前块段治理模式改造后，进行采前底板水害治理效果评价，确保采煤工作面开采安全。针对华北型煤田东缘矿井的深部煤层开采底板水害治理的效果评价，提出5步序列验证法对改造层进行效果评价。序列验证法是对注浆改造的目的层进行渗透系数与透水率分析、最大阻水系数分析、矿井电法分析、GIS数据分析及探查钻孔数据分析等分析序列验证的评价方法。

6.1.4.1 渗透系数与透水率分析

钻孔压水实验是根据压力与流量的关系确定岩体渗透特性的一种原位渗透实验。为了检验深部煤层底板注浆加固改造的效果，采煤工作面底板全面注浆加固改造完成后，在工作面顺槽内布设钻孔，进行压水实验，求得压水实验的压水量、终压值等作为深部煤层底板加固改造效果评价的基础数据。

1)钻孔压水实验测试方法

具体方法包括：①压水钻孔钻进目的层下伏相邻层位时停止钻进，在压水实验前需用高压清水将钻孔冲洗干净。②压水钻孔套管利用水泥浆液进行封孔36h后，采用改造层1.5倍的静水压力测试封口效果，水压稳定时的测试时间不少于30min，测试合格后方可继续钻进，每转进5m需矫正一次钻孔深度。③在钻孔孔口管安装压力检测表，将其进水口端与注浆泵的给水设备连接，在注浆泵的高压作用下向孔内注水。④利用注浆泵的二档，进行压水实验，压水时长不得小于30min。⑤在压水实验期间，观测压力表的变化，并记录注水稳定时的压力值和压水流量。

2)压水实验数据处理方法

压水实验可有效测量裂隙岩体的单位吸水量，进一步求出压水实验目的层的渗透系数和透水率，进而得到煤层底板夹层灰岩改造层和煤层底板有效隔水层的透水性能。

(1)单位吸水量的计算。

描述岩层介质透水性能的定量数据指标为单位吸水量，指单位压力水头高度下，单位长度实验段在单位时间的岩体吸水量，其计算公式为：

$$\omega = \frac{Q}{HL} \tag{6-1}$$

式中，Q表示水压稳定时的压入流量，L/min；ω表示测试层位的单位吸水量，L/(min·m·m)；L代表压水实验段的长度，m；H代表实验压力的水头高度，m。

(2)岩体渗透系数的计算。

$$K_1 = 0.525\omega \ln \frac{0.66L}{r} \tag{6-2}$$

$$K_2 = 0.525\omega \ln \frac{1.32L}{r} \tag{6-3}$$

式中，r为压水实验钻孔的半径，m。

在以上两式中，当煤层下部隔水层的距离大于实段长度时采用K_1计算岩体渗透系数；当煤层下部隔水层的距离小于实段长度时采用K_2计算岩体渗透系数。

(3)透水率(q)计算。

$$q=\frac{Q}{P\cdot L} \tag{6-4}$$

式中，Q 为稳定时的压水流量，L/min；P 为水压值，MPa。

根据岩土体的渗透性能分级标准，如表 6－1 所示，中华人民共和国国家标准《水利水电工程地质勘察规范》中显示，渗透性等级为微透水时需要满足岩体渗透系数应为 $10^{-6}\sim10^{-5}$cm/s，其透水率应为 0.10～1L/min；当煤层底板夹层灰岩含水层通过超前块段注浆改造后，满足微透水等级时，可将该层灰岩含水层视为阻水性良好的有效隔水层。

表 6－1　岩土体渗透性分级标准

渗透性等级	渗透系数 K/(cm/s)	透水率 q/(L/min)	岩体特征	岩土类型
极微透水	$K<10^{-6}$	$q<0.1$	完整岩石含等价开度＜0.025mm 裂隙的岩体	黏土
微透水	$10^{-6}\leqslant K<10^{-5}$	$0.1\leqslant q<1$	含等价开度 0.025～0.05mm 裂隙的岩体	黏土－粉土
弱透水	$10^{-5}\leqslant K<10^{-4}$	$1\leqslant q<10$	含等价开度 0.05～0.01mm 裂隙的岩体	粉土－细粒土质砂
中等透水	$10^{-4}\leqslant K<10^{-2}$	$10\leqslant q<100$	含等价开度 0.01～0.50mm 裂隙的岩体	砂－砂砾
强透水	$10^{-2}\leqslant K<1$	$q\geqslant100$	含等价开度 0.50～2.50mm 裂隙的岩体	砂砾－砾石－卵石
极强透水	$K\geqslant1$		含连通孔洞或含等价开度＞2.50mm 裂隙的岩体	粒径均匀的巨粒

6.1.4.2　最大阻水系数分析

深部煤层底板岩层阻水系数表示单位底板隔水岩层的平均阻水能力，是对深部煤层底板突水危险性评价时，计算煤层底板有效隔水层厚度的重要参数。根据煤层底板岩层的阻水系数计算深部煤层底板岩层的突水系数，是定量评价底板注浆加固改造效果重要方法。

压水扩散半径的计算，首先考虑压水扩散的路径，一般情况下水在压力的作用下沿着岩层层理面和岩体裂隙运动，并沿着岩层阻力较小的裂隙进行渗透，渗透速度一般较慢，可视为牛顿流体。但在水的高压力作用下，会对围岩进行劈裂，如果岩层中存在软弱的层理面，压水将先沿软弱面进行渗透。其次考虑压水水头的损失：根据英国学者 Reynolds 的实验研究，由于黏滞系数的存在，液体流动具有一定的水头损失，其主要损失包括在液体流动工程中克服摩檫力所消耗能量损失(亦称沿程的水头损失)和局部的水头损失；在压水过程中表现为实际驱动将水渗透的压力逐渐减小。而压水的渗透阻力包括静水压力和岩体裂隙中的充填物对水的摩擦力，因此，压水在渗透过程中随着渗透距离的增大，裂隙内水压力将会逐渐衰减，而压水渗透能力将逐渐衰减，直到裂隙内水压力和注水压力趋于平衡，水头停止渗透，此时扩散半径达到最大。

1)压水扩散半径计算模型

根据以上分析建立压水扩散半径计算模型其步骤包括：①设压水的渗流速度较小且渗透速度变化相对较小，符合牛顿流体。②除压水开始劈裂充填裂隙需损耗部分压力外，剩余水压力主要用于克服在岩体裂隙中流动时的阻力，在渗透过程中随着渗透距离的增大，裂隙内水压力逐渐衰减，其渗透能力也将衰减，直到裂隙内水压力和注水压力趋于平衡，扩散半径达到最大。③模型忽略地层应力分布的不均一性，其扩散半径以压水孔为中心，为平面径向辐射的圆形扩散面。根据以上设定条件，压水视为点源球型模进行计算，如图6-7所示。

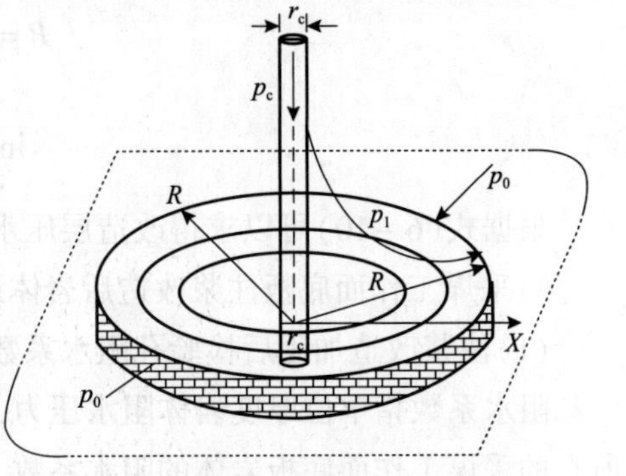

图6-7　压水扩散半径计算模型示意图

在图6-7中P_c为压水压力；P_1为沿着裂缝分布的衰减压力；r为压水的扩散半径；R为压水的最大扩散半径；r_c为压水钻孔的半径；P_0为静水压力。模型设定虽忽略了注水加压时水在岩体中流动的紊乱性及岩体裂隙和地应力分布的不均一性，但与压水的实际状态仍较相似；该模型更便于对加压注水扩散规律和压水压力沿裂缝的衰减规律进行更直观分析，因此，该模型设置合理。

2)压水扩散半径计算

假设水体流动沿着x裂面，应满足Navier－Stokes方程：

$$\frac{\partial u}{\partial t}+u\frac{\partial u}{\partial x}=f_x-\frac{1}{\rho}\frac{\partial p}{\partial x}+\nu\Delta u \tag{6-5}$$

式中，u为水体流速，m/h；f为质量力，m/s^2；ρ为流体密度，kg/m；ν为流体运动黏度，Pa·s；p为注浆压力，MPa。

因渗透速度变化较小，黏度变化可忽略不计，得泊萧叶解答为：

$$V=-\frac{h^2}{3\mu}\times\frac{\mathrm{d}p}{\mathrm{d}x}=\frac{h^2}{3\mu}\times\frac{\Delta P}{L} \tag{6-6}$$

$$\mu=\frac{0.01775}{1+0.0337t+0.000221t^2} \tag{6-7}$$

式中，V为平均流速，m/h；μ为流体运动黏滞系数，cm^2/s，是水温(t)有关的函数；h为岩层半隙宽度，$h=b/2$，m；b为岩层裂隙总宽度，为压水孔内裂隙岩层的总厚度H与裂隙率n的乘积(根据经验值裂隙率n一般为1%～2%，当注水压力较小压水量较大时，表示压水孔层位裂隙率较大，此时取大值，m；当注水压力大注水量小时，表示压水孔层位裂隙率低，此时取小值)；ΔP为压力差，MPa。

在注水压力P_c作用下水体从半径为r_c的注水钻孔流出，沿着平面裂隙方向向四周辐射扩散，其流量与流速、裂隙宽度的关系如下所示：

$$Q=4\pi rhV \tag{6-8}$$

式中，Q 为压水稳定时的流量，L/min。

根据以下边界条件$\begin{cases} r=r_c: & P=P_c \\ r=R: & P=P_0 \end{cases}$将式(6-6)代入式(6-8)进行积分得：

$$P=P_c-\frac{6\mu Q}{\pi b^3}\ln\frac{r}{r_c} \tag{6-9}$$

$$\ln\frac{R}{r_c}=\frac{\Delta P\pi b^3}{6Q\mu} \tag{6-10}$$

根据式(6-10)可以求得改造层压水时的最大扩散半径 R。

3)采煤工作面底板注浆改造后岩体最大阻水系数和临界突水系数计算

(1)注浆改造加固后检验孔阻水系数计算。

阻水系数指单位厚度岩体阻水压力，因此，根据压水最大扩散半径，分别计算检测孔所在的采煤工作面底板岩体的阻水系数。其表达式为：

$$Z_{max}=\frac{P_c}{R} \tag{6-11}$$

式中，P_c为注水压力，MPa；R 为压水时的最大扩散半径，m。

(2)注浆改造加固后采煤工作面底板临界突水系数计算。

采煤工作面底板处于临界突水状态时，式(6-12)成立：

$$T_0=Z_{max} \tag{6-12}$$

采煤工作面底板突水系数的常规计算方法：

$$T_s=\frac{P}{M-C} \tag{6-13}$$

式中，T_s为采煤工作面底板突水系数，MPa/m；M 为采煤工作面底板隔水层厚度，m；C 为采煤工作面底板采动破坏的最大深度，m。

由以上计算可知，底板岩体最大阻水系数与工作面的临界突水系数相等，即当采煤工作面的实际突水系数大于临界突水系数时，采煤工作面预测为突水状态；当采煤工作面的实际突水系数小于临界突水系数时，采煤工作面预测为不突水状态。

4)阻水系数评价方法实例验证

以华北型煤田东缘矿区某矿井深部10-G综采工作面为例，采煤工作面底板改造后隔水层厚度为71.30m，实测采动底板破坏深度约为13m，威胁采煤工作面突水的灰岩含水层水压为4.66MPa，在工作面顺槽施工3个压水试验钻孔对底板改造层灰岩进行压水试验，稳定压水时间为30min，压水钻孔半径为0.04m，压水钻孔参数及实测数据，如表6-2所示。

表6-2　压水试验钻孔数据

压水钻孔编号	注水压力/MPa	压水段含裂隙的岩层厚度/m	压水段裂隙率/%	稳定时的压水流量/(m^3/min)
1#	5	26.89	1.90	4.75
2#	5	24.12	1.70	2.65
3#	7.5	33.31	1.10	2.65

(1)计算10－G采煤工作面顺槽3个压水检测孔最大扩散半径。

①1#钻孔最大扩散半径。10－G综采工作面底板注浆改造后在1#检查孔进行压水试验，注水压力5MPa，稳定压水流量约为150L/min，压水时间持续30min。由于压水稳定之前注水压力不稳定，需对稳定压水流量值Q修正为$4.75m^3$，裂缝总宽度约为0.511m。

水的黏滞系数μ取常温为20℃，据式(6－7)计算约为0.0101；由表6－2可知注水压力为5MPa，则ΔP为5MPa：

把μ、b、ΔP代入式(6－10)，得最大扩散半径约为57.90m。

依据现场对1#压水试验观测结果，在距1#钻孔52.75m处的10－G集中巷局部出现渗水现象，10#煤层底板改造目的层压水点与10－G集中巷渗水点位置如图6－8所示。说明上述R计算结果与实际基本相符合，综上所述式(6－10)相关参数的取值基本可行。

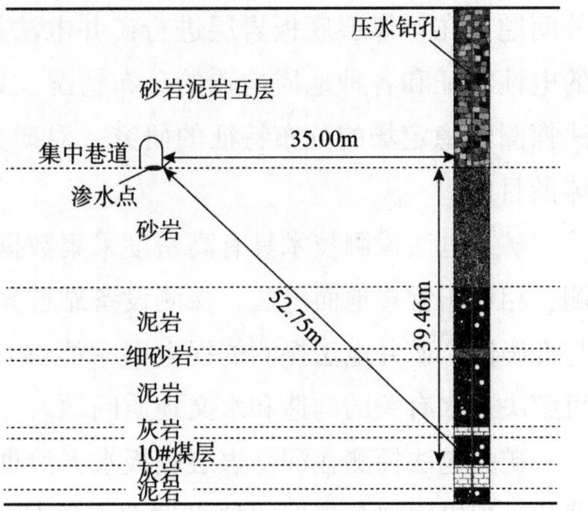

图6－8 钻孔压水试验剖面示意图

②根据表6－2压水试验钻孔数据计算2#和3#压水钻孔最大扩散半径分别约为33.75m和54.27m。

(2)10－G综采工作面底板注浆改造后岩体最大阻水系数和临界突水系数的计算。

①煤层底板岩层注浆改造加固后检查孔阻水系数的计算。根据压水最大扩散半径式(6－11)，分别计算3个压水检查孔所在底板岩体的阻水系数(表6－3)。

表6－3 10－G综采工作面底板注水压力、扩散半径、阻水系数表

压水钻孔编号	注水压力/MPa	最大扩散半径/m	最大阻水系数/(MPa/m)
1#	5	57.90	0.09
2#	5	33.75	0.15
3#	7.5	54.27	0.14

②10－G综采工作面底板岩层注浆改造加固后底板临界突水系数和常规计算工作面底板突水系数计算。

根据式(6－12)可知，当10－G综采工作面底板处于临界突水状态时为最大阻水系数。根据式(6－13)常规计算10－G综采工作面底板突水系数约为0.08MPa/m。

根据表6－3所示，10－G综采工作面底板最大阻水系数取3个压水钻孔的最小值为0.09MPa/m，10－G综采工作面底板突水系数常规计算结果为0.08MPa/m；10－G综采工作面的实际突水系数小于最大阻水系数，10－G综采工作面预测为不突水状态。

根据实际资料，华北型煤田东缘矿区某矿的10－G综采工作面于2018年底开采完毕，10－G综采工作面实现安全开采。

6.1.4.3 二次矿井电法检测分析评价法

矿井电法是采用空间电场理论对矿物地层的地质和水文地质问题进行计算分析的方法；而矿井电法探测是其重要分支，利用矿物地层中不同性质的岩层的导电性能存在差异为前提，建立全空间模式下的运行电场，对深度岩层电性变化特征进行研究的物探方法。在实际工作中，对于生产矿井一般在已布置完成的巷道内进行井下矿井电法检测，在巷道内建立全空间稳定的电场，依次增加同一检测点的供电电极距，使电流穿透的深度逐渐增加，对该测点随深度变化的电性特征进行解析，从而解决矿物地质和水文地质的问题。在对煤层底板岩层进行矿井电法探测时，稳定电场的特性取决于井下巷道围岩的电性特征和各种地质构造的分布情况，以及地质异常体的赋存展布情况。通过矿井电法探测和稳定场的分布特征的研究，对矿井电法物探资料进行解释，从而达到探测地质体的目的。

矿井电法探测技术具有高密度采集数据的能力可获取更多地质信息，可实现高分辨探测，相对于常规地面电法，探测设备靠近异常体，对数据采集有利，可提高解释的可靠性与准确性；矿井电法探测的视电阻率能够直接反映岩层的导电性能，其与水的关系密切，可解决与水有关的构造和水文地质问题。

矿井电法探测在深部煤层底板水害治理过程中，可以测出煤层底板岩层中视电阻率的变化，视电阻率与岩层的含水性关系密切，可视为岩层富水性、强视电阻率低，富水性弱、视电阻率高。华北型煤田特别是东部矿区深部煤层底板灰岩含水层的视电阻率相对较低，因为该区域煤系地层深部灰岩岩溶较发育。根据岩层的视电阻率存在低阻异常区时一般视为含水层存在富水性异常部位的原理，对深部煤层底板灰岩含水层进行注浆改造，其岩溶发育区或原岩裂隙被浆液充填，使灰岩含水层改造成为视电阻率较高的高阻电性层。因此，可以通过矿井电法对注浆改造后的深部煤层底板进行现场原位测试，根据煤层底板岩层的视电阻率判断注浆改造的效果。

在有条件的深部矿井，可进行二次电法对比评价法，在注浆改造前工作面已形成系统巷道的，可在改造前、后分别对工作面底板进行矿井电法测试，利用煤层底板岩层注浆前的视电阻率和注浆改造后的二次矿井电法的视电阻率进行相应区域的比对分析，可以作为定性评价煤层底板岩层注浆改造加固效果的一种重要方法。

6.1.4.4 GIS 数据分析

在深部煤层底板薄层灰岩改造过程中重要的两个注浆指标分别是分支钻孔单点注浆的终压值和终量值。利用 GIS 数据分析评价注浆改造效果的具体步骤包括：①对已注浆改造完成的区域按坐标进行统计，分别记录每个坐标点的注浆终压值。②运用 SURFER 系统进行区域注浆定位和 KRIGING 算法进行插值计算。③对单点注浆终压值进行分段，一般可以设置达标区、合格区及薄弱区(或相对薄弱区)，并确定各分段的终压的区间，再利用 SURFER 系统生成的数据导入 GIS 内进一步处理。④顺层钻孔的间距优化是固定值，在 GIS 内只需考虑最外侧顺层钻孔的边界问题，一般情况下顺层最外侧两个分支钻孔的边界取值约为顺层钻孔固定间距的1/2，同时地面受控定向钻进顺层注浆终孔的注浆压力不得低于改造层水压的2倍，需要地面高压注浆设备降档稳定30min。作为顺层分支钻孔注浆的合格压力。⑤绘制整个改造区域的注浆终压效果分区图。⑥利用薄弱区或相对薄弱区内的单点注浆坐标，统计该区域内的单点注浆数据，并进行综合分析，最终评价整体的注浆改造效果。

6.1.4.5 探查钻孔数据分析

对于深部煤层开采底板水害进行超前块段注浆改造底板夹层灰岩含水层的注浆效果评价最科学有效的方式是在井下对改造层施工，并检查钻孔，实测单孔的涌水量。对已完成注浆改造的区域，进行有效的大面积监测地面定向顺层钻进注浆的效果时，须针对改造区域的面积，设计井下探查钻孔的位置及间距；一般情况下，首先在井下施工的探查钻孔在终孔间距上不得大于顺层注浆钻孔间距的2倍；其次设定探查钻孔的终孔位置，需探进注浆改造层厚度的1/2位置；最后对井下探查钻孔的涌水量设定阈值并进行分析。针对华北型煤田东缘矿区深部煤层底板改造层的井下检查钻孔一般情况设定为单孔涌水量不得大于$5m^3/h$(若工作面经过断层需另行措施进行评价分析)。

综上所述，利用5步序列验证法对华北型煤田东缘矿区深部煤层开采底板水害治理效果进行整体评价，具体步骤为：①对深部煤层底板的改造目的层进行压水实验，实验钻孔根据要评价的具体工作面的区域在工作面顺槽内施工实验钻孔，一般情况下压水实验钻孔终孔间距设置不大于300m，具体根据工作面设计而定；根据实验结果分段计算注浆改造层的渗透系数和透水率，根据《水利水电工程地质勘察规范》岩土体的渗透性能分级标准，对工作面进行分区，得到渗透性能分区图。②通过压水实验数据进行分段换算试验区域的最大阻水系数，利用最大阻水系数与各区域的实际突水系数进行对比，绘制实际突水系数大于等于最大阻水系数的区域图。③利用矿井电法对改造完成的采煤工作面底板进行原位测试，得到视电阻率低阻异常剖面图，根据煤层底板岩层的视电阻率判断注浆改造的效果。④利用GIS分析地面受控定向钻进注浆改造单点坐标位置的终压，对已改造完成的区域利用设定阈值进行分区，得到注浆改造的薄弱区域或相对薄弱区域图。⑤利用井下钻孔进行大规模探查，探查钻孔设定方案及单孔涌水量的阈值设定，从而得到不满足要求的区域位置图。⑥对以上结果进行综合分析，最终得到深部煤层底板注浆改造效果的评价结果。

6.2 底板水害治理模式的应用和治理效果评价

6.2.1 矿区概况

华北型煤田东缘矿区黄河北煤田QJ煤矿位于山东省德州市齐河县和聊城市东阿县境内，南北长度均为5.70km，东西平均宽度为7.20km，矿区面积约为$36.14km^2$，批准开采标高为+30～-900m。煤矿于1973年筹建，1988年恢复建设，2003年12月31日建成投产，设计生产能力为450kt/y。QJ煤矿采用立井单水平上下山开拓方式，利用长壁后退式采煤法进行采煤。可采及局部可采煤层有7#煤层、10#煤层、11#煤层、13#煤层，截止2018年年底，7#煤层、10#煤层已基本回采结束，11#煤层开采受其直接顶板四灰、五灰和煤层底板徐灰、奥灰岩溶承压水威胁。为实现矿井的正常接续，减少项目的经济风险，对西翼采区11#煤层水害利用充水含水层和导水构造协同超前块段治理模式进行注浆治理。

分别于2005年10月、2010年5月对矿井进行三维地震勘探，控制该采区内断层13条。11#煤层水文地质条件复杂，直接充水含水层为顶板四灰、五灰水及底板徐灰水；根据矿井多年来进行的水文补充勘探，四灰、五灰与徐灰、奥灰之间存在水力联系，但水力联系形式及通道位置不明，奥灰为间接或直接充水含水层(存在水力联系通道时)。

如图6-9所示，四灰、五灰平均厚度为7.69m，其中四灰厚度为5.25～5.90m，平均为5.13m；五灰厚度为1.50～2.25m，平均为2.01m；间距为1.10～1.50m，平均为1.14m；所以可视为一个含水层。岩溶裂隙发育，富水性中等。根据矿井历年的水文地质补充勘探报告可知，四灰、五灰含水层静储量较小，但四灰、五灰与徐灰、奥灰有良好的联通通道，可作为煤层开采直接充水含水层。

煤层及标志层	柱状图(1:500)	厚度/m	至11#煤层间距/m	岩性描述
	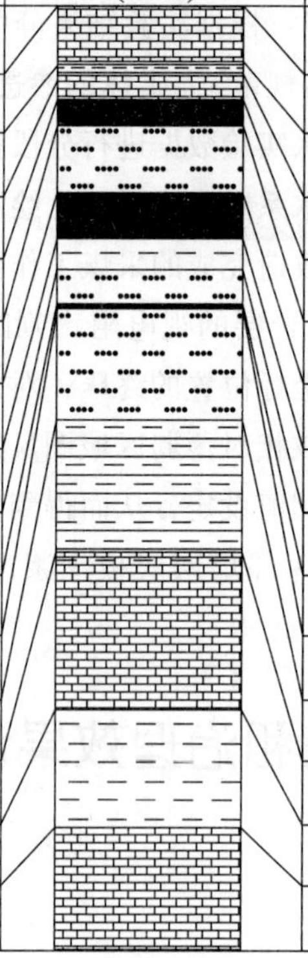			
四灰		5.13	3.15	褐红色，致密块状，性脆，含较多的海百合茎纺锤虫化石及珊瑚化石，裂隙发育被方解石细脉填充
泥岩		1.14	2.01	黑灰色，较细腻，顶部夹有线形细砂岩薄层，含少量的植物叶片化石，有的叶片已炭化
五灰		2.01		褐红色，致密块状，性脆，含较多的海百合茎纺锤虫化石及珊瑚化石，裂隙发育被方解石细脉填充
11#煤		1.86~2.45 2.02	11#煤层顶、底板至各岩层间距	黑色，粉末状，顶部0.3m含微粒黄铁矿，硬度大，比重较大。接近底部有同样的块煤0.2m，属半暗型煤
粉砂岩		5.56		黑灰色，较细腻，顶部夹有线形细砂岩薄层，含少量的植物叶片化石，有的叶片已炭化
13#煤		3.18~4.8 3.78	5.56	黑色，粉末状、细粒状、块状，煤质差，硬度大，夹0.5m的泥岩夹矸，断口平整，属半暗型煤
黏土岩		2.53	9.34	紫红、浅灰色，团块状，成份单纯，含植物叶化石，具有少量的滑动擦面
粉砂岩		2.89	11.87	黑灰色，较细腻，断口平整。裂隙较发育被钙质薄膜填充，含较多的黄铁矿晶体，局部岩心稍破碎
14#煤		0.34	14.76	黑色，粉末状、细粒状、块状，煤质差，硬度大，断口平整，属半暗型煤
粉砂岩		8.96	15.10	黑灰色，较细腻，断口平整，裂隙较发育被钙质薄膜填充，含较多的黄铁矿晶体，局部岩心稍破碎
泥岩		10.67	24.06	黑灰色，较细腻，顶部夹有线形细砂岩薄层，含少量的植物叶片化石，有的叶片已炭化
徐灰		9.87~22.32 12.85	34.73	灰褐色，致密块状，裂隙发育被方解石细脉填充，具较多的缝合线构造，上部含有燧石结核，较坚实
黏土岩		9.50	47.58	浅灰色，团块状，底部0.2m为砾石，砾石磨圆度较好，上部岩心破碎
奥灰		>700	57.08	褐色，致密块状，上部夹有薄层灰绿色黏土岩，裂隙发育被方解石细脉填充，岩心较完整

图6-9 研究区首采区综合柱状图

底板徐灰厚度为9.87~22.32m，平均为12.85m，上距11#煤层为35.52m，褐灰-深灰色，含燧石结核，致密坚硬，富水性中等，岩溶裂隙发育，水量补给量充沛，难以疏干，浅部导水能力渗透系数大；上距11#煤层间距为30.62~39.14m，平均为35.52m，上距13#煤层间距为18.02~28.13m，平均为24.16m；徐灰与奥灰平均间距约为8m，由于与奥灰间距小或断层错动原因，徐灰水与奥灰水联系密切。

奥灰发育厚度约为700m，主要由石灰岩、白云质岩、泥岩组成。上距徐灰为8m左右。原抽水单位涌水量为0.0204~4.141L/(s·m)，为岩溶裂隙承压水，从下到上富水性由弱变强，但极不均一；奥灰水通过断层侧向和垂向补给徐灰含水层，为11#煤层开采间接或直接(构造导通时)充水强含水层。

6.2.2 充水含水层和导水构造协同超前块段治理模式的应用

结合QJ煤矿11#煤层首采区的煤系地层构造展布情况、采区内工作面的设计、注浆改造施工效能等条件对地面受控定向钻进施工的工矿场地和钻孔轨迹进行科学规划。地面受控定向钻进的水平分支孔尽可能地揭露顶板四灰、五灰与底板徐灰含水层的导水通道和岩溶储水空间，合理布设水平分支孔的间距和走向，确保高压劈裂注浆能够全覆盖。

综合分析评定，认为在地面有利位置布置19个井场，各钻孔在采区设计工作面外围钻入注浆改造目的层，通过竖向钻孔造斜后进入改造层顺层钻进，协同压水探查灰岩裂隙，分段注浆，四灰、五灰改造的重点是在工作面外围形成一条帷幕带，隔绝工作面采后四灰、五灰岩层与采空区间的水力联系，煤层底板徐灰经过高压劈裂注浆改造后转换成有效隔水层。同时对竖向导水通道进行注浆封堵，这样既可以对深部煤层开采底板水害有效治理，亦能保护区域地下水资源，降低整个生产矿井的涌水量。

6.2.2.1 地面受控定向钻进顺层钻孔的布设

1)QJ煤矿区域地层构造概况

根据充水含水层和导水构造协同超前块段治理模式中煤系地层构造对地面受控钻进的顺层钻孔布设方位的影响，确定黄河北煤田QJ煤矿11#煤层顶底板水害地面定向受控钻进治理顺层钻孔的布设方位，见6.1.1.1节。具体的区域构造概况及灌层灰岩层整面的改造如下。

(1)区域构造概况。

QJ煤矿井矿内发育两组断层，以NE-NNE向断层为主，近EW向断层次之；近EW向断层形成较早，主要有F2、F11等2条，其中F2为矿井西南边界断层，F11为矿井北部边界断层；NE-NNE向主要断层多为东升西降的正断层，仅F3、F5为东倾的正断层，分别与西倾断层间构成地垒、地堑构造，如图6-10所示。

上述两组断层中，落差在10m以上(含10m)的断层共25条，其中落差≥100m的8条(F1、F2、F3、F4、F4-1、F5、F11、DF16)，100~50m的1条(F20)，50~30m的2条(F1-3、DF9)，30~10m的15条(F1-1、F1-2、F4-2、F5-1、F8、DF9、DF10、DF27、DF28、DF34、DF36、DF75、DF78、DF71、DF83)，其余断层落差小于10m，如表6-4所示。

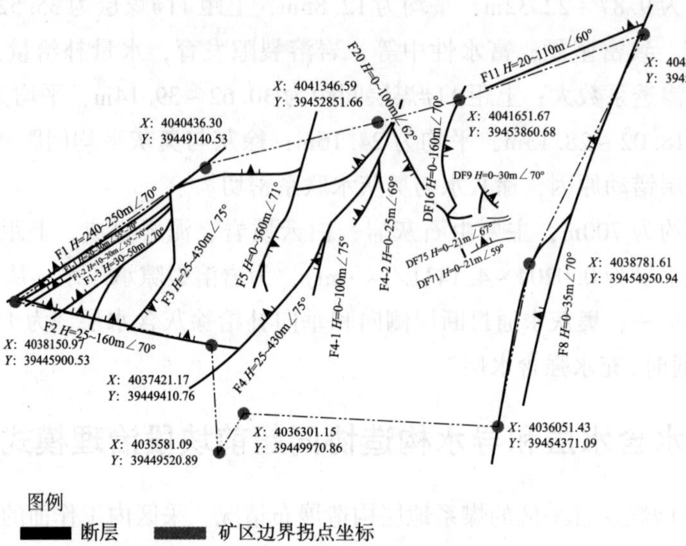

图 6－10　井田断层构造示意图

表 6－4　QJ 煤矿区域断层数据

断层名称	断层产状/(°)			落差/m	延展长度/km	查明程度
	走向	倾向	倾角			
F2	100	N	70	25～120	3.40	初步控制
F11	70	NW	60	20～100	2.60	查明
DF9	100	N	71	0～18	0.50	基本查明
DF27	70	N	40	0～12	0.50	查明
DF28	100	N	70	0～25	0.60	查明
DF36	60	SW	73	0～21	0.30	查明
DF75	82	N	67	0～21	0.70	查明
DF78	78	N	74	0～15	0.40	查明
DF71	80	N	59	0～21	0.30	查明
F1	55	NW	70	240～250	4.70	控制
F1－1	55	NW	55～70	20～30	3.60	控制
F1－2	55	NW	55～70	10～20	3.60	控制
F1－3	55	NW	70	30～50	3.60	控制
F3	35	SE	70	8～110	2.60	查明
F4	20	NW	75	25～430	7.30	查明
F4－1	25	NW	75	0～100	3.30	查明
F4－2	40	NW	69	0～25	4.60	查明
F5	10	E	71	0～360	5.10	查明
F5－1	40	NW	70	0～20	1.50	查明

续表

断层名称	断层产状/(°)			落差/m	延展长度/km	查明程度
	走向	倾向	倾角			
F8	30	NW	70	0~35	8.00	控制
DF16	20	E	70	0~160	1.80	查明
F20	23	SW	76	0~100	2.80	查明
DF87	47	NE	70	0~30	0.50	基本查明
DF10	170	E	70	0~10	0.20	基本查明
DF34	20	NW	70	0~19	0.50	查明
DF83	20	E	45	0~20	0.40	查明

(2)薄层灰岩层理面。

为了达到注浆加固改造煤层底板薄灰岩含水层的目的，需考虑注浆改造目的层徐家庄灰岩的软弱层理结构面的影响；石灰岩由于沉积环境的改变或沉积物质变化等因素影响产生层理结构面，该层理面胶结强度较低，是地层中的薄弱面，往往会先于灰岩基质体被溶蚀，而且层面连通性较好，层间溶蚀易形成裂隙储水空间；另一方面在构造运动作用下，会形成一系列褶皱，伴随形成褶皱构造的过程，褶皱两翼岩层的层理面在构造应力的作用下各层间会产生层间位移，从而会导致局部层理面断裂，形成夹层破碎岩体，成为灰岩的裂隙储水空间。地面定向受控钻进顺层钻孔轨迹在大角度穿插11#煤层底板主要导水断层的前提下，需最大程度地沿着注浆改造层位的倾向近水平钻进，同时单个水平分支钻孔需穿越尽可能多的层理面，这样能够对受构造运动形成层理面局部破断导(储)水区进行有效加固。

徐灰厚度为8.40~9.45m，褐灰-深灰色，含燧石结核，致密、坚硬，岩心见裂隙和小溶洞。与11#煤层间距为30.62~39.14m，平均为35.40m，与13#煤层间距为18.02~28.13m，平均为24.16m，是开采11#煤层、13#煤层的直接充水含水层。精补勘探时对奥灰进行大口径群孔抽水试验，徐灰及四灰、五灰水位均有不同程度的下降，说明徐灰与四灰、五灰存在一定的水力联系。

由于徐灰是11#煤层开采时的底板直接充水含水层，在进行11#煤层开采时必须超前对徐灰含水层进行注浆改造治理，将徐灰含水层通过注浆改造，成为弱含水层或相对隔水层，以保证11#煤层开采安全。如图6-11所示，根据QJ煤矿11#煤层首采区底板徐灰含水层顶板等高线可知，整个采区底板徐灰含水层地层走向近EW向，倾向为近EN向，倾角一般为5°~8°，水总体的运动方向为WS-EN向。

2)地应力场分析

山东地区地质构造环境复杂，各时代地层发育齐全，区域内发育多组断裂，断裂带的走向多为NNE向、NE向、NW向、NWW向等，其中主要的区域控煤构造有沂沭断裂、聊城-兰考断裂、沧东断裂、燕山-渤海-威海断裂等，其构造走向依次为NNE向、NE向、NE向、NW向等。地应力数据位置图，如图6-12所示。

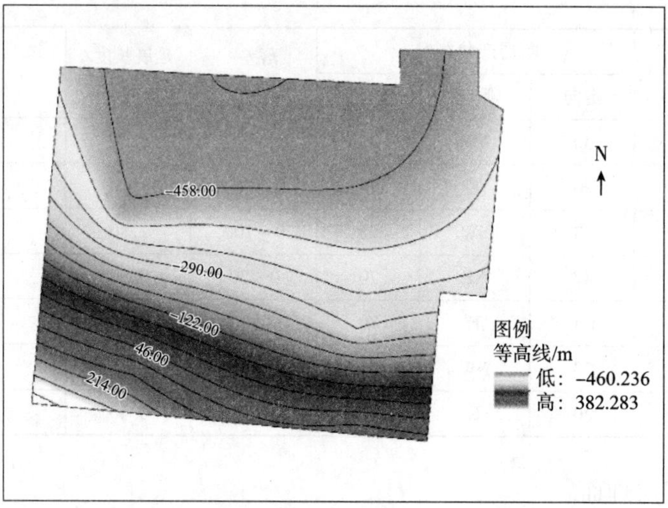

图 6-11　QJ 煤矿 11#煤层首采区徐灰顶等高线图

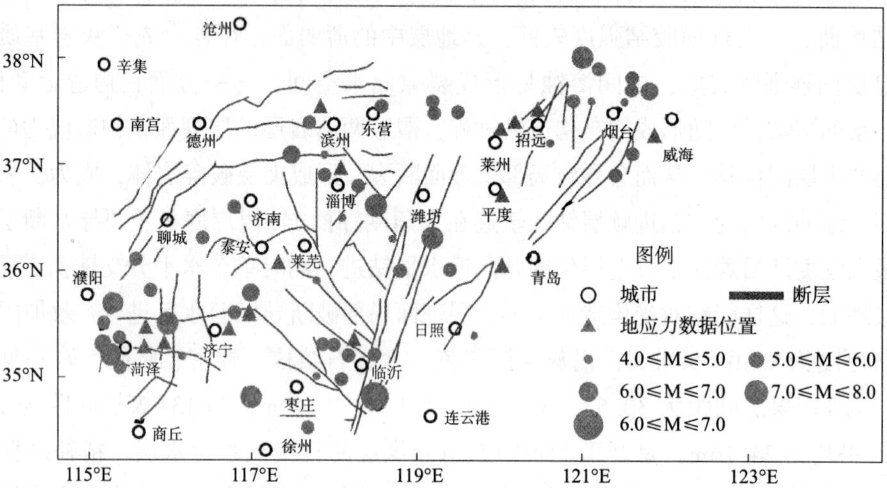

图 6-12　山东地区新构造地应力数据位置图

其中沂沭断裂带贯穿山东中部地区，为最活跃的断裂带之一，该断裂带将整个山东地区分为鲁西-泰沂蒙断块和鲁东-胶东断块。该矿区位于鲁西的黄河北煤田，主要受 NNE 向沂沭断裂带和 NE 向的聊城-兰考断裂带等大的区域构造地应力及黄河北煤田区域断层的影响，包括 NNW 向刘集断层、NNW 向长青断层等，以及 NE 向 F1 断层、NE 向 F11 断层等，如图 6-13 所示。

根据李鹏等统计的山东地区的 106 个最大水平主应力方向数据中，45 个位于 NE-SW 向，61 个位于 NW-SE 向，其中前者有 71% 位于 NEE-SWW 向，后者有 85% 位于 NWW-SEE 向，因此，可知整个山东地区最大水平主应力优势作用方向整体表现为 NWW-SEE 向，但是 NEE-SWW 向占比也较大。

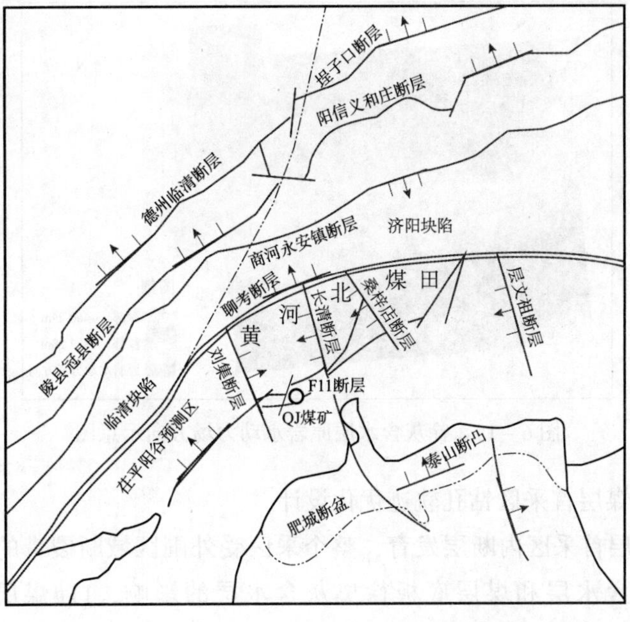

图 6－13　矿区黄河北煤田区域构造示意图

矿区位于沂沭断裂带西侧，根据图 6－14 可以看出黄河北煤田区域最大水平应力优势方向整体呈 NEE－SWW 向，同时根据鲁西区域震源机制解反映出的构造应力场最大水平主应力方向亦为 NEE－SWW 向。

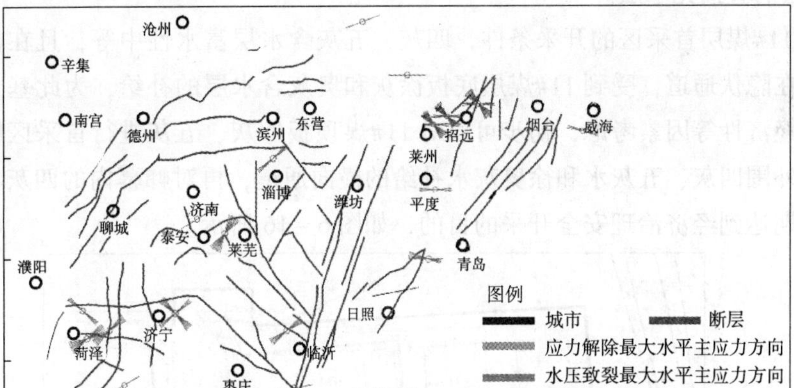

图 6－14　山东地区地应力作用方向示意图

3）改造含水层原岩水动力场方向

QJ 煤矿 11#煤层首采区底板徐家庄灰岩含水层倾向近 NE 向，徐灰为褐灰－深灰色，含燧石结核，致密坚硬，其富水性中等－强，徐灰厚度为 6.50～9.40m，平均 8.50m，经补充勘察显示：徐灰与下伏奥灰存在隐伏通道；徐灰在原岩状态下水动力场方向应受到 SW 方向的徐灰露头第四系含水层补给；因此，徐灰原岩水动力场方向应近 SW－NE 向径流补给（图 6－15）。

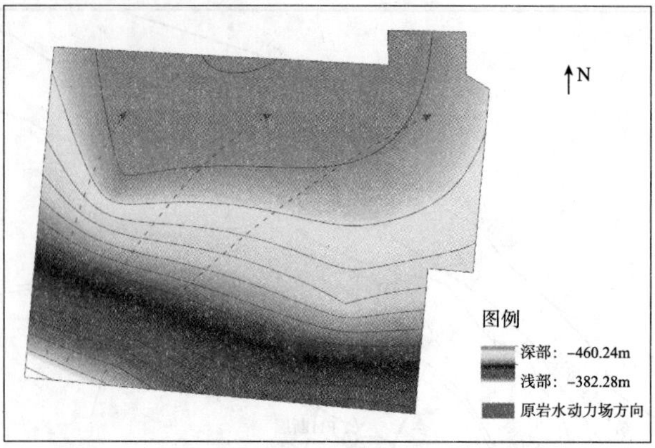

图 6-15　徐灰含水层原岩水动力场方向示意图

4）QJ 煤矿 11#煤层首采区钻孔轨迹优化设计

QJ 煤矿 11#煤层首采区内断层发育，整个采区受外围区域断裂带的影响，11#煤层收到顶板四灰、五灰含水层和煤层底板徐奥灰含水层的影响，11#煤层直接顶五灰厚度 1.02～5.05m，四灰厚度 1.53～10.55m，四灰、五灰平均间距为 1.37m，因此，可视为一个含水层；岩性多为深灰色石灰岩，中间存在薄层泥灰岩和钙质粉砂岩夹层，含岩溶裂隙水。据抽水试验资料可知，单位涌水量为 0.1937～0.8865L/s·m，富水性中等，水型为 $SO_4-Ca\cdot Mg$ 型，矿化度为 2.9382g/L；据井下钻孔揭露单孔最大涌水量为 $300m^3/h$，是采 11#煤层的直接充水层。

根据 11#煤层首采区的开采条件，四灰、五灰含水层富水性中等，且在首采区外围与徐奥灰存在隐伏通道，受到 11#煤层底板徐灰和奥灰含水层的补给，为此基于工程施工的有效性和经济性等因素考虑，初步可以对 11#煤顶板四灰、五灰进行首采区帷幕圈定，切断首采区外围四灰、五灰水和徐奥灰水补给的横向通道，再对帏幕内的四灰、五灰水进行疏放，以期达到经济治理安全开采的目的，如图 6-16 所示。

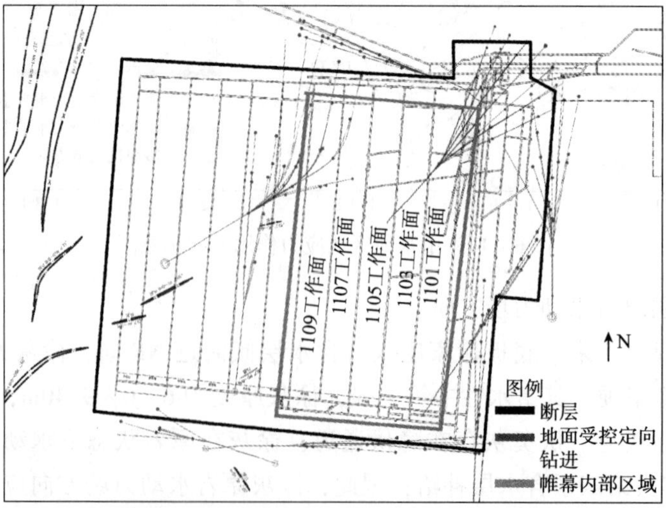

图 6-16　首采区煤层顶板四灰、五灰注浆改造钻孔布设图

QJ 煤矿 11#煤层底板徐灰厚度为 8.40～9.45m，褐灰－深灰色，含燧石结核，致密、坚硬，岩心见裂隙和小溶洞；上距 11#煤层为 30.62～39.14m，平均为 35.40m，与奥灰相距平均为 7～8m，是开采 11#煤层的间接充水含水层；精补勘探时对奥灰进行大口径群孔抽水实验，发现徐灰及四灰、五灰水位均有不同程度的下降，说明徐灰与四灰、五灰及奥灰存在一定的水力联系；徐灰与四灰、五灰及奥灰之间存在隐伏导水构造，造成 11#煤层上下四层灰岩含水层在垂向发生了水力联系。整个 11#煤层首采区注浆治理面积较大，需合理布置注浆孔方位和间距，注浆钻孔水平段方位的优化需综合考虑的因素有：断层走向、改造层的软弱层理结构面的情况、注浆改造层位的倾向、区域最大主应力的方向、地面受控定向钻进工矿位置的选定等。另外，地面受控定向钻进的顺层近水平分支钻孔展布间距不得大于注浆目的层高压劈裂注浆扩散半径的 2 倍。

地面受控定向钻孔布设的原则包括：①地面受控定向钻进顺层近水平钻孔的主要优势方位设定需尽可能与褶皱轴部线、断层大角度相交，从而能够满足顺层分支钻孔穿越更多竖向导水通道、破碎带等。②地面受控定向钻进顺层近水平钻孔的次要优势方位设定需穿越尽可能多的层间结构面，因此，需与注浆改造层的倾向小角度相交。③为了高压劈裂注浆能够取得较大的破裂范围，与更多的天然裂隙导通，获得更好的注浆改造效果，在深部岩层顺层注浆钻孔轨迹应与最大水平主应力方向尽可能大角度相交。④顺层钻孔的钻进方向和改造层的水动力场方向(倾向)尽量一致。⑤单个近水平分支注浆钻孔为伞状展布，分支孔的展布间距最大不能超过目的层劈裂注浆浆液扩散半径的 2 倍，钻孔应尽量布满整个治理区域。⑥布设注浆钻孔时，应将技术上的可行性和经济上的合理性综合考虑。

根据以上注浆钻孔轨迹布置 6 项原则，如图 6－17 所示，对 11#煤层底板徐灰的地面受控定向钻进顺层注浆钻孔轨迹进行分区优化，钻孔轨迹优化分区为 D－1Z、D－2Z、D－3Z、D－4Z。

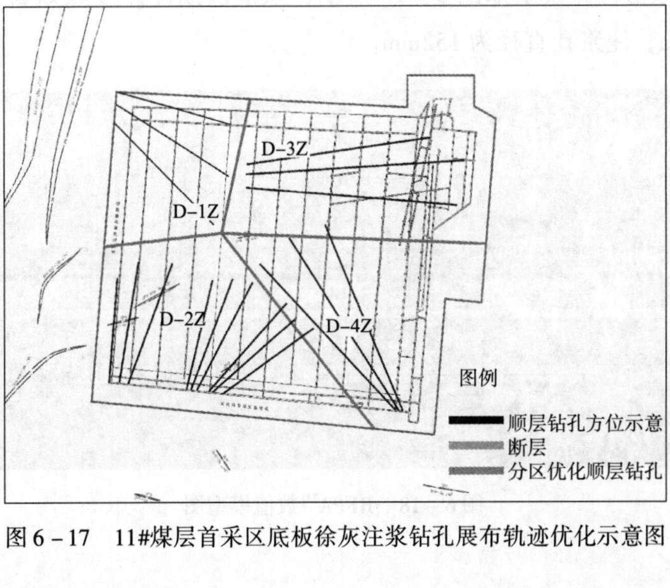

图 6－17　11#煤层首采区底板徐灰注浆钻孔展布轨迹优化示意图

D-1Z区位于首采区西北部，主优势方向以控制NNE向断层为主，与NNE向断层大角度相交，且与区域最大水平主应力方向呈大角度相交；与注浆目的层徐灰含水层有一定的层间夹角；同时与徐灰原岩水动力场方向相近；因此，D-1Z区的地面受控定向钻进的顺层钻孔展布的方向应近WNW-ESE向。

D-2Z区位于11#煤层首采区西南部，主优势方向以控制WSW向断层为主，与WSW向断层大角度相交，且与区域最大水平主应力方向(NEE-SWW向)大角度相交，与注浆目的层徐灰含水层有一定的层间夹角；同时与徐灰原岩水动力场方向一致；因此，D-2Z区的地面受控定向钻进的顺层钻孔展布的方向应近SN向。

D-3Z区位于11#煤层首采区东北部，主优势方向与改造层徐灰倾向相近，且与注浆目的层徐灰含水层有一定的层间夹角；同时顺层钻孔展布与水动力场方向相近，与区域最大水平主应力方向呈一定角度相交；因此，D-3Z区的地面受控定向钻进的顺层钻孔展布的方向应近WE向。

D-4Z区位于11#煤层首采区东南部，优势面方向首先应与与区域最大水平主应力方向(NEE-SWW向)大角度相交，且与注浆目的层徐灰含水层有一定的层间夹角；同时与徐灰原岩水动力场方向相近，因此，D-4Z区的地面受控定向钻进的顺层钻孔展布的方向应近SE-NW向。

6.2.2.2 裂隙岩体注浆模拟及顺层钻孔间距设定

1) $RFPA^{2D}$-FLOW数值计算模型及参数

QJ煤矿11#煤层底板注浆改造目标层为徐灰，根据QJ煤矿提供钻孔资料显示：11#煤层底板标高约为-420m，平均厚度约为2.04m；11#煤层位于太原组下部，直接顶板为四灰、五灰，底板多细砂岩或泥岩，下距徐灰为30.62~39.14m，平均为35.40m；因此，设计垂向剖面上的数值计算模型如图6-18所示，数值模拟计算参数如表6-5所示，模型尺寸300m×150m，注浆孔直径为152mm。

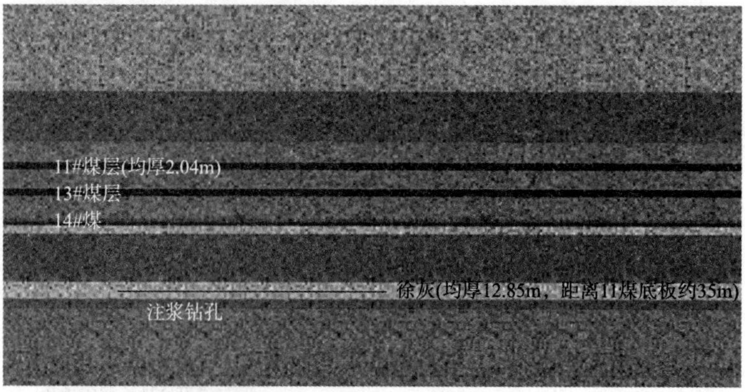

图6-18 $RFPA^{2D}$数值模型图

表6-5 数值模拟计算参数表

煤层及岩层	厚度/m	容重/(kg/cm³)	抗压强度/MPa	抗拉强度/MPa	内摩擦角/(°)	弹性模量/GPa	泊松比
上覆岩层	56.04	2.46	35.64	1.95	31	21.65	0.25
四灰	5.13	2.68	103.18	3.21	37	52.33	0.30
泥岩	1.14	2.35	12.51	0.78	25	20.13	0.35
五灰	2.01	2.68	104.12	3.19	37	55.68	0.30
11#煤层	2.04	2.33	11.31	0.85	30	12.65	0.30
粉砂岩	5.56	2.55	19.22	0.91	32	32.96	0.17
13#煤层	4.20	2.34	11.42	0.85	30	13.21	0.30
粉砂岩	2.53	2.54	31.21	1.34	32	33.57	0.17
黏土岩	2.89	2.62	50.16	2.31	30	15.69	0.30
14#煤层	0.48	2.35	10.95	0.81	28	12.35	0.30
粉砂岩	8.96	2.56	22.96	1.64	33	33.98	0.17
泥岩	10.67	2.34	13.23	0.81	24	21.03	0.35
徐灰	12.85	2.69	105.15	3.96	42	56.39	0.30
黏土岩	9.50	2.55	50.26	2.11	30	14.95	0.30
奥灰顶部	26.00	2.71	104.23	3.84	45	58.92	0.30

模型的边界及控制条件是参考区域地应力实测结果和模拟埋深，模型上边界施加10MPa荷载，固定左、右及下部边界的位移，同时考虑岩体自重；该模型上、下为隔水边界。具体步骤包括：首先使模型达到稳定状态；其次模拟注浆，注浆孔设置在11#煤层底板徐灰含水层中间位置，模拟在徐灰内注浆长度为100m。

在实际注浆改造过程中，煤层底板薄层灰岩注浆改造压力应根据改造区域煤层底板有效隔水层的厚度、注浆改造层水压值、注浆改造层岩溶发育层度、断层破碎带的性质参数等因素确定，一般情况下注浆压力应为目的层水压的2~2.5倍，其中注浆终止压力应达到静水压力的2.5倍以上。徐灰含水层实测水压约为4.20MPa，因此，本次模拟注浆压力分别为8MPa、10MPa及12MPa时浆液的扩散规律。

利用RFPA^{2D}-FLOW进行数值模拟分析时，模型的建立是一个重要的环节，其设定的模型参数会直接影响数值模拟的输出结果，该数值模拟软件进行分析时根据介质的非均匀性和其他参数的差异性对各介质细观单元的力学参数进行设定，其介质力学参数服从Weibull Distribution，从而建立细观和宏观介质力学性能的联系。岩体介质的孔隙度表示裂隙发育的程度，岩体介质的非均质性是用均质度系数表示，均质度系数与岩体介质的均质度成正比。根据拟合公式对输入的弹性模量和强度进行初步选取，公式如下：

$$\frac{f_{ma}}{f_{me}} = 0.2602\ln U + 0.0233 \quad (1.2 \leqslant U \leqslant 50) \tag{6-14}$$

$$\frac{E_{ma}}{E_{me}}=0.1412\ln U+0.6467 \quad (1.2\leqslant U\leqslant 10) \qquad (6-15)$$

式中，E_{me}、f_{me}为 Weibull Distribution 赋值时弹性模量和强度的细观均值，GPa、KN/m^2；E_{ma}、f_{ma}为数值试样宏观的弹性模量和强度，GPa、KN/m^2；U为均质度系数。

2）数值模拟计算结果

在 RFPA^{2D}数值模拟系统中，其垂直剖面在不同注浆压力下，浆液的扩散规律如图 6－19～图 6－21 所示。

图 6－19　注浆压力为 8MPa 时的浆液扩散半径模拟图

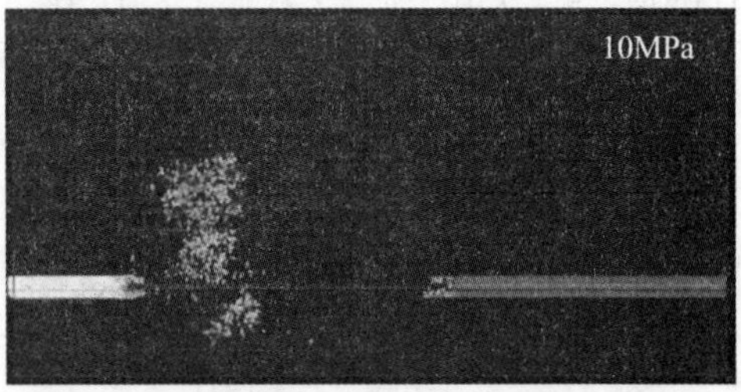

图 6－20　注浆压力为 10MPa 时的浆液扩散半径模拟图

图 6－21　注浆压力为 12MPa 时的浆液扩散半径模拟图

浆液压力为 8MPa 时，充填徐灰含水层的天然裂隙，浆液整体存在向徐灰顶板扩散的趋势，扩散半径约为 27.86m。

利用 RFPA^{2D}－FLOW 模拟分支钻孔的注浆压力达到 10MPa 时，注浆改造目的层的原岩应力和其抗拉强度被消弱克服，近水平分支钻孔高压注浆，导致受注点在垂直于主应力平面上发生劈裂，起裂方向趋近最大主应力方向；产生的高压劈裂尽可能与原岩裂隙进行沟通，进而达到对注浆目的层原岩裂隙、导水通道等全面注浆覆盖；模拟结果显示注浆压力达到 10MPa 时的浆液扩散半径约为 46.75m。

模拟浆液压力增至 12MPa 时，浆液扩散半径约为 51.28m；此时注浆浆液已充分填充改造目的层徐灰的原岩裂隙和高压劈裂的裂缝，随着高压注浆压力的上升，充填变得密实，但浆液扩散半径没有较大增加。

由以上数据可知，虽然以上 3 组模拟数据显示的注浆压力越大浆液的扩散半径越大，但是两者并不成正比例，当模拟注浆压力达到 12MPa 时，浆液扩散半径提升趋势明显放缓。

受注岩体的裂隙发育特征和溶隙溶洞连通性是影响浆液扩散的重要因素，11#煤层底板徐灰岩体裂隙、溶隙及小断层带发育情况不明，徐灰含水层局部岩溶裂隙发育程度高，并且存在极高的非均质及各向异性的特征，因此，浆液的扩散半径受制因素较多。同时本次模拟未考虑奥灰补给徐灰的动水压力、浆液的流型、流变参数及浆液黏度的时变性对浆液扩散距离的影响等因素。

3)地面受控定向钻进的顺层注浆钻孔间距的确定

QJ 煤矿 11#煤层首采区底板薄层灰岩地面受控定向钻进顺层注浆主要通过地面近水平钻孔单元在合适位置进入 11#煤层首采区底板徐灰，钻孔间距确定的具体步骤包括：①通过竖直钻孔造斜顺层展布，探查徐灰含水层裂隙，并进行高压劈裂注浆封堵。②每个钻孔单元采取一个主孔与多个二、三级分支孔进行设计，顺层钻孔呈扇状发散展布。③如表 6－6所示，根据 $RFPA^{2D}$－FLOW 模拟系统对徐灰进行高压注浆模拟扩散半径可知，地面受控定向钻进的顺层钻孔间距不得大于浆液扩散半径的 2 倍，同时综合考虑 11#煤层首采区底板徐灰含水层的岩溶发育程度、隐伏构造的存在、强富水含水层奥灰水的补给、钻孔高效利用和经济合理性等因素，确定 QJ 煤矿 11#煤层首采区底板徐灰含水层注浆改造的顺层钻孔间距应为 55～80m。

表 6－6　浆液扩散半径模拟结果

模拟注浆压力/MPa	徐灰含水层模拟扩散半径/m
8	27.86
10	46.75
12	51.28

6.2.2.3　QJ 煤矿 11#煤层首采区底板徐灰注浆改造

QJ 煤矿 11#煤层首采区底板徐灰地面受控定向钻进注浆改造钻孔布设，根据 6.2.2.1 节综合考虑首采区断层、褶皱轴部线轨迹、注浆改造层倾向、层间结构面、最大水平主应力方向及改造层的原岩水动力场方向等因素，最后得到顺层注浆钻孔轨迹的分区优化图，同时结合 6.2.2.2 节通过 $RFPA^{2D}$ 模拟系统的注浆模拟数据、分支孔的布设间距最大不能超过浆液扩散半径的 2 倍、钻孔应尽量布满整个治理区域、11#煤层首采区底板徐灰含水层的岩溶发育程度、隐伏构造的存在、强富水含水层奥灰水的补给及钻孔高效利用和经济合理性等因素，最后确定底板徐灰含水层注浆改造顺层钻孔间距，其实施方案，如图 6－22 所示。

QJ 煤矿为实现矿井的正常生产接续和降低注浆改造项目的经济风险，11#煤层首采区水害治理工程主要分为两个阶段：第一阶段先圈定一个区域进行 11#煤层顶板四灰、五灰含水层和底板徐灰含水层同时改造，快速解放部分 11#煤层资源，通过实施安全回采，检验运用充水含水层和导水构造协同超前块段治理模式技术的可行性；在安全回采的同时进行第二阶段，在 11#煤层首采区选取一个较大区域进行四灰、五灰帷幕工程和底板徐灰改造工程，之后疏放帷幕墙内的四灰、五灰水量，解放西翼采区剩余的 11#煤层资源。

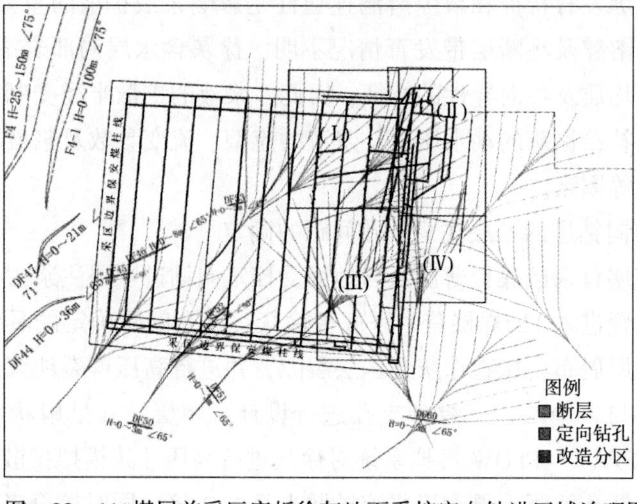

图6－22　11#煤层首采区底板徐灰地面受控定向钻进区域治理图

根据QJ煤矿物探检验，并通过井下钻孔补充注浆，较好地实现了11#煤层顶板四灰、五灰岩层和底板徐灰岩层的改造。据此治理区域基本划分为以下4个区域，如图6－22所示，改造Ⅰ区主要用S1、S3、S6、D1、D6、D13钻孔进行区域覆盖，在该区域内划出11#煤层1102工作面，为注浆改造后的试采工作面。四灰、五灰及徐灰地面钻孔注浆终压均达到设计要求。经地面注浆改造和井下补充注浆后，四灰、五灰及徐灰井下探查孔涌水量达到注浆改造设计要求，达到1102试采工作面安全回采的防治水要求。改造Ⅱ区主要用S2、S6、S11、D1、D2、D6钻孔进行区域覆盖，包括11#煤层的1101工作面、1103工作面、1105工作面北部区域；该区域四灰、五灰及徐灰地面钻孔注浆终压均达到设计要求。已施工部分井下探查孔满足注浆改造设计要求，根据QJ煤矿井下采掘条件继续对施工井下检查钻孔进行验证。改造Ⅲ区主要利用D8实验孔覆盖区域，该区域经初期地面注浆改造后，施工徐灰井下探查孔，最大单孔涌水量达150m^3/h，徐灰改造范围内治理效果不明显。经过D8实验孔及早期井下注浆，该区域内地质条件及裂隙通道分布已非原始状态，经后期补充施工地面钻孔，单孔最大涌水量降至30m^3/h，但仍有部分探查孔涌水量未满足设计要求，对未满足设计要求的已采取后续措施，通过地面钻孔注浆和井下补充注浆，达到底板徐灰岩层改造设计要求为止。改造Ⅳ区主要利用D13钻孔进行区域覆盖，经初期地面注浆改造后，施工徐灰井下探查孔部分涌水量未达到设计要求；推断为徐灰，奥灰垂向导水裂隙未完全封堵，并受到右翼侧向补给影响，经后期补充施工地面钻孔及井下补充注浆后，个别探查孔涌水量满足设计要求，待施工后续地面钻孔单元封堵侧向补给并结合井下补充注浆后应可达到底板徐灰岩层改造设计要求。

一采区首采块段11#煤层顶底板灰岩探查治理工程以治理区全覆盖为首要任务，2016年7月，D8实验钻孔正式施工，开启了矿井11#煤层注浆改造的序幕。现已施工钻孔34组，其中四灰、五灰钻孔21组，徐灰钻孔13组，累积完成25个钻孔(四灰、五灰17组，徐灰8组)；正在进行施工钻孔9个。累积钻探进尺为9.61×10^4m，注入水泥量为521kt，粉煤灰量为40kt，治理面积约为1.07km^2(包括1102工作面、1101工作面、1103工作面、1105工作面)，解放11#煤层地质储量近2400kt；截至2019年12月首采区地面注浆改造仍在进行。

6.2.3 序列验证法评价改造效果

6.2.3.1 QJ煤矿11#煤层的1101工作面概况

1101首采面标高为 -339 ~ -422m，工作面宽度为100m，长度为924m，工作面面积为9.24×10^{4}m^2，煤层平均厚度为2.11m，煤层倾角平均为5°，该工作面预计可采储量为249.6kt。工作面对应地面为平坦的基本农田，无建筑物，回采后会造成地面一定程度的沉降，工作面垮落后地面可能有积水，对井下无影响，如图6-23所示。

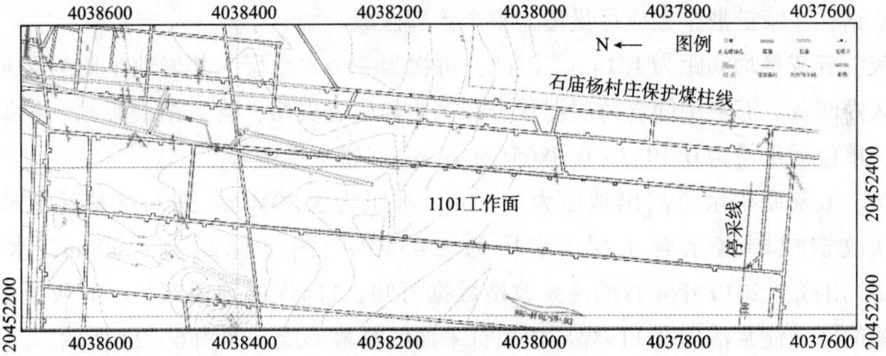

图6-23 1101工作面位置图

根据在11#煤层集中轨道上山施工的3-补3号探查孔，观测徐灰水压为0.537MPa，11#煤层与徐灰的距离为35.52m，1101工作面底板承受的徐灰水压最大为0.892MPa。根据奥灰观测孔D5-7近期观测数据，现水位标高为+29m；1101工作面最低点标高为-422m，11#煤层至奥灰间距为58.86~74.87m，按最小厚度为58.86m计算，则此处隔水层承受的水压为5.10MPa。

在1101工作面进行前期辅助巷道施工工程中揭露7条正断层，如表6-7所示，经调整1101工作面的切眼位置后，1101工作面回采区域共揭露2条正断层(图6-23)。

表6-7 1101工作面断层数据

构造名称	走向/(°)	倾角/(°)	落差/m	断层位置	对回采的影响程度
F1	82	70	0.80	轨01前28.00m	较小
F2	120	50	2.00	轨04前09.50m	大
F3	50	50	3.50	轨04前22.00m	大
F4	85	70	0.60	轨05前31.00m	较小
F5	81	40	1.20	轨13前11.00m	较小
F6	65	50	3.00	机03前06.00m	大
F7	65	50	0.60	机09前41.00m	较小

6.2.3.2 1101 工作面顶板四灰、五灰岩溶水害治理效果评价

11#煤层首采区构造形态为一单斜构造，地层倾向为近 NE－SW 向，断层不发育。通过分析地质构造、层理面、地应力等影响因素，确定钻孔布设的方位、间距等，分支孔应尽可能与断层、褶皱轴部迹线大角度相交，在钻探技术可行的前提下穿过尽可能多的断层和褶皱，注浆终压不应小于 8MPa，浆液扩散半径约为 27.86m，为保证注浆能够全面的充填封堵灰岩含水层及断层破碎带，分支孔间距不得大于扩散半径的 2 倍，因此，顶板顺层钻孔间距应为 55～80m，同时应综合考虑钻孔高效利用和经济合理性原则，钻孔间距应大于单孔注浆扩散半径，在项目具体实施过程中，根据施工效果对钻孔间距进行动态调整。顶板四灰、五灰含水层设计进行帷幕截流，井下疏放采区内的顶板水，QJ 煤矿为了首采面的安全回采，又增加了针对四灰、五灰的地面受控定向钻进的顺层钻孔，亦使 11#煤层顶板顺层钻孔注浆扩散半径应尽量覆盖整个治理区域。

四灰、五灰平均间距为 1.14m，因此，可视为一个含水层。其岩性主要为深灰色石灰岩，矿区内四灰、五灰中间含薄层泥灰岩和钙质粉砂岩夹层，含岩溶裂隙水。根据抽水实验资料，单位涌水量为 0.1937～0.8865L/(s·m)，富水性中等。

四灰、五灰原始水位高出地面为 4.12m，水压为 3.80MPa。进行区域注浆改造后四灰、五灰改造成弱富水含水层，水压为 1.45MPa，测点标高为－409m，水位为－263.70m，由截至 2019 年 4 月的注浆改造数据可知，11#煤层顶板四灰、五灰含水层进行了大规模的区域注浆治理及 11#煤层顶板首采面的帷幕形成，如图 6－24 所示。

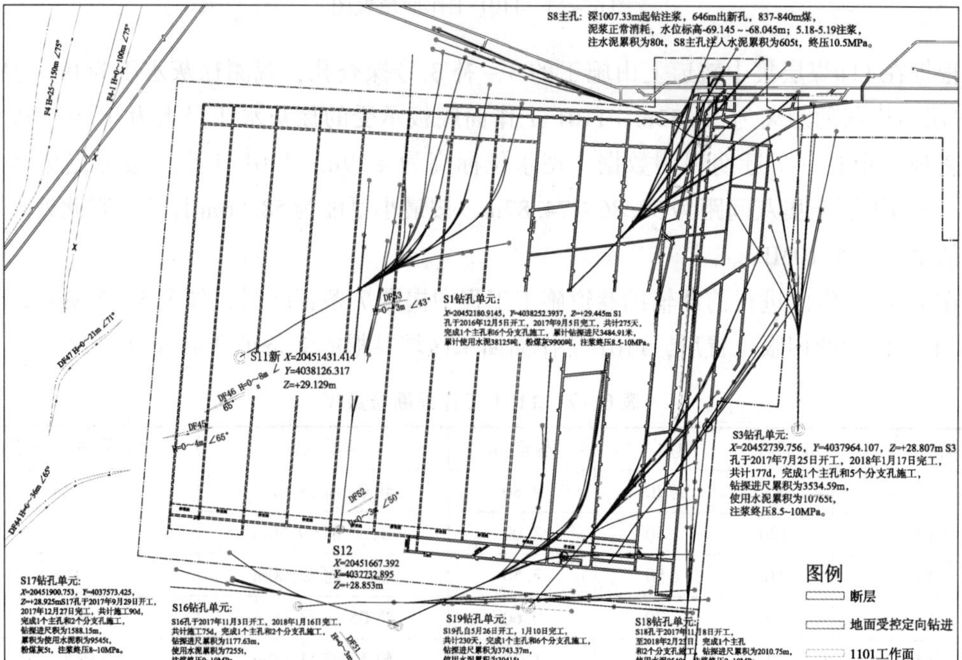

图 6－24　1101 工作面顶板四灰、五灰含水层地面受控定向钻进注浆改造数据图

根据目前治理效果及首采面1101已掘进的巷道情况分析，治理钻孔覆盖区四灰、五灰已为弱透水层，四灰、五灰水会随着四灰、五灰的垮落充入采空区内。1101工作面顶板四灰、五灰地面受控定向钻进注浆改造效果评价主要运用两种方法相结合，一是利用GIS目的层改造效果评价法，二是井下检测钻孔评价法。

根据1101工作面顶板四灰、五灰注浆数据，钻孔注浆终压部分注浆段90%以上已经达到8MPa，钻孔注浆终压还有小部分注浆段未达到10MPa，根据以往注浆经验，终压不小于8MPa，认为注浆效果合格。

因此，根据目前已完成的11#煤层顶板注浆孔数据及四灰、五灰抽水试验观测孔水应力中心位移数据和四灰、五灰定向注浆终压可将注浆效果分为3个级别：达标区（终压≥10MPa）、合格区（8MPa≤终压＜10MPa）和相对薄弱区（终压＜8MPa）。

利用地面受控定向钻进的单点坐标和注浆压力，运用SURFER进行区域注浆定位及KRIGING进行插值计算，确定区域注浆的终压等值线图；结合GIS对注浆数据进一步处理，最后对比评估区域注浆效果。

根据图6－25所示，1101工作面两端均处在地面区域注浆改造的合格区，但在工作面中部仍有相对薄弱区，根据现场数据分析在排除施工达到技术要求的前提下，相对薄弱区内可能由于岩溶特别发育，或在四灰、五灰帷幕内存在隐伏横向或纵向通道等。建议在开采前对图6－25中相对薄弱区重点进行井下检测钻孔验证，单孔涌水量大于$5m^3/h$的区域需井下局部补充注浆改造。

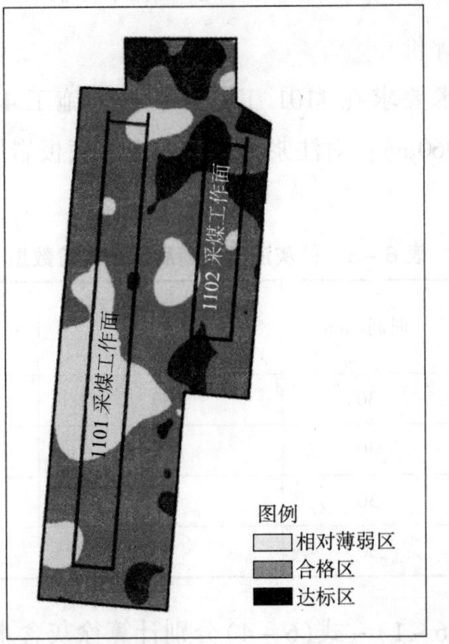

图6－25　1101工作面顶板四灰、五灰含水层地面注浆改造效果图

1101工作面顶板四灰、五灰井下检查钻孔截至2019年5月18日累积施工780个，具

体钻孔数据如图6－26所示，对1101工作面顶板分别在切眼、1101胶带顺槽、1101轨道顺槽及联络巷处施工顶板钻孔。

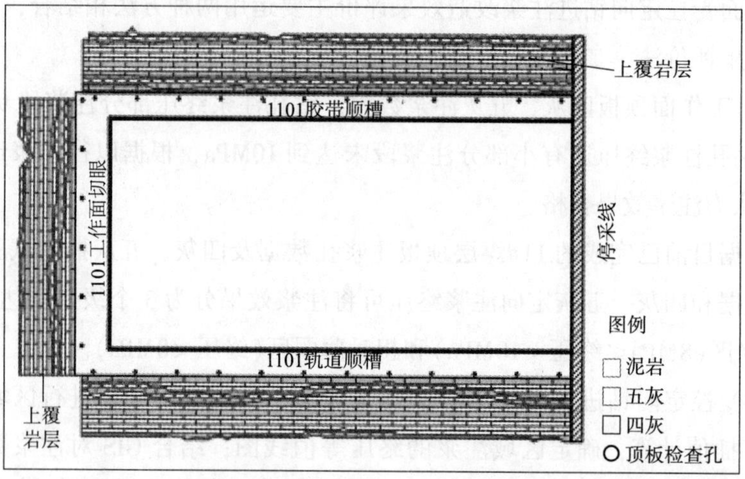

图6－26　1101工作面顶板四灰、五灰含水层检测钻孔示意图

根据现场记录数据显示，顶板钻孔穿过四灰、五灰，单孔涌水量均小于$5m^3/h$，结合GIS目的层改造效果评价分析，可知，1101工作面顶板四灰、五灰大部区域地面受控定向钻进注浆改造效果良好，局部虽然存在相对薄弱区，但是井下实测数据良好，因此，综合判断1101工作面顶板四灰、五灰区域治理达到设计要求。

6.2.3.3　1101工作面底板徐灰岩溶水害治理效果评价

1）渗透系数和透水率评价

根据6.1.4.1节的技术要求在1101工作面顺槽内施工4个徐灰钻孔，钻孔间距为200m（工作面走向长度为960m）；对注浆改造后的煤层底板岩层进行压水实验，实验结果如表6－8所示。

表6－8　徐灰注浆改造后压水实验数据

钻孔编号	水压/MPa	时间/min	稳定压入量/（L/min）	试验钻孔半径/m	徐灰压水段长度/m
D－1	6	30	39	0.075	25.69
D－2	6	30	28	0.075	35.40
D－3	7	30	35	0.075	36.98
D－4	7	30	52	0.075	38.54

根据6.1.4.1节的式（6－1）～式（6－4）分别计算徐灰含水层注浆改造后的单位吸水量、渗透系数、透水率等指标其计算结果如表6－9所示。

表 6-9 徐灰注浆改造后试验段单位吸水量、透水率及渗透系数计算表

钻孔编号	单位吸水量/(L/min·m·m)	透水率/(L/min)	渗透系数/(cm/s)
D-1	0.0025	0.2530	5.22×10^{-6}
D-2	0.0013	0.1318	2.88×10^{-6}
D-3	0.0014	0.1352	2.98×10^{-6}
D-4	0.0019	0.1928	4.28×10^{-6}

根据表 6-9 可知，QJ 煤矿 1101 工作面底板底板徐灰注浆改造后的渗透系数为 $2.88\times10^{-6}\sim5.22\times10^{-6}$cm/s，透水率为 0.1318～0.2530L/min；根据岩土体的渗透性能分级标准，中华人民共和国国家标准《水利水电工程地质勘察规范》中显示，渗透性等级为微透水时需要满足岩体渗透系数应为 $10^{-6}\sim10^{-5}$cm/s，透水率应为 0.10～1L/min；因此，说明 1101 采煤工作面底板徐灰含水层进行超前块段注浆后已经改造成为微透水岩体，此时已经具备良好的隔水性能。

2)阻水能力评价

根据 6.1.4.2 节的研究方法对注浆改造后的 11#煤层底板隔水层阻水能力进行评价：首先根据 6.2.2.4 节在 1101 工作面顺槽施工的 4 个压水钻孔的岩心进行分析，测试煤层底板岩层的裂隙率；其次结合压水实验数据和推导的公式计算每个钻孔的扩散半径；最后利用最大扩散半径计算 11#煤层底板注浆加固后的隔水层阻水系数。

QJ 煤矿属于华北型煤田东缘矿区，具有典型的依奥灰为煤系基底华北型煤田地质特征；根据奥灰观测孔 D5-7 近期观测数据，现水位标高为 +29m；1101 工作面最低点标高为 -422m，11#煤层至奥灰间距为 58.86～74.87m，按最小厚度为 58.86m 计算，则此处隔水层承受的水压为 5.10MPa；工作面顺槽压水试验钻孔数据如表 6-10 所示。

表 6-10 压水试验及钻孔取心数据

钻孔编号	水压/MPa	时间/min	稳定压入量/(L/min)	试验钻孔半径/m	徐灰压水段长度/m	含裂隙岩层的厚度/m	压水段裂隙率/%
D-1	6	30	39	0.075	25.69	18.32	1.58
D-2	6	30	28	0.075	35.40	21.59	1.20
D-3	7	30	35	0.075	36.98	29.81	0.89
D-4	7	30	52	0.075	38.54	24.32	1.25

根据表 6-10 和式(6-10)，计算 1101 工作面顺槽 4 个压水检测孔最大扩散半径。

(1)D-1 孔最大扩散半径。

1101 工作面底板注浆改造后在 D-1 检查孔做压水试验，注水压力 6MPa，稳定压水流量约为 39L/min，压水时间持续 30min；因此，稳定压水流量为 1.17m^3，岩层裂隙总宽度约为 0.2895m。

水的黏滞系数取常温，按 20℃计算约为 0.0101；注水压力差为 6MPa。

把 μ、b、ΔP 代入(6－10)式得最大扩散半径约为47.19m

(2)根据以上计算方式分别求得D－2～D－4钻孔压水试验的最大扩散半径(表6－11)。

表6－11　压水试验最大扩散半径表

钻孔编号	压水稳定流量/m³	压水段裂隙宽度/m	最大扩散半径/m
D－1	1.17	0.2895	47.19
D－2	0.84	0.2591	46.82
D－3	1.05	0.2653	47.51
D－4	1.56	0.3040	51.53

(3)1101工作面底板注浆改造后岩体最大阻水系数和奥灰突水系数的计算。

①煤层底板岩层注浆改造加固后检查孔阻水系数值的计算。岩体的阻水系数指单位厚度岩体阻水压力值，根据压水最大扩散半径式(6－11)，分别计算4个压水检查孔所在底板岩体的阻水系数(表6－12)。

表6－12　1101工作面底板阻水系数表

压水钻孔编号	注水压力/MPa	最大扩散半径/m	最大阻水系数/(MPa/m)
D－1	6	47.19	0.1271
D－2	6	46.82	0.1282
D－3	7	47.51	0.1473
D－4	7	51.53	0.1359

②1101工作面底板岩层注浆改造加固后底板奥灰临界突水系数值 T_0 和常规计算工作面底板突水系数 T_s 计算。当1101工作面底板处于临界突水状态时为最大阻水系数。

根据5.1节所示利用“气囊－溶液测漏法”对1102试采面进行了实测底板破坏深度约为15.60m。

根据式(6－13)常规计算1101工作面底板突水系数约为0.1179MPa/m。

根据表6－12所示，1101工作面底板最大阻水系数取4个压水钻孔的最小值为0.1271MPa/m，1101工作面底板突水系数常规计算结果为0.1179MPa/m，小于最大阻水系数，底板改造后的1101工作面预测为奥灰不突水状态。根据2019年版《煤矿防治水细则》计算结果1101工作面底板最大阻水系数要远大于规程规定计算的突水系数($T = P/M \approx 0.0866 < 0.1$MPa/m)；因此，该工作面符合规范要求。

3)矿井电法检测分析评价

根据6.1.4.3节所示，矿井电法测探可测岩层视电阻率的变化，视电阻率与岩层的富水性具有重要关系，岩层富水性强时视电阻率低，富水性弱时视电阻率高。矿区11#煤层下伏徐家庄灰岩，一般灰岩为高阻电性岩层，所采集的视电阻率值相对较大，但是在灰岩破碎或岩溶发育的区域，视电阻率会呈低阻反映，因此，视电阻率低阻异常在矿井电测探剖面图上可视为含水异常部位；根据视电阻率剖面图能分辨富水性区域，对底板注浆改造前视电阻率低异常区段进行重点注浆加固，灰岩裂隙被充填后视电阻率会上升，通过注浆前后对应区域视电阻率变化的对比分析，认为该方法也可对深部煤层底板注浆改造加固效果进行评定。

在1101工作面轨道巷和胶带巷分别设置40个测点，注浆前后共采集1440组数据；根据矿井电法质量评定标准《煤炭电法勘探规范》(MT/T 898－2000)，检查点视电阻率均方根误差及全部检查点均方根误差算术平均值(3.80%)，均符合规范规定的限差标准，本次矿井电法数据采集质量符合优秀标准。

(1)轨道巷测线注浆质量分析。

如图6－27所示，注浆改造前徐灰岩溶较为发育，1101工作面矿井电法勘探视电阻率徐灰等值线切片异常区较多，地面受控定向钻进顺层注浆改造后，徐灰的视电阻率等值线切片显示异常区明显减少，主要集中在轨道巷45～65号测点之间，对其进行命名为Ⅲ号和Ⅳ号异常区；轨道巷其余各测点在注浆改造后，异常点大面积消失，说明轨道巷绝大部分范围内底板注浆改造加固的效果较好。

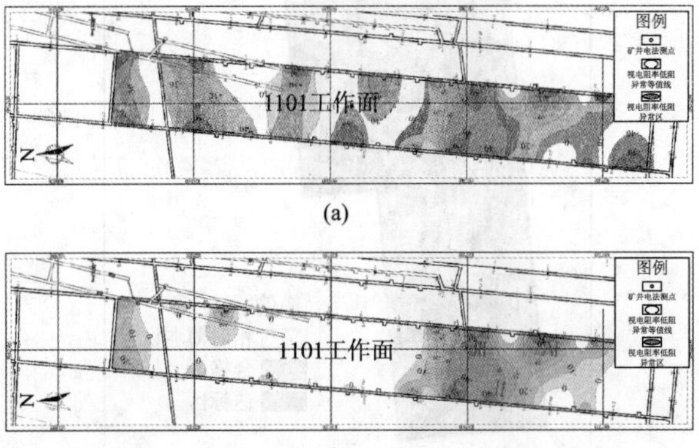

图6－27　地面受控定向钻进注浆改造前后徐灰顺层视电阻率低阻异常区等值线切片图

(2)胶带巷测线注浆质量分析。

同样地，地面受控定向钻进顺层注浆改造后，在胶带巷徐灰的视电阻率等值线切片显示异常区亦明显减少，主要集中在胶带巷45～60号测点之间，对其进行命名为Ⅰ号和Ⅱ号异常区；胶带巷其余各测点在注浆改造后，异常点大面积消失，说明胶带巷绝大部分范围内底板注浆改造加固的效果较好，但仍存在局部测点异常区。

经过整体分析矿井电法勘探的煤层底板60m范围内的垂向视电阻率剖面图和注浆改造目的层视电阻率等值线切片图，可知1101工作面底板徐灰经注浆改造加固后，整体效果比较显著，除工作面中部4个异常区外，其他区域注浆改造效果良好。

4)GIS评价目的层改造效果

根据6.1.4.4节所示，首先，对煤层底板薄层灰岩改造过程中分支钻孔单点注浆的终压值和终量值两个重要的注浆指标进行分析；1101工作面区域底板徐灰地面受控定向钻进注浆改造统计注浆坐标点位297个，对各点位的注浆压力进行统计分析，利用KRIGING

算法进行插值计算，绘制该区域注浆终压等值线图。徐灰含水层水压为 3.35～4.40MPa，注浆终压不应小于 10MPa，浆液扩散范围约为 46.75m，钻孔注浆终压部分注浆段未达到设计终压 10MPa，根据以往注浆经验，终压不小于 8.50MPa，认为注浆效果合格，因此，根据目前已完成的底板徐灰注浆孔数据及四灰、五灰抽水试验观测孔水应力中心位移数据和徐灰定向注浆终压大小可将注浆效果分为 3 个级别：达标区(终压≥10MPa)，合格区(8.50MPa≤终压＜10MPa)，相对薄弱区(终压＜8.50MPa)；其次，利用 GIS 系统对 1101 工作面区域注浆效果进行分区，如图 6－28 所示，再结合相对薄弱区的注浆终量值，综合分析注浆改造效果薄弱区的位置。

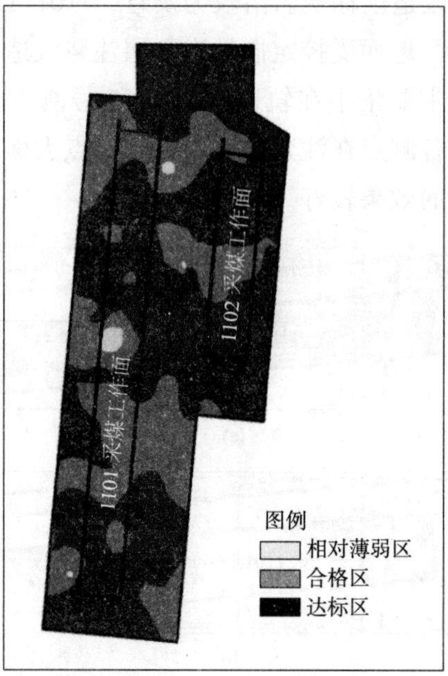

图 6－28　1101 工作面底板徐灰地面受控定向钻进注浆改造效果评价分析图

5)井下检测钻孔评价

依据采前底板水害防治效果的序列验证评价方法，从面到点按照序列验证评价法的程序依次分析，根据本节以上的序列验证评价法的 4 个程序：第一是从整体面上分析改造层渗透系数和透水率，结果表明 1101 工作面底板注浆改造后徐灰含水层已改造为微透水岩体，具备良好的隔水性能。第二，整体面上分析改造层阻水能力，结果表明 1101 工作面的常规突水系数小于最大阻水系数，底板改造后的 1101 工作面预测为奥灰不突水状态。第三，矿井电法检测分析评价，对工作面布设多个测点进行监测，经注浆改造前后的视电阻率等值线图，确定地面注浆后的局部 4 个异常区。第四，利用 GIS 评价目的层改造效果，确定地面注浆后的相对薄弱区。根据序列验证评价法以上 4 个程序，确定 1101 工作面底板徐灰在经过地面受控定向钻进注浆后的异常区和薄弱区。

根据以上提供的异常区和薄弱区进行序列验证评价法程序的第 5 步，在井下开展钻孔地球物理勘探，对 1101 工作面底板徐灰进行施工检查钻孔，钻孔间距设定为 60m，确保工作面底板全覆盖，对于以上序列验证查找出的异常区和薄弱区进行重点探查。1101 工作面在井下进行施工到徐灰探查钻孔共计 216 个，如图 6－29 所示，在检查钻孔徐灰的单孔涌水量大于 $5m^3/h$ 时全部进行井下补充注浆，根据矿方井下探查孔监测数据，井下 97.2% 检查钻孔数据单孔涌水量均为 $5m^3/h$ 以下，6 个井下徐灰检查钻孔未达到设计要求，单孔涌水量均大于 $10m^3/h$，说明局部仍存在地面受控定向钻进注浆的盲区。

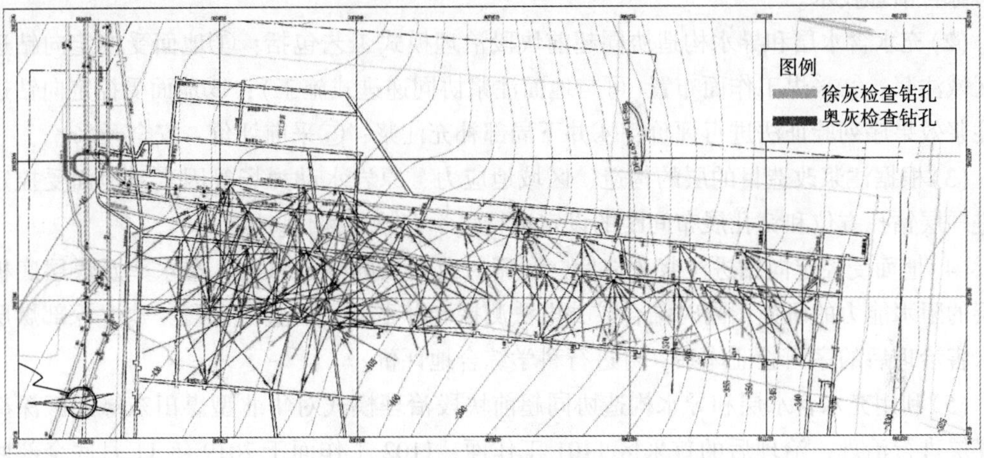

图 6－29　1101 工作面底板徐灰探查钻孔图

6.2.4　井下局部补充注浆治理

对 1101 工作面底板最终监测出 6 个单孔涌水量大于 $5m^3/h$ 的部位进行井下补充注浆，达到设计注浆要求后，在该孔 5m 范围内再施工一个检查钻孔，直到单孔涌水量小于 $5m^3/h$为止；根据矿方提供数据以上 6 个测点经井下补充注浆改造后单孔涌水量均小于 $5m^3/h$。

由上述可知，1101 工作面底板注浆改造后已基本达到设计要求，在确保井下底板所有检查钻孔达到安全设计防护要求条件下，可进行 1101 工作面试采工作。

1101 工作面于 2019 年 11 月底全部回采结束，回采效果良好，实测结果显示工作面顶板四灰、五灰涌水量小于 $8m^3/h$，底板徐灰涌水量小于 $27m^3/h$，1101 工作面整体涌水量小于 $35m^3/h$。

6.3　小结

基于华北型煤田东缘矿区深部煤层开采底板突水通道的形成机理和突水模式，提出了充水含水层和导水构造协同超前块段治理模式并进行定义。首先在现有的深部煤层开采水害的治理技术的基础上，对地面受控定向钻进顺层钻孔布设方位和间距进行优化研究。其次提出了深部煤层开采底板水害治理效果序列验证法，利用对改造目的层的渗透系数和透水率、煤层底板阻水能力、矿井电法检测、检查钻孔数据等结合 GIS 系统进行综合研究，建立科学系统化的评价方法。最后利用充水含水层和导水构造协同超前块段治理模式对华北型煤田东缘矿区深部煤层底板水害进行了治理，结果显示治理效果良好，该矿区深部煤层工作面实现安全回采。

(1)充水含水层和导水构造协同超前块段治理模式是利用地面受控定向钻进和井下补充注浆超前块段改造灰岩含水层，并通过科学安全评价完善后可实现安全开采的一门矿井水害综合治理技术。

(2)充水含水层和导水构造协同超前块段治理模式工艺包括：①地面受控定向钻进高压区域注浆；②采煤工作面布置(可与地面注浆协同递进式施工)；③地面受控定向钻进高压注浆效果序列验证法进行评价；④井下局部补充注浆；⑤采前评价－安全开采。

(3)根据注浆改造目的层的构造、区域地应力、原岩水动力场等因素对地面受控定向钻进顺层钻孔方位和钻孔展布间距的设定进行科学有效地优化。

(4)地面受控定向钻进注浆改造后，利用对改造层的渗透系数、透水率及煤层底板隔水层的阻水能力的研究，同时结合矿井电法测探和井下钻孔检查等手段，建立深部煤层底板水害治理后的序列验证体系，可进行科学综合地评价。

(5)利用充水含水层和导水构造协同超前块段治理模式对华北型煤田东缘矿区深部开采煤层进行治理，治理后的首采区 1101 工作面、1102 工作面于 2019 年 11 月底全部回采结束，实测结果显示 1101 工作面顶板四灰、五灰涌水量小于 $8m^3/h$，底板徐灰涌水量小于 $27m^3/h$，工作面整体涌水量小于 $35m^3/h$，治理效果良好。

7 结论

我国东部矿区浅部资源逐渐枯竭，近年来，煤炭资源开发重心逐步向西部转移，但是东部煤炭工业配套完善，在全国能源结构调整阶段，为了保障国家能源供应，需提高东部地区能源的自给率，降低对外部能源的依赖程度，东部矿区下组煤层的开采仍需保持20年左右的煤炭稳产期。东部矿区下组煤的开采受高承压水害威胁严重，因此，以华北型煤田东缘矿区为背景，以下组煤层底板灰岩承压水为研究对象，采用野外调查、理论分析、原位测试、室内实验、数值模拟等多种方法，对深部煤层开采底板裂化堆叠隆起的时空演变特征、开采底板突水模式、开采底板破坏深度预测方法、深部煤层开采底板突水危险性评价方法、深部煤层开采底板水害治理模式及应用、底板水害治理效果评价方法等方面进行研究和探索，取得主要结论如下。

(1)华北型煤田东缘矿区受华夏系与新华夏系构造的控制和改造，整体呈NE-NNE向平行或斜列式排列；该矿区煤系地层构造复杂，中奥陶统碳酸盐岩为煤系地层的基底，溶洞和溶隙强烈发育，是富水性最强的含水层，严重威胁本区域下组煤层地开采。

(2)研究表明，金属基索状分布式光缆的变形量及应变分布状态与煤层底板岩层应力-应变特征具有一致性，这是有效监测煤层底板岩层变形-破坏的新方案。采用分布式光纤传感技术研究在采矿过程中深部煤层底板岩层的破坏演化过程，分析监测光缆的应变分布状态和煤层底板岩层的应力-应变特征，BOTDR系统对煤层底板岩层监测显示，在采动过程中煤层底板岩层从上向下呈压-拉-压的应变趋势；同时获得煤层底板岩层的最大破坏深度，为深部煤层开采底板破坏深度的精准预测提供有效的原位测试数据；进而为防治深部煤层底板承压水害，提供重要前期参考数据。

(3)通过数学模型解析及预埋光纤传感系统实测等方法，揭示深部煤层开采完整底板破坏的时空演化特征：①采前高应力区超前影响范围约在煤壁前方38m附近。②开采底板岩层第一破断点的位置在采煤工作面煤壁前方29.07m，煤层下方垂距9.24m处，该点位于细砂岩层位，上部为泥岩，证明煤层底板破坏应从脆性岩层开始破断。③开采底板破断发展趋势是从第一破断点首先向上发展破断，然后再同步向下破断。④煤层开采底板破断的最大深度处于采前高应力区内，并且最大破断深度在采前高应力区内的应力峰值传播线附近。根据分布式光纤原位测试和数值模拟煤层开采底板破坏的时空演化特征，揭示煤层开采底板岩层破坏规律，完整底板一般情况下(开采煤层基本顶周期来压步距不大于60m)最大破坏深度的位置在煤壁前方的峰值应力传播线附近；深部煤层开采底板岩层破坏形态为“马鞍型”；同时对煤层开采底板进行横向分区，区域名称依次为原岩应力平衡区、采前高应力区、采后应力释放区、采后应力再平衡区。

（4）在煤层底板岩层存在断层与完整底板两种条件作用下，根据光纤传感器的实测数据及煤层开采底板的破坏规律，对底板的破坏机理、深度、岩层破断的发育趋势等进行对比分析；两种条件作用下开采底板均在采前高应力区开始破断、采后应力释放区均以拉伸破断状态为主、采空区底鼓的主要因素均由地应力再平衡过程中各组岩层破断后堆叠、隆起变形形成。两种条件作用下的不同点有：①含断层的煤层底板岩层从断层附近开始破断，之后逐渐开始向上和向下同步发育；而完整底板则从第一破断点逐渐向下发育。②含断层的煤层底板最大破坏深度比完整底板最大破坏深度大。③含断层的煤层底板岩层最大破坏深度点位于趋于煤壁位置的采空区内，而完整底板岩层（一般情况下）的最大破坏深度在应力传播线附近，位于煤壁附近的采前高应力区内。

（5）介绍深部煤层开采底板突水的6种主要突水模式：深部煤层底板隐伏构造破碎带滞后突水模式、多级交叉组合断层突水模式、采动底板破坏区与含水层对口突水模式、采动底板破坏区与导水构造对接模式、采动底板破坏区与底板高承压水耦合突水模式、深部采动冲击动压致突模式等。根据华北型煤田东缘矿区深部煤层开采底板突水模式和煤层底板破坏的时空演化特征，可知在一般情况下含断层的煤层底板和完整底板两种模式下，开采底板最大破坏深度的位置均在煤壁附近，说明在煤壁附近的峰值应力传播线附近是在采动过程中突水危险性最高的区域，因此，在开采过程中需对煤壁附近加强监控，为了使峰值应力快速释放，工作面需快速推进，以确保开采安全。深部煤层开采底板破坏机理和突水模式的研究为准确查找开采底板突水通道形成的区域位置和揭示影响底板突水的重要因素提供重要判据，同时也为深部煤层开采底板承压水害防治提供重要依据。

（6）首先利用BP神经网络、煤层开采底板应力螺旋线解析、气囊－溶液测漏法、经验公式法、多因素回归及分布式光纤实测等方法进行研究分析，得到对深部煤层开采底板破坏深度进行有效预测的模型及方法。研究表明，多因素回归中模型Ⅲ预测值更接近分布式光纤监测和气囊－溶液测漏法等实测数据，同时预测误差较小的预测方法还有新的数学理论模型解析法和BP神经网络预测模型，因为以上3种深部煤层开采底板破坏深度预测方法中，运用的参数、预测原理及煤系地质条件等存在差异性，所以在实际工作中可根据不同条件选择深部煤层开采底板破坏深度的预测方法，为深部煤层开采底板有效隔水层计算提供依据。其次利用层次分析法、熵权法、地理信息系统等手段结合深部煤层开采破坏后有效隔水层厚度、底板灰岩含水层水压、煤层埋深、工作面宽度、底板脆性岩厚度及断层与褶皱展布系数等底板突水因素，对深度煤层开采底板突水危险性进行综合评价，得到AHP－EWM综合算法评价模型和基于改进型层次分析的脆弱性指数法两种深部煤层开采底板突水危险性评价模型，两者均具有一定的实用价值，在实际运用过程中可以根据矿区的实际情况则优选择其一，也可根据两种模型的预测结果取并集，能够进一步提高评价的安全性，为华北型煤田东缘矿区下组煤层开采底板水害治理提供重要的参考数据。

（7）基于华北型煤田东缘矿区深部煤层开采底板突水通道的形成机理和突水模式，提出了充水含水层和导水构造协同超前块段治理模式并进行定义。首先在现有的深部煤层开采水害的治理技术基础上，根据注浆改造目的层的构造、区域地应力、原岩水动力场等因素对地面受控定向钻进顺层钻孔方位和钻孔间距的设定进行科学有效的优化。其次提出了深部煤层开采底板水害治理效果序列验证评价方法，利用对改造目的层的渗透系数和透水率、煤层底板阻水能力、矿井电法检测、检查钻孔数据等结合 GIS 进行综合评价，建立科学系统化的评价方法。最后利用充水含水层和导水构造协同超前块段治理模式和序列验证评价方法对矿区深部煤层底板水害进行治理及评价，结果显示治理效果良好，矿区深部煤层工作面实现安全回采。本文研究成果可为华北型煤田东缘矿区下组煤层开采底板水害防治提供重要参考。

参考文献

[1]中华人民共和国国家统计局．中国统计年鉴[M]．北京：中国统计出版社，2018.

[2]袁亮．我国煤炭资源高效回收及节能战略研究[J]．中国矿业大学学报：社会科学版，2018，20(1)：4－13.

[3]谢和平，王金华．中国煤炭科学产能[M]．北京：煤炭工业出版社，2014.

[4]王悦，于水，王苏健．煤矿底板突水微震监测预警系统构建与分析[J]．煤矿安全，2019，50(5)：190－193.

[5]M 鲍莱茨基，M 胡戴克著．矿山岩体力学[M]．于振海，刘天泉译．北京：煤炭工业出版社，1985.

[6]Santos CF，Bieniawski ZT. Floor design in underground mines[J]．Rock Mechanics and Rock Engineering，1989，22(4)：249－271.

[7]Ghasemi E，Ataei M，Shahriar K，et al. Assessment of roof fall risk during retreat mining in room and pillar coal mines[J]．International Journal of Rock Mechanics and Mining Sciences，2012，54：80－89.

[8]Mironenko V，Strelsky F. Hydrogeomechanical problems in mining[J]．Mine Water and the Environment，1993，12(1)：35－40.

[9]尹尚先，武强．煤层底板陷落柱突水模拟及机理分析[J]．岩石力学与工程学报，2004，23(15)：2551－2551.

[10]Zhang JC. Investigations of water inrushes from aquifers under coalseams[J]．International Journal of Rock Mechanics & Mining Sciences，2005，42：350－360.

[11]王家臣，许延春，徐高明，等．矿井电剖面法探测工作面底板破坏深度的应用[J]．煤炭科学技术，2010，卷(1)：102－105.

[12]徐智敏，孙亚军，巩思园，等．高承压水上采煤底板突水通道形成的监测与数值模拟[J]．岩石力学与工程学报，2012，31(8)：1698－1704.

[13]段宏飞，姜振泉，张蕊，等．杨村煤矿综采条件下薄煤层底板破坏深度的实测与模拟研究[J]．煤炭学报，2011，31(S1)：13－17.

[14]段宏飞．采动过程中煤层底板破坏特征及破坏深度分析[J]．煤炭科学技术，2014，42(5)：17－20.

[15]朱术云，鞠远江，赵振中，等．超化煤矿“三软”煤层采动底板变形破坏的实测研究[J]．岩土工程学报，2009，31(4)：639－642.

[16]朱术云，曹丁涛，周海洋，等．采动底板岩性及组合结构对破坏深度的制约作用[J]．采矿与安全工程学报，2014，31(1)：90－96.

[17]关英斌，李海梅，路军臣．显德汪煤矿 9 号煤层底板破坏规律的研究[J]．煤炭学报，2003，28(2)：121－125.

[18]张平松，吴基文，刘盛东．煤层采动底板破坏规律动态观测研究[J]．岩石力学与工程学报，2006，25(S1)：3009－3013.

[19]王作宇．底板零位破坏带最大深度的分析计算[J]．煤炭科学技术，1992，2：2－6.

[20]张金才，刘天泉．论煤层底板采动裂隙带的深度及分布特征[J]．煤炭学报，1990，卷(2)：46－54.

[21]高延法，章延平，张慧敏，等．底板突水危险性评价专家系统及应用研究[J]．岩石力学与工程学报，2009，28(2)：253－258.

[22]国家煤炭工业局．建筑物、水体、铁路及主要井巷煤柱留设与压煤开采规程[M]．北京：煤炭工业出版社，2000.

[23]许延春，杨扬．大埋深煤层底板破坏深度统计公式及适用性分析[J]．煤炭科学技术，2013，14(9)：129－132.

[24]施龙青，徐东晶，邱梅，等．采场底板破坏深度计算公式的改进[J]．煤炭学报，2013，38(S2)：299－303.

[25]彭苏萍，王金安．承压水体上安全采煤[M]．北京：煤炭工业出版社，2001.

[26]朱术云，姜振泉，姚普，等．采场底板岩层应力的解析法计算及应用[J]．采矿与安全工程学报，2007，24(2)：191－194.

[27]孟祥瑞，徐铖辉，高召宁，等．采场底板应力分布及破坏机理[J]．煤炭学报，2010，35(11)：1832－1836.

[28]孙建．倾斜煤层底板破坏特征及突水机理研究[D]．徐州：中国矿业大学，2011.

[29]王连国，韩猛，王占盛，等．采场底板应力分布与破坏规律研究[J]．采矿与安全工程学报，2013，30(3)：317－322.

[30]申宝宏，张金才．用相似模型实验研究煤层采动影响规律[C]．会址：岩石力学在工程中的应用——第二次全国岩石力学与工程学术会议论文集，1989.

[31]王金安，彭苏萍，孟召平．承压水体上对拉面开采底板岩层破坏规律[J]．北京科技大学学报，2002，14(3)：243－247.

[32]姜耀东，吕玉凯，赵毅鑫，等．承压水上开采工作面底板破坏规律相似模拟实验[J]．岩石力学与工程学报，2011，30(8)：1571－1578.

[33]许延春，陈新明，李见波，等．大埋深高水压裂隙岩体巷道底臌突水试验研究[J]．煤炭学报，2013，38(S1)：124－128.

[34]赵毅鑫，姜耀东，吕玉凯，等．承压工作面底板破断规律双向加载相似模拟实验[J]．煤炭学报，2013，38(3)：384－390.

[35]白峰青，李冲，蒋勤明，等．深部煤层底板破坏规律数值模拟[J]．煤矿安全，2010，7：59－61.

[36]于小鸽．采场损伤底板破坏深度研究[D]．山东：山东科技大学，2011.

[37]胡巍，徐德金．有限元强度折减法在底板突水风险评价中的应用[J]．煤炭学报，2013，38(1)：27－32.

[38]张文彬．综采放顶煤工作面底板应力及其破坏深度分析[J]．采矿与安全工程学报，2010，38(12)：17－21.

[39]Meng X，Liu W，Zhao J，et al. In situ investigation and numerical simulation of the failure depth of an inclined coal seam floor：a case study[J]．Mine Water and the Environment，2019，38(3)：686－694.

[40] Feng F, Chen S, Li D, et al. Excavation unloading - induced fracturing of hard rock containing different shapes of central holes affected by unloading rates and in situ stresses [J]. Energy Science & Engineering, 2019.

[41] Jiang Y, Cai T, Zhang X. A multifactor coupling prediction model for the failure depth of floor rocks in fully mechanized caving mining: a numerical and in situ study [J]. Royal Society open science, 2019, 6 (8): 190528.

[42] Reibiei MS. Hydrofraeturing of rock as a method of water, mudmand gas inrush hazards in underground coal mining[C]. Yugoslavia: IMWA, 1991, (4thed) 1.

[43] 维·德·斯列萨列夫. 矿山岩石力学与矿井支护[M]. 北京: 燃料工业出版社, 1954, 12.

[44] B 斯列萨列夫. 水体下安全采煤的条件[J]. 国外矿山防治水技术的发展与实践, 1983.

[45] Wolkersdorfer C, Bowell R. Contemporary reviews of mine water studies in europe[J]. Mine Water and the Environment, 2004, 23: 161.

[46] Henley S. Catastrophe theory models in geology[J]. Journal of the International Association for Mathematical Geology, 1976, 8(6): 649-655.

[47] Motyka J, Pulido - Bosch A. Karstic phenomena in calcareous - dolomitic rocks and their influence over the inrushes of water in lead - zinc mines in Olkusz region (South of Poland) [J]. International journal of mine water, 1985, 4(2): 1-11.

[48] Sammarco O. Inrush prevention in an underground mine[J]. International Journal of Mine Water, 1988, 7 (4): 43-s2.

[49] Santos CF, Bieniawski ZT. Floor design in underground coalmines[J]. Rock Mechanics and Rock Engineering, 1989, 22(4): 249-271.

[50] Zhou W, Zhang P, Wu R, et al. Dynamic monitoring the deformation and failure of extra - thick coal seam floor in deep mining[J]. Journal of Applied Geophysics, 2019, 163: 132-138.

[51] Kuscer D. Hydrological regime of the water inrush into the Kotredez Coal Mine[J]. Mine Water and the Environment, 1991, 10(1): 93-101.

[52] Kuznetsov SV, Trofimov VA. Hydrodynamic effect of coal seam compression[J]. Journal of Mining Science, 1993, 12: 35-40.

[53] Liu X, Liang Z, Zhang Y, et al. Experimental study on the monitoring of rockburst in tunnels under dry and saturated conditions using AE and infrared monitoring[J]. Tunnelling and Underground Space Technology, 2018, 82: 517-528.

[54] Sato T, Yanase N, Williams IS, et al. Uranium micro - isotopic analysis of weathered rock by a Sensitive High Resolution Ion Microprobe(SHRIMP II)[J]. Radiochimica Acth, 1998, 82: 335-340.

[55] Nelson EP, Kullman AJ, Gardner MH, et al. Fault - fracture networks and related fluid flow and Sealing, Brushy Canyon Formation, West Texas[J]. Faults and Subsurface Fluid Flow in the Shallow Crust, 1999, 21(3): 69-81.

[56] Bense VF, Van den Berg EH, Van Balen RT. Deformation mechanisms and hydraulic properties of fault zones

in unconsolidated sediments; the Roer Valley Rift System, The Netherlands[J]. Hydrogeology Journal, 2003, 11(3): 319 - 332.

[57]Mokhov AV. Fissuring due to inundation of coalmines and its hydrodynamic implications[J]. Doklady Earth Sciences, 2007, 414(4): 223 - 225.

[58]Caine JS, Minor SA. Structural and geochemical characteristics of faulted sediments and inferences on the role of water in deformation, Rio Grande Rift, New Mexico[J]. Geological Society of America Bulletin, 2009, 121(9/10): 1325 - 1340.

[59]刘钦，孙亚军，徐智敏．改进型突水系数法在矿井底板突水评价中的应用[J]．煤炭科学技术，2011，39(8)：107 - 109.

[60]乔伟，李文平，赵成喜．煤矿底板突水评价突水系数一单位涌水量法[J]．岩石力学与工程学报，2009，28(12)：2466 - 2474.

[61]杨天鸿，刘洪磊，朱万成，等．基于有效应力概念的矿井临界突水系数修正及应用[J]．岩石力学与工程学报，2011，30(S2)：4011 - 4018.

[62]Hu YB, Li WP, Wang QQ, et al. Evolution of Floor Water Inrush from a Structural Fractured Zone with Confined Water[J]. Mine Water and the Environment, 2019, 38: 252 - 260.

[63]李加祥，李白英．受承压水威胁的煤层底板"下三带"理论及其应用[J]．中州煤炭，1990，卷(5)：6 - 8.

[64]李白英，沈光寒，荆自刚，等．预防采掘工作面底板突水的理论与实践[J]．煤矿安全，1988，卷(5)：47 - 48.

[65]李白英．预防矿井底板突水的"下三带"理论及其发展与应用[J]．山东矿业学院学报，1999，8(4)：11 - 18.

[66]王作宇．煤层底板岩体移动的"原位张裂"理论[J]．河北煤炭，1988，卷(3)：29 - 31.

[67]王作宇．煤层底板岩体移动的"零位破坏"理论[J]．河北煤炭，1988，卷(4)：36 - 39.

[68]尹立明．深部煤层开采底板突水机理基础实验研究[D]．青岛：山东科技大学，2011.

[69]张金才．采动岩体破坏与渗流特征研究[D]．北京：煤炭科学研究总院，1998.

[70]中国科学院地质所．中国煤矿岩溶水突水机理的研究[M]．北京：科学出版社，1992.

[71]王成绪，王红梅．煤矿防治水理论与实践的思考[J]．煤田地质与勘探，2004，32(Z1)：100 - 103.

[72]钱鸣高，缪协兴，等．岩层控制中的关键层理论[J]．煤炭学报，1996，21(3)：225 - 230.

[73]施龙青，韩进．开采煤层底板"四带"划分理论与实践[J]．中国矿业大学学报，2005，42(1)：16 - 23.

[74]施龙青．底板突水机理研究综述[J]．山东科技大学学报：自然科学版，2009，28(3)：17 - 23.

[75]施龙青，宋振琪．采场底板"四带"划分理论研究[J]．焦作工学院学报：自然科学版，2000，19(4)：241 - 245.

[76]于小鸽，施龙青，魏久传，等．采场底板"四带"划分理论在底板突水评价中的应用[J]．山东科技大学学报：自然科学版，2006，25(4)：14 - 17.

[77]王经明．承压水沿煤层底板递进导升突水机理的模拟与观测[J]．岩土工程学报，1999，21(5)：546 - 549.

[78]王经明．承压水沿煤层底板递进导升的突水机理及其应用[D]．北京：煤炭科学研究总院，2004.

[79]高延法，施龙青，娄华君，等．底板突水规律与突水优势面[M]．徐州：中国矿业大学出版

社，1999.
[80]倪宏革，罗国煜．煤矿水害的优势面机理研究[J]．煤炭学报，2000，25(5)：518－521.
[81]李文平，刘启蒙，孙如华．构造破碎带滞后突水渗流转换理论与试验研究[J]．煤炭科学技术，2011，39(11)：10－13.
[82]李文平，于双忠，彭向峰．煤矿软岩工程地质特征研究[J]．煤田地质与勘探，1993，卷(2)：46－50.
[83]隋旺华．煤系岩石工程地质类型划分探讨[J]．水文地质工程地质，1994，卷(3)：51－54.
[84]黎良杰，钱鸣高，殷有泉．采场底板突水相似材料模拟研究[J]．煤田地质与勘探，1997，25(1)：33－36.
[85]王连国，宋扬．底板突水煤层的突变学特征[J]．中国安全科学学报，1999，9(5)：10－21.
[86]刘伟韬，张文泉，李加祥．用层次分析—模糊评判进行底板突水安全性评价[J]．煤炭学报，2000，25(3)：278－282.
[87]刘红元，唐春安，芮勇勤．多煤层开采时岩层垮落过程的数值模拟[J]．岩石力学与工程学报，2001，20(2)，190－196.
[88]张文志，李兴高．底板破坏型突水的力学模型[J]．矿山压力与顶板管理，2001，4：100－101.
[89]武强，刘金韬，董东林，等．煤层底板断裂突水时间弱化效应机理的仿真模拟研究－以开滦赵各庄煤矿为例[J]．地质学报，2001，卷(4)：554－561.
[90]邱秀梅，王连国．断层采动型突水自组织临界特性研究[J]．山东科技大学学报(自然科学版)，2002，21(1)：59－61.
[91]李文平，张志勇，蒲毅彬，等．深部砂土三轴高压卸载结构变化的CT研究[J]．工程地质学报，2003，卷(3)：302－306.
[92]刘志军，胡耀青．带压开采底板破坏规律的三维数值模拟研究[J]．太原理工大学学报，2004，35(4)：400－403.
[93]弓培林，胡耀青，赵阳升，等．带压开采底板变形破坏规律的三维相似模拟研究[J]．岩石力学与工程学报，2005，24(12)：4396－4402.
[94]冯启言，杨天鸿，于庆磊，等．基于渗流损伤藕合分析的煤层底板突水过程的数值模拟[J]．安全与环境学报，2006，6(3)：1－4.
[95]李小琴，李文平，李洪亮，等．砂岩峰后卸除围压过程的渗透性试验研究[J]．工程地质学报，2005，卷(4)：481－484.
[96]胡耀青，严国超，石秀伟．承压水上采煤突水监测预报理论的物理与数值模拟研究[J]．岩石力学与工程学报，2008，27(1)：9－15.
[97]孙如华，李文平．分形理论在深部黏土孔隙分布特征研究中的应用[J]．煤田地质与勘探，2008，卷(4)：54－56，61.
[98]徐智敏．深部开采底板破坏及高承压突水模式、前兆与防治[D]．徐州：中国矿业大学，2010.
[99]左宇军，李术才，秦泗凤，等．对隔水底板破断突水机制的突变理论分析的认识－兼对潘岳教授等提问的答复[J]．岩土力学，2011，3(7)：2236－2239.
[100]Sun W，Zhang S，Guo W，et al. Physical simulation of high－pressure water inrush through the floor of a deep mine[J]．Mine Water and the Environment，2017，36(4)：542－549.

[101] Li H, Bai H. Simulation research on the mechanism of water inrush from fractured floor under the dynamic load induced by roof caving: taking the Xinji Second Coal Mine as an example[J]. Arabian Journal of Geosciences, 2019, 12(15): 466.
[102]孙亚军，郑世书，张大顺，等．信息拟合方法在焦作东部矿区底板突水预测中的初步应用[J]．中州煤炭，1990，卷(2)：24－26.
[103]孙亚军．信息拟合方法在焦作东部矿区底板突水预测中的应用研究[D]．徐州：中国矿业大学，1989.
[104]武强，张志龙，马积福．煤层底板突水评价的新型实用方法Ⅰ－主控指标体系的建设[J]．煤炭学报，2007，32(1)：42－47.
[105]武强，张志龙，张生元，等．煤层底板突水评价的新型实用方法Ⅱ－脆弱性指数法[J]．煤炭学报，2007，32(11)：1121－1126.
[106]武强，解淑寒，裴振江，等．煤层底板突水评价的新型实用方法Ⅲ－基于 GIS 的 ANN 型脆弱性指数法应用[J]．煤炭学报，2007. 32(12)：1301－1306.
[107]武强，李博．煤层底板突水变权评价中变权区间及调权参数确定方法[J]．煤炭学报，2016，41(9)：2143－2149.
[108]王连国，缪协兴．岩石渗透率与应力、应变关系的尖点突变模型[J]．岩石力学与工程学报，2005，卷(23)：4210－4214.
[109]白晨光，黎良杰，于学馥．承压水底板关键层失稳的尖点突变模型[J]．煤炭学报，1997，22(2)：149－154.
[110]施龙青，韩进．煤层底板突水机理及预测预报[M]．徐州：中国矿业大学出版社，2004.
[111]尹会永，魏久传，王迎，等．翟镇煤矿下组煤开采底板突水危险性评价[J]．中国矿业，2009，18(11)：97－99.
[112]乔伟，李文平，赵成喜．煤矿底板突水评价突水系数－单位涌水量法[J]．岩石力学与工程学报，2009，28(12)：2466－2474.
[113]黄国明，苏文智．利用神经网络预测煤层底板突水[J]．华东地质学院学报，1996，19(2)：170－172.
[114] Yu X, Han J, Shi L, et al. Application of a BP neural network in predicting destroyed floor depth caused by underground pressure[J]. Environmental Earth Sciences, 2017, 76(15): 535.
[115]李金凯，王延福．华北型岩溶煤矿床矿坑突水水量预测研究[J]．水文地质与工程地质，1985，卷(4)：24－31.
[116]王树元．矿井突水事件的模糊数学预测法[J]．山东矿业学院学报，1989，卷(3)：48－51.
[117]陈秦生，蔡元龙．用模式识别方法预测煤矿突水[J]．煤炭学报，1990，15(4)：63－68.
[118]许延春．试用灰色理论宏观预测矿井水灾害[J]．煤矿开采，1996，卷(1)：46－48.
[119]李京红，王晓明．带压安全开采预测模型及应用方法研究[J]．煤田地质与勘探，1997，25(2)：34－37.
[120]靳德武，王延福，马培智．煤层底板突水的动力学分析[J]．西安矿业学院学报，1997，17(4)：354－356.
[121]谭志祥．断层突水的力学机制浅析[J]．矿业安全与环保，1999，(3)：21－23.
[122]魏久传，李白英．承压水上采煤安全性评价[J]，煤田地质与勘探，2000，卷(4)：57－59.

[123]刘启蒙，李文平，姬中奎，等．实测阻水系数评价奥灰突水危险性方法研究[J]．煤田地质与勘探，2007，卷(4)：38－41.

[124]Zeng Y，Wu Q，Liu S，et al. Vulnerability assessment of water bursting from Ordovician limestone into coal mines of China[J]．Environmental Earth Sciences，2016，75(22)：1431.

[125]Li F，Zhang X，Chen X，et al. Adaptive and robust evidence theory with applications in prediction of floor water inrush in coal mine[J]．Transactions of the Institute of Measurement and Control，2017，39(4)：483－493.

[126]Bo L，Qiang W，Mengyu C. Risk analysis model of water inrush through the seam floor based on set pair analysis[J]．Mine Water and the Environment，2018，37(2)：281－287.

[127]Hu Y，Li W，Wang Q，et al. Evaluation of water inrush risk from coal seam floors with an AHP－EWM algorithm and GIS[J]．Environmental Earth Sciences，2019，78(10)：290.

[128]Shi L，Qiu M，Wang Y，et al. Evaluation of water inrush from underlying aquifers by using a modified water－inrush coefficient model and water－inrush index model：a case study in Feicheng coalfield，China[J]．Hydrogeology Journal，2019，27(6)：2105－2119.

[129]Qiao W，Li W，Zhang X，et al. Prediction of floor water disasters based on fractal analysis of geologic structure and vulnerability index method for deep coal mining in the Yanzhou mining area[J]．Geomatics，Natural Hazards and Risk，2019，10(1)：1306－1326.

[130] Glossop R. The invention and development of injection processes [J]．Geotechnique，1950，卷(6)：91－101.

[131] Houlsby AC. Construction and design of cement grouting－A guide to grouting formation[M]．Hoboken：John Wiley & Sons，1990.

[132]Kutzner C. Grouting of Rock and Soil[M]．Rotterdam，Balkema：1996.

[133]Nonveiller E. 灌浆的理论与实践[M]．沈阳：东北工学院出版社，1992.

[134]何修仁．注浆加固与堵水[M]．沈阳：东北工学院出版社，1990.

[135]Nonveiller E. Grouting theory and practice[M]．Amsterdam：Elsevier，2013.

[136]Baker C. Comments on paper rock stabilization in rock mechanics[J]．Muler，Springer－Verlag NY，1974，1：974.

[137]李東谷．堡子公司9#煤层带(水)压开采防治水综合技术研究[J]．山东煤炭科技，2019(8)：191－194.

[138]段霞．深部开采煤层防治水技术研究[J]．山西化工，2019，39(4)：82－84.

[139]刘圣洁，卢国岗．断层水害防治技术应用研究[J]．能源与环保，2019，41(4)：29－32.

[140]齐延海，李术才，李召峰，等．全风化花岗岩富水地层注浆治理研究与应用[J]．中南大学学报：自然科学版，2019，50(3)：694－703.

[141]刘洪林．地面注浆与疏水降压技术在煤矿突水治理中的应用[J]．能源与环保，2018，40(9)：78－80，116.

[142]周杨．薄层灰岩带压开采防治水技术研究[J]．西安科技大学学报，2018，38(2)：217－223.

[143]尹会永，魏久传，Liliana Lefticariu，等．疏水降压技术体系在潘西煤矿奥灰水害防治中的应用[J]．中国煤炭，2015，41(9)：37－40＋64.

[144]刘熊祥．毛主席的“矛盾论”对研究中国近代现代历史发展规律的指导意义[J]．西北师大学报：社会科学版，1960，卷(3)：17－37.
[145]冯增昭，王英华，张吉森，等．华北地台早古生代岩相古地理[J]．沉积学报，1990，7(4)：14－14.
[146]汪曾荫，刘汉男，唐锦秀，等．华北地台晚古生代含煤地层多重划分[J]．华北地质矿产杂志，1996，1：9－23.
[147]李振生．河北省煤系地层赋存特征及找煤方向[J]．中国煤田地质，2006，18(4).
[148]张素梅，李增学，李伟，等．山东黄河北煤田石炭－二叠系太原组地层沉积特征[J]．地球学报，2008，29(4)：414－426.
[149]王同福，王凤文．兖州煤田峄山断裂带奥灰赋水特征[J]．矿业世界，1996，1：20－22.
[150]李东平．“徐淮”地区控煤构造的三种表现形式及演化特征[J]．中国煤田地质，1993，4：5－11.
[151]李万程．徐淮弧的成因与煤炭资源远景[J]．中国煤田地质，1996，8(2)：1－4.
[152]卜昌森，张希诚，尹万才，等．“华北型”煤田岩溶水害及防治现状[J]．地质评论，2001，4.
[153]白海波，茅献彪，吴宇，等．高压奥灰水大型逆断层下盘煤层安全开采研究[J]．岩石力学与工程学报，2009，28(2)：246－252.
[154]施斌，徐学军，王镝，等．隧道健康诊断 BOTDR 分布式光纤应变监测技术研究[J]．岩石力学与工程学报，2005，24(15)：2622－2628.
[155]隋海波，施斌，张丹，等．基坑工程 BOTDR 分布式光纤监测技术研究[J]．防灾减灾工程学报，2008，28(2).
[156]王炳强，白喜庆，朱鲁．底板下三带探测技术实例应用[J]．煤炭与化工，2015，05：100－102.
[157]余丽苹，刘永智，代志勇．布里渊散射分布式光纤传感器[J]．激光与光电子学进展，2006，43(4)：24－28.
[158]Liu Y，Li W，He J，et al. Application of Brillouin optical time domain reflectometry to dynamicmonitoring of overburden deformation and failure caused by undergroundmining[J]．International Journal of Rock Mechanics and Mining Sciences，2018，106(期)：133－143.
[159]郭文兵，邹友峰，邓喀中．煤层底板采动导水破坏深度计算的神经网络方法[J]．中国安全科学学报，2003.
[160]刘伟韬，王东辉，穆殿瑞．深部承压水上开采煤层底板破坏特征[J]．辽宁工程技术大学学报：自然科学版，2017：920－926.
[161]于帅，武强，丁航航，等．基于 RFPA 数值模拟的底板突水危险性评价[J]．能源与环保，40(11)：5－9.
[162]武强，刘金韬，董东林，等．煤层底板断裂突水时间弱化效应机理的仿真模拟研究－以开滦赵各庄煤矿为例[J]．地质学报，2001，75(4)：554－561.
[163]吴基文，刘小红．断层带岩体阻水能力原位测试研究与评价[J]．岩土力学，2003(s2)：447－450.
[164]马丹，白海波，陈占清，等．侧限压缩下破碎矸石混合粒径非 Darcy 流渗透特性[J]．采矿与安全工程学报，2016(4)：747－753.

[165]袁宗盼，陈新民，袁媛，等．地质力学模型相似材料配比的正交试验研究[J]．防灾减灾工程学报，2014，34(2)：197－202.
[166]夏雨，聂宏涛，张泽俊．基于多元回归分析的地质力学模型实验中相似材料的快速配比研究[J]．广西科技大学学报，30(1)：106－112.
[167]宋震．基于数字图像处理技术的岩石孔隙参数提取方法研究[D]．南京：南京大学，2014.
[168]史海明．颗粒堆积多孔介质渗流特性的研究[D]．沈阳：东北大学，2005.
[169]潘浩．多孔介质中 Darcy－Forchheimer 渗流数值计算[D]．济南：山东大学，2012.
[170]Milan V，Andjelko S. Determination of hydraulic conductivity of porous media from grain－size composition [M]．1992.
[171]陈军涛，武强，尹立明，等．高承压水上底板采动岩体裂隙演化规律研究[J]．煤炭科学技术，2018，46(7).
[172]武志高，郭爱军，邓越萍，等．带压开采底板突水有效阻水系数法评价在西峪煤矿的应用研究[J]．能源与环保，2018，40(3)：1－6.
[173]王苏健，王悦，陈通．煤矿底板突水防治微震监测系统的建立及应用[C]．西安：煤矿绿色高效开采技术研究－陕西省煤炭学会学术年会论文集，2016.
[174]赵自民．基于超声成像技术的套损检测研究[D]．成都：西南石油大学，2012.
[175]张亮，王蔚，汤洪志，等．高密度电法和井间电磁波 CT 法在花岗岩球状风化体探测中的综合应用[J]．工程地球物理学报，2015，12(1)：40－44.
[176]尚耀军，何耀京，黄子龙．跨孔超高密度电法 CT 在岩溶勘察中的应用[J]．工程地球物理学报，2013，10(4)：545－550.
[177]姜福兴，尹永明，朱权洁，等．基于微震监测的千米深井厚煤层综放面支架围岩关系研究[J]．采矿与安全工程学报，2014(2)：.
[178]马天辉，唐春安，唐烈先，等．基于微震监测技术的岩爆预测机制研究[J]．岩石力学与工程学报，2016，35(3)：470－483.
[179]郑超，杨天鸿，于庆磊，等．基于微震监测的矿山开挖扰动岩体稳定性评价[J]．煤田学报，2012，37(S2)：280－286.
[180]Sun J，Wang L，Hou H. Application of micro－seismic monitoring technology in mining engineering[J]．International Journal of Mining Science and Technology，2012，22(1)：79－83.
[181]孙学阳，李鹏强，寇规规，等．特厚煤层导水裂隙带发育高度的模拟实验[J]．煤炭技术，2018，54(6)：.
[182]刘泉声，刘学伟．多场耦合作用下岩体裂隙扩展演化关键问题研究[J]．岩土力学，2014，35(2)：305－320.
[183]孙帆，施学勤．基于 MATLAB 的 BP 神经网络设计[J]．计算机与数字工程，2007，35(8)：124－126.
[184]王宏涛，孙剑伟．基于 BP 神经网络和 SVM 的分类方法研究[J]．软件，2015，36(11)：96－99.
[185]张德慧，张德育，刘清云，等．基于粒子群算法的 BP 神经网络优化技术[J]．计算机工程与设计，

2015，36(5)：1321－1326.
[186]王爱平，江丽．基于PSO的BP神经网络学习算法[J]．计算机工程，2012，38(21)：193－196.
[187]张文泉，赵凯，张贵彬，等．基于灰色关联度分析理论的底板破坏深度预测[J]．煤炭学报，2015，卷(S1)：53－59.
[188]于小鸽，韩进，施龙青，等．基于BP神经网络的底板破坏深度预测[J]．煤炭学报，2009，34(6)：731－736.
[189]张风达．深部煤层底板破坏深度多元非线性预测模型[J]．煤矿开采，2018，23(1)：92－95.
[190]Wu G. Fault detection method for ship equipment based on BP neural network[C]．会址：International Conference on Robots & Intelligent System, 2018, 556－559.
[191]Madhubabu N, Singh PK, Kainthola A, et al. Prediction of compressive strength and elastic modulus of carbonate rocks[J]. Measurement, 2016, 88(期): 202－213.
[192]Ham FM, Kostanic I. Principles of neurocomputing for science and engineering[M]. McGraw－Hill Higher Education, 2000.
[193]张波，常晓峰．煤层底板采动破坏深度预测方法与应用[J]．煤炭技术，2018，37(12)：26－29.
[194]Wu Q, Liu Y, Liu D, et al. Prediction of floor water inrush: the application of GIS－based AHP vulnerable index method to Donghuantuo coal mine, China[J]. Rock Mechanics and Rock Engineering, 2011, 44(5): 591.
[195]Wu Q, Liu Y, Wu X, et al. Assessment of groundwater inrush from underlying aquifers in Tunbai coal mine, Shanxi province, China[J]. Environmental Earth Sciences, 2016, 75(9): 737.
[196]Li Q, Meng XX, Liu YB, et al. Risk assessment of floor water inrush using entropy weight and variation coefficient model[J]. Geotechnical and Geological Engineering, 2019, 37(3): 1493－1501.
[197]Meng X, Liu W, Mu D. Influence analysis of mining's effect on failure characteristics of a coal seam floor with faults: a numerical simulation case study in the Zhaolou coal mine[J]. Mine Water and the Environment, 2018, 37(4): 754－762.
[198]张士川，郭惟嘉，孙文斌，等．高水压底板突水通道形成与演化过程[J]．山东科技大学学报：自然科学版，2015，6(2)：.
[199]鲁海峰，姚多喜，胡友彪，等．水压影响下煤层底板采动破坏深度弹性力学解[J]．采矿与安全工程学报，2017，卷(期)：452－458.
[200]管恩太．突水系数与煤矿水害防治[J]．煤炭工程，2011，1(1)：46－47.
[201]崔芳鹏，武强，刘德民，等．煤矿突水灾害综合预防与治理技术[J]．煤矿安全，2015，46(3)：175－177.
[202]Li W, Liu Y, Qiao W, et al. An improved vulnerability assessment model for floor water bursting from a confined aquifer based on the water inrush coefficient method[J]. Mine Water and the Environment, 2018, 37(1): 196－204.
[203]Zhao D, Wu Q, Cui F, et al. Using random forest for the risk assessment of coal－floor water inrush in Panjiayao Coal Mine, northern China[J]. Hydrogeology Journal, 2018, 26(7): 2327－2340.

[204]曾一凡，武强，刘守强，等．基于 ANN 技术的济宁二号煤矿煤巷掘进前方小构造预测[J]．中国煤炭地质，2014，26(9)：13－16.

[205]Wu Q, Zhou W. Prediction of groundwater inrush into coal mines from aquifers underlying the coal seams in China: vulnerability index method and its construction [J]. Environmental Geology, 2008, 56 (2): 245－254.

[206]Wu Q, Zhou W, Wang J, et al. Prediction of groundwater inrush into coal mines from aquifers underlying the coal seams in China: application of vulnerability index method to Zhangcun Coal Mine, China[J]. Environmental geology, 2009, 57(5): 1187－1195.

[207]Zeng Y, Liu S, Zhang W, et al. Application of artificial neural network technology to predicting small faults and folds in coal seams, China[J]. Sustainable Water Resources Management, 2016, 2(2): 175－181.

[208]李松营．陕渑煤田顶底板水害评价与防治对策研究[D]．北京：中国矿业大学(北京)，2014.

[209]焦树锋．AHP 法中平均随机一致性指标的算法及 MATLAB 实现[J]．太原师范学院学报：自然科学版，2006，4(期)：49－51.

[210]Lu Q, Li X, Li W, et al. Risk evaluation of bed－separation water inrush: a case study in the Yangliu coal mine, China[J]. Mine Water and the Environment, 2018, 37(2): 288－299.

[211]胡田飞，朱本珍．基于熵权法和层次分析法的复杂边坡稳定性模糊综合评价方法[J]．铁道建筑，2013，12(期)：69－73.

[212]Wu Q, Wang M, Wu X. Investigations of groundwater bursting into coal mine seam floors from fault zones [J]. International Journal of Rock Mechanics and Mining Sciences, 2004, 41(4): 557－571.

[213]Liu W, Mu D, Xie X, et al. Sensitivity analysis of the main factors controlling floor failure depth and a risk evaluation of floor water inrush for an inclined coal seam[J]. Mine Water and the Environment, 2018, 37 (3): 636－648.

[214]武强，张波，赵文德，等．煤层底板突水评价的新型实用方法 V：基于 GIS 的 ANN 型，证据权型，Logistic 回归型脆弱性指数法的比较[J]．煤炭学报，2013，38(1)：21－26.

[215]Hu X, Wang L, Lu Y, et al. Analysis of insidious fault activation and water inrush from the mining floor [J]. International Journal of Mining Science and Technology, 2014, 24(4): 477－483.

[216]郭金玉，张忠彬，孙庆云．层次分析法的研究与应用[J]．中国安全科学学报，2008，18(5)：148－153.

[217]曲生．层次分析法的改进及在安全决策中应用的研究[J]．中国安全生产科学技术，2009，5(5)：111－114.

[218]宋光兴，杨德礼．模糊判断矩阵的一致性检验及一致性改进方法[J]．系统工程，2003，1：110－116.

[219]徐智敏．深部开采底板破坏及高承压突水模式，前兆与防治[J]．煤炭学报，2011，36(8)：1421－1422.

[220]Li B, Chen Y. Risk assessment of coal floor water inrush from underlying aquifers based on GRA－AHP and its application[J]. Geotechnical and Geological Engineering, 2016, 34(1): 143－154.

[221]刘大锰，周三栋，蔡益栋，等. 地应力对煤储层渗透性影响及其控制机理研究[J]. 煤炭科学技术，2017，45(6)：1-8.

[222]刘建中，李自强，曹新玲. 水压致裂过程中的裂缝扩展-用封闭压力确定最小水平主应力[J]. 华南地震，1986，卷(2)：5.

[223]吕奇峰. 隧道内定向诱导劈裂注浆机理及其配套检测方法研究[D]. 北京：北京交通大学，2010.

[224]黄震，姜振泉，曹丁涛，等. 基于钻孔压水试验的岩层阻渗能力研究[J]. 岩石力学与工程学报，2014，33(Z2)：3573-3580.

[225]赵成喜. 工作面底板注浆加固改造质量综合评价方法研究[J]. 能源技术与管理，2010，5(期)：1-3.

[226]吴持恭. 水力学(上册)[M]. 北京：高等教育出版社，1982.

[227]李鹏，郭奇峰，刘洪涛，等. 山东地区现今地应力场特征与应力积累水平分析[J]. 岩石力学与工程学报，2017，36(9)：2220-2231.

附录 矿井水害超前区域治理流程图

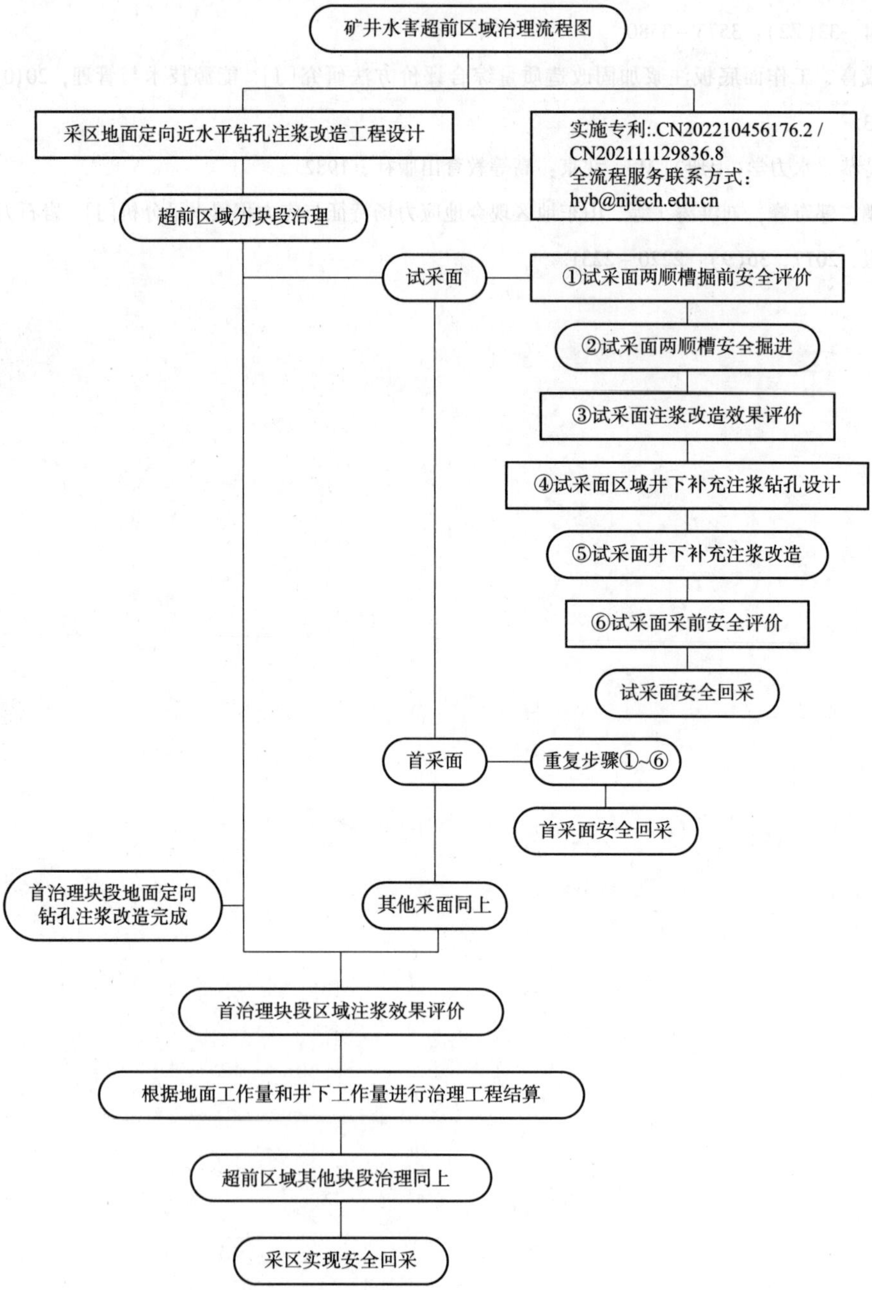

矿井水害超前区域治理流程图